环境保护习惯对生态文明建设的价值研究

以丽水市、恩施州、黔东南州为考察对象

雷伟红 ◎ 著

知识产权出版社
全国百佳图书出版单位
—北京—

图书在版编目（CIP）数据

环境保护习惯对生态文明建设的价值研究：以丽水市、恩施州、黔东南州为考察对象 / 雷伟红著 . --北京：知识产权出版社，2024.12. --ISBN 978-7-5130-9679-9

Ⅰ．X-12；X321.2

中国国家版本馆 CIP 数据核字第 2024HH0184 号

责任编辑：刘　江　　　　　　　责任校对：王　岩
封面设计：杨杨工作室·张冀　　　责任印制：孙婷婷

环境保护习惯对生态文明建设的价值研究
——以丽水市、恩施州、黔东南州为考察对象

雷伟红　著

出版发行：知识产权出版社 有限责任公司	网　　址：http://www.ipph.cn
社　　址：北京市海淀区气象路 50 号院	邮　　编：100081
责编电话：010-82000860 转 8344	责编邮箱：liujiang@cnipr.com
发行电话：010-82000860 转 8101/8102	发行传真：010-82000893/82005070/82000270
印　　刷：三河市国英印务有限公司	经　　销：新华书店、各大网上书店及相关专业书店
开　　本：720mm×1000mm　1/16	印　　张：18.25
版　　次：2024 年 12 月第 1 版	印　　次：2024 年 12 月第 1 次印刷
字　　数：309 千字	定　　价：98.00 元
ISBN 978-7-5130-9679-9	

出版权专有　侵权必究

如有印装质量问题，本社负责调换。

目 录

第一章 绪论 ·· 1
  第一节 研究背景和研究综述 ·· 1
    一、研究背景 ·· 1
    二、国内外研究综述 ·· 3
  第二节 研究意义和研究内容 ·· 19
    一、研究的理论价值与现实意义 ··· 19
    二、研究思路和研究方法 ··· 23
    三、研究内容和创新之处 ··· 26

第二章 环境保护习惯的表现形态和主要内容 ································· 29
  第一节 环境保护习惯概念的界定 ··· 29
    一、环境保护习惯的内涵 ··· 29
    二、环境保护习惯的外延 ··· 31
    三、环境保护习惯的类型化 ·· 36
  第二节 环境保护习惯的形成发展和表现形态 ····························· 37
    一、环境保护习惯的形成 ··· 37
    二、环境保护习惯的发展 ··· 41
    三、环境保护习惯的表现形态 ·· 43
  第三节 环境保护习惯内容 ·· 47
    一、观念层面：尊崇自然和关爱生命 ··· 47
    二、行为层面：合理开发利用自然 ·· 52
    三、制度层面：保护自然规范 ·· 56

第三章 环境保护习惯对生态文明建设的价值分析 ·························· 61
  第一节 生态文明建设概念的界定 ··· 61
    一、生态文明建设的内涵 ··· 61
    二、生态文明建设的外延 ··· 63

三、生态文明建设的类型化……………………………………… 65
第二节　生态文明建设的发展历程…………………………………… 68
一、生态文明建设的形成阶段（1949—2007年）……………… 68
二、生态文明建设的发展阶段（2008—2011年）……………… 73
三、生态文明建设的丰富完善阶段（2012年以来）…………… 75
第三节　环境保护习惯对生态文明建设的支持促进作用…………… 80
一、对生态文明建设支持促进作用的理论基础………………… 81
二、对生态文明建设支持促进作用的逻辑证成………………… 85

第四章　环境保护习惯和生态文明建设的现状……………………… 101
第一节　环境保护习惯的现状………………………………………… 101
一、观念层面环境保护习惯的流失……………………………… 101
二、行为层面环境保护习惯的变迁与流失……………………… 104
三、制度层面环境保护习惯的发展……………………………… 113
第二节　生态文明建设的基本情况…………………………………… 117
一、生态文明建设取得的成效…………………………………… 117
二、生态文明建设面临的困境…………………………………… 124

第五章　观念层面与行为层面环境保护习惯促进生态文明建设路径… 143
第一节　观念层面环境保护习惯促进生态文化体系建设中生态价值观培育路径……………………………………………………… 143
一、生态文明具备的生态价值观………………………………… 143
二、继承和提升观念层面环境保护习惯，促进生态文化体系建设中生态价值观培育措施……………………………………… 144
第二节　行为层面环境保护习惯促进生态经济体系建设路径……… 161
一、促进特色生态产业绿色发展措施…………………………… 161
二、促进生态旅游经济发展措施………………………………… 168

第六章　制度层面环境保护习惯与环境法协同促进生态文明建设路径…………………………………………………………………… 174
第一节　健全制度层面环境保护习惯………………………………… 174
一、贯彻执行平等参与互惠原则………………………………… 174
二、丰富和改进制度层面环境保护习惯内容…………………… 179
第二节　创新发展环境法律制度……………………………………… 182
一、健全环境立法制度…………………………………………… 183

二、改进环境行政执法制度，提升环境行政执法效能………………… 186
　　三、创建"5G 绿境"环境资源审判工作新机制…………………………… 199
　第三节　制度层面环境保护习惯和环境法协同建设生态文明制度体系
　　　　　路径………………………………………………………………… 210
　　一、协同的理论基础………………………………………………………… 210
　　二、协同建设生态文明制度体系的具体措施…………………………… 214
结　语…………………………………………………………………………… 270
主要参考文献…………………………………………………………………… 275
后　记…………………………………………………………………………… 284

第一章　绪　论

本章主要介绍研究背景，梳理国内外研究进展，阐述研究意义和研究内容，指明研究思路和研究方法，突出环境保护习惯对生态文明建设价值研究的重要性及其创新之处。

第一节　研究背景和研究综述

问题意识主要源自真实世界的经验而非概念或理念层面。❶ 环境保护习惯对生态文明建设的价值研究，深深根植于我国当前进行的生态文明建设。

一、研究背景

生态的兴衰决定着文明的兴衰。党的十八大以来，党中央站在中华民族永续发展的高度，以史无前例的力度开展生态文明建设。将生态文明建设纳入中国特色社会主义事业"五位一体"总体布局。党的十九大报告指明新时代中国特色社会主义要坚持与发展的基本方略，是坚持人与自然和谐共生的生态文明建设。党的二十大报告再次申明生态文明建设的重要性，指出中国式现代化是人与自然和谐共生的现代化，中国式现代化的本质要求是促进人与自然和谐共生❷，由此，在新时代，我们必然要面临的重大问题是如何有效地开展生态文明建设。在很大程度上，制度与法律应当同中国文化历史塑造出来的这一代人对他人、社会的情感、想象相契合。❸ 中国特有的历

---

❶ 苏力.问题意识：什么问题以及谁的问题？[J].武汉大学学报（哲学社会科学版），2017（1）.

❷ 习近平.高举中国特色社会主义伟大旗帜 为全面建设社会主义现代化国家而团结奋斗：在中国共产党第二十次全国代表大会上的报告[J].求是，2022（21）.

❸ 苏力.问题意识：什么问题以及谁的问题？[J].武汉大学学报（哲学社会科学版），2017（1）.

1

史、文化与社会关系，决定我们的生态文明建设必然要采取一种将过去、现在和未来连贯起来的策略。除要借鉴外国解决环境与发展问题的共性经验，更要从博大精深的中华优秀传统文化中汲取丰厚的滋养，为此，党的十九大报告着重提出要促进中华优秀传统文化进行创造性转化与创新性发展。为贯彻落实党的十九大报告提出的实施乡村振兴战略精神，2017年12月28—29日在北京召开的中央农村工作会议，提出实施乡村振兴战略的基本原则，包括走中国特色社会主义乡村振兴道路，必须走乡村绿色发展之路、文化兴盛之路和善治之路。❶浙江省丽水市、湖北省恩施土家族苗族自治州（以下简称恩施州）和贵州省苗族侗族自治州（以下简称黔东南州）的民众拥有环境保护习惯，作为中华优秀传统文化，倡导人与自然协调发展的理念，同坚持人与自然和谐共生的生态文明建设的价值目标相契合，为生态文明建设提供生态理念，为生态文明建设提供了生态经济和环境保护的原生态规范，体现了环境保护习惯对生态文明建设具有支持促进作用这个无可替代的价值。而学界重点研究环境保护习惯对国家法治建设价值❷，只有极少数学者关注环境保护习惯对生态文明建设价值，指出环境保护习惯"对从'国家法'外调动有益民间法资源共同促进生态文明建设更有着不可替代的'主体性'和'行为性'价值"❸，但是缺乏对环境保护习惯与生态文明建设关系的研究，因此，如何充分挖掘环境保护习惯对生态文明建设的价值，更好地促进环境保护习惯创造性转化、创新性发展，就成为当前我国生态文明建设、优秀传统乡村文化复兴和乡村振兴战略目标能否实现的关键所在。从我国当前生态文明各项制度建设和开展的实际出发，本书提出在新时代，具有"实践意味的问题"即"环境保护习惯对生态文明建设具有何种价值以及如何实现价值"，力求从环境保护习惯的传承和发展出发，提供促进生态文明

---

❶ 中央农村工作会议在北京举行 提出实施乡村振兴战略的目标任务和基本原则 [EB/OL]. (2017-12-30) [2024-12-10]. https://www.sohu.com/a/213664916_115124.

❷ 学界重点研究环境保护习惯对国家法的互补和不可替代的价值。如：韦志明，冉瑞燕. 论环境习惯法的环保效力 [J]. 青海民族研究，2013 (3)；郭武，党惠娟. 环境习惯法及其现代价值展开 [J]. 甘肃社会科学，2013 (6)；常丽霞. 当代藏族牧区生态习惯法的再生与重构：拉卜楞地区个案的法人类学考察 [J]. 甘肃社会科学，2013 (2)；周健宇. 环境与资源习惯法对国家法的有益补充及其互动探讨：以四川省宜宾市周边四个苗族乡的习惯法为例 [J]. 中国农业大学学报（社会科学版），2015 (4)；刘雁翎. 西南少数民族环境习惯法的生态法治实践价值 [J]. 黑龙江民族丛刊，2016 (4).

❸ 刘雁翎. 西南少数民族环境习惯法的生态文明价值 [J]. 贵州民族研究，2015 (5).

建设的方案。通过从环境保护习惯的角度讲好当代生态文明建设的故事，探索和开展中华优秀传统文化创新性转化的途径，结合实证研究，为我国生态文明建设、优秀传统乡村文化复兴和乡村振兴战略提供智力支持和实践经验。

二、国内外研究综述

通过对既往国内外关于环境保护习惯和生态文明研究文献的梳理和评述，把握学界研究的整体情况，指明国外相关研究的借鉴价值，指出国内现有研究的不足之处，为进一步研究指明方向。

（一）国外相关内容研究综述

国外学界对环境保护习惯和生态文明开展了多维度研究，形成了一些富有成效的成果。

1. 国外环境保护习惯研究

国外学者受法律多元论影响，采用多学科理论和方法研究环境保护习惯，凸显环境保护习惯的价值及其与国家制定法的和谐关系。马林诺夫斯基（Malinowski）研究新几内亚的美拉尼西亚人捕鱼习惯规则，包括土著居民的捕鱼技术步骤、捕鱼过程中的分工合作以及鱼产品的交换习惯，揭示这些习惯规则的产生及其被严格遵守背后的理论基础是互惠原则。❶布鲁斯·L.本森分析习惯法所拥有的通过私人手段解决纠纷机制的适当性，指出习惯法在现代社会的重要性。❷罗伯特·C.埃里克森（Robert C. Elickson）更是通过对美国加利福尼亚州夏斯塔县（Shasta）北部农牧区居民因牲畜引发纠纷解决机制的研究中，指出当地居民在有法律规则的情况下，并未选择法律规则而是运用民间自发形成的非正式规范来解决争议，推翻了社会秩序的主要源泉是正式法律的命题，提供无须法律的秩序，说明即使在高度发达的现代

---

❶ 马林诺夫斯基. 原始社会的犯罪与习俗（修订译本）[M]. 原江，译. 北京：法律出版社，2007：8-15.

❷ Bruce L Benson. Customary Law with Private Means of Resolving Disputes and Dispensing Justice: A Description of a Modern System of Law and Order without State Coercion [J]. Journal of Libertarian Studies, 1990 (Fall).

社会，仍然存在非正式规范，并且发挥着重要的作用。[1] 尼日利亚的习惯法仲裁在土地争议等解决方面具有灵活性、廉价、内在权威性、可接受性的优势，成为一种有效并广受欢迎的非正式解决机制。争议双方自愿将争端交给酋长，长者依据习惯法来裁决，裁决经双方接受后才具有拘束力。它与依据普通法作出仲裁的区别在于，习惯法仲裁尊重当事人的自由，当事人可以按意愿在裁决作出前的任何时候选择退出，可以拒绝接受自己不满意的裁决；同时，在符合一定条件下，法院可予以承认和执行。对这种简单而廉价的争端解决方式，尼日利亚最高法院在1991年判决中承认了习惯法仲裁符合宪法。[2]

环境保护习惯具有保护环境和资源管理的功能。印度尼西亚卡伊群岛上的土著居民拥有的某些特殊习惯法具有保护海洋环境和资源管理的功能，通过对这些习惯法的合法化，依靠社区参与，有助于环境资源管理技术的推广、适应和执行。[3] 习惯法与可持续发展存在相互依存的关系，对现代自然资源管理具有平衡性、适应性等价值。[4] 北美印第安部落土著居民坚守着人类是自然守卫者的观念，因对自然负有道德的责任而保护环境。[5]

环境保护习惯在国家法治建设中具有重要的作用。澳大利亚的一些土著居民确信习惯是维护社区秩序的主要来源，是主宰居民生活的强大力量。[6] 在与国家制定法的关系上，霍伊特（Howitt）结合北美印第安人和澳大利亚土著居民的环境保护习惯实践，探讨环境保护习惯与环境法之间的冲突与协

---

[1] 研究真实世界中的法律（译者序）[M] //罗伯特·C. 埃里克森. 无需法律的秩序：邻人如何解决纠纷. 苏力，译. 北京：中国政法大学出版社，2003：9-16.

[2] 朱伟东. 尼日利亚习惯法仲裁初探 [M] //谢晖，陈金钊. 民间法（第二卷）. 济南：山东人民出版社，2003：444-461.

[3] Carig C. Thorburn. Changing Customary Marine Resource Management Practice and Institutions: The Case of Sasi Lola in the Kei Islands, Indonesia [J]. World Development, 2008, 28 (8).

[4] Peter Orebech, Fred Bosselman, Jes Bjanrup, et al. The Role of Customary Law in Sustainable Development [M]. New York: Cambridge University Press, 2005.

[5] Taylor Reinhard. Advancing Tribal Law through "Treatment as a State" Under the Obama Administration: American Indians May also Find Help from Their Legal Relative, Louisian-a-No Blood Quantum Necessary [J]. Tul. Envtl. L. J. 537, 2010, 23 (Summer): 537.

[6] Benjamin J. Richardson, Donna Craid. Indigenous Peoples, Law and the Environment [M] //Benjamin J. Richardson, Stepan Wood. Environmental Law for Sustainability: A Reader. Portland: Hart Publishing, 2006: 195.

调关系。❶ 阿萨德·比拉勒（Asad Bilal）等实证考察了巴基斯坦北部地区法律状况，认为它由习惯法和国家制定法组成，两者能共存与合作。当地的习惯法具有一套复杂系统，与国家制定法一样，存在许多相同的机制。当地拥有两者开展合作的成功案例，这些案例表明两者的融合并非习惯法被国家制定法取代，甚至消亡，而是习惯法与制定法共生。❷

在研究方法上，国外学者运用多学科方法，更好地诠释环境保护习惯产生、发展与运作机制等复杂系统。M. A. 阿尔蒂耶里（M. A. Altieri）、本杰明·J. 理查森（Benjamin J. Richardson）等从习惯与生态环境相互影响的关系入手，运用历史学、生态人类学等方法，探讨土著居民环境保护习惯的产生、内容。❸ 詹姆斯·马奇（James March）等通过规则动态演变的研究，说明习惯法规则效力强弱会随着其所适用的群体规模大小而发生变化，当群体规模向大而疏方向发展的时候，习惯法规则的效力会越来越弱，甚至会导致习惯法规则的瓦解与消亡。❹ 罗伯特·C. 埃里克森运用博弈论方法，论证民间规范是社会秩序的根本，不仅对维护社会秩序具有重要价值，而且对国家有效法律体系的构建也具有重大作用；强调法律不等同于立法，社会群体的博弈互动形成规范，富有成效的法律是将这些规范予以认可或转化，否则，就会成就一个法律越来越多而秩序日益减少的世界。更为重要的是，他论证了规范为何以及如何在交织紧密群体互动中产生的理论要素，强调民间规范是现代社会法治的构成部分，不应当以国家法律中心主义来对待。❺ 可见，国外在环境保护习惯的实证研究及其现代化转化、操作性等方面取得了显著成效，形成了现代环境法、环境保护习惯等多元规范合作机制来保护生

---

❶ Richand Howitt. Rethinking Resource Management: Justice, Sustainability and Indigenous Peoples [M]. New York: Routledge, 2001.

❷ Asad Bilal, Huma Haque, Patricia Moore. Customary Laws: Governing Natural Resource Management in the Northern Areas [M]. Islamabad Ferozsons (Pvt) Limited, 2003.

❸ M. A. Altieri, L. C. Merrick, In Situ. Conservation of Crop Genetic Resources through Maintenance of Traditional Farming Systems [J]. Economic Botany, 1987, 41 (1). Benjamin J. Richardson, Donna Craid. Indigenous Peoples, Law and the Environment [M] //Benjamin J. Richardson, Stepan Wood. Environmental Law for Sustainability: A Reader. Portland: Hart Publishing, 2006: 196.

❹ 詹姆斯·马奇，马丁·舒尔茨，周雪光. 规则的动态演变：成文组织规则的变化 [M]. 童根兴，译. 上海：上海人民出版社，2005：20.

❺ 研究真实世界中的法律（译者序）[M] //罗伯特·C. 埃里克森. 无需法律的秩序：邻人如何解决纠纷. 苏力，译. 北京：中国政法大学出版社，2003：1-16.

态环境。

2. 国外生态文明研究

德国法兰克福大学的费切尔（Fetscher）教授于 1978 年在《论人类生存的环境》一文中首次提出"生态文明"这个词语，指出生态文明是人们所追求的一种文明。❶ 从 20 世纪 70 年代至今，国外学者从多种角度开展了生态文明的研究，这些研究成果从两个维度来探求生态危机的本源及其解决路径。(1) 从生态价值观维度来分析，以是否以人类为中心主义为标准，存在两种生态文明理论。第一种是"生态中心论"。这种理论在价值观上，主张要摆脱人类中心主义，认为自然不仅拥有自身固有的价值，还享有自我存续的权利，包括生存权、自主权及生态安全权。第二种是"人类中心论"。这种理论强调唯有人类而非自然，才拥有内在价值，自然只具有工具价值。它又分为两种情形，一种为"强式"人类中心论，主张为满足人类的感性欲望来支配和利用自然，体现了"个人中心主义"。另一种为"非强式"人类中心论。J. 帕斯莫尔（J. Pasmore）、诺顿（Norton）、莫迪（Murdy）等学者修正了前一种情形的缺陷，主张人类要在自我整体和长远利益得以保障的前提下，履行合理管理地球的义务。❷ (2) 从批判工业文明或资本主义制度的维度，存在"修补论"与"超越论"两种生态文明理论。❸ 由于生态危机的本源在于资本主义制度或工业文明及其发展方式，因此，解决生态危机的途径以是否要摒弃资本主义制度或工业文明为标准，存在两种观点。第一种观点是"修补论"，生态现代化推行改良主义，主张用"超工业化"路径来解决生态危机。第二种观点是"超越论"，主张摒弃资本主义制度或工业文明。以约翰·贝拉米·福斯特（John Bellamy Foster）为代表的生态学马克思主义，提倡走向生态社会主义社会。以菲利普·克莱顿（Philip Clayton）等为代表的有机马克思主义，主张走向社会主义生态文明新时代。❹ 联合国于 2015 年 9 月 25 日通过《2030 年可持续发展

---

❶ Iring Fetscher. Conditions for the survival of humanity: on the Dialectics of Progress, Universitas, German Review of the Arts and Science [J]. Quarterly English Language Edition, 1978, 20 (3). 转引自：卢风，等. 生态文明：文明的超越 [M]. 北京：中国科学技术出版社, 2019: 2.

❷ 王雨辰，吴燕妮. 生态学马克思主义对生态价值观的重构 [J]. 吉首大学学报（社会科学版），2017 (2).

❸ 卢风. "生态文明"概念辨析 [J]. 晋阳学刊，2017 (5).

❹ 王雨辰，吴燕妮. 生态学马克思主义对生态价值观的重构 [J]. 吉首大学学报（社会科学版），2017 (2).

议程》，确立了经济、社会和环境有机统一的17个可持续发展目标和169个具体目标。该议程强调对地球自然资源的可持续管理对社会和经济发展的重要性，承认自然和文化多样性，强调所有文化是可持续发展的重要推动力，推进可持续经济增长，运用可持续的生产模式，确保健康的生活方式，促进可持续农业，保护、恢复和推动可持续利用陆地生态系统，推进和实行非歧视性法律和政策，等等，它们对生态文明建设具有指导作用。这些研究成果既对我国的生态文明建设具有借鉴意义，又说明我国开展生态文明建设、协调推进"五位一体"总体布局和进行以促进人与自然和谐共生为本质要求的中国式现代化建设的重要性。

（二）国内相关内容研究综述

2018年全国人大修改宪法，把"生态文明"写入宪法序言，推动生态文明与物质、政治、精神及社会的四大文明协调发展。新时代，在高举五大文明"五位一体"建设的新格局下，充分挖掘中华优秀传统文化因子，特别是环境保护习惯文化，为构建生态文明建设提供文化土壤和本土资源，就成为当前理论界和实务界的重心。基于生态文明建设的时代要求，本书梳理学界对环境保护习惯的研究成果，把握研究现状，了解研究动态，剖析现有成果的成效与局限，为学界进一步研究提供借鉴与参考，更为我国的生态文明建设提供智力支持。

1. 国内环境保护习惯研究

20世纪80年代以来，基于对我国法治建设注重法律移植而引发的法律效果不佳的问题的反思，"法治本土资源论"应运而生。它主张中国现代法治建设，特别是创建一个管用高效的社会主义法治体系，不可能靠移植而建立，而必须依赖和利用本土的传统与习惯，并将这些本土资源进行"创造性的转化"[1]。环境保护习惯（法）作为中国法治的本土资源，法学界、民族学界等开始着手研究它的理论与实践。

一方面，在综合研究中附带涉及环境保护习惯。比如，高其才教授十分重视中国固有法的存在和价值，注重传统的力量，聚焦被遗忘的法制传统（固有的习惯法规则）的研究，于1995年出版对学界有重大影响的专著

---

[1] 苏力. 变法、法治建设及其本土资源[J]. 中外法学，1995（5）.

《中国习惯法论》，其中就涉及环境保护习惯的内容。❶

另一方面，专门研究环境（保护）习惯（法）。学界从 1996 年开始对环境习惯（法）进行研究，到现在形成了一定的成果，包括论文和著作，其中，袁翔珠、刘雁翎等学者出版了 6 本著作，这些论著探讨环境习惯的概念、特点、形式与内容、形成与发展、价值功能及其与国家法的关系等内容。具体而言，学界关于环境习惯研究的主要内容包括以下六个方面。

（1）环境习惯的概念和特点。对环境习惯的界定，有广义和狭义两种观点。广义观点，田红星认为，环境习惯是指与环境有关的行为模式。其范围较广，包括对环境进行保护和有害的习惯。❷ 狭义的观点，是多数学者所倡导的，李可认为，它是民间形成的具有保护环境的行为规范。❸ 其范围较窄，不包括有害环境的习惯。至于环境习惯与环境习惯法是否等同，有"等同说"与"不等同说"两种观点。其中，"等同说"是主流观点，"不等同说"认为环境习惯包含环境习惯法，郭武认为环境习惯中的事实习惯和技术性规范不属于环境习惯法，只有规定性规范才属于环境习惯法；❹ 袁翔珠则认为经国家认可的符合公共利益与善良风俗的环境习惯才是环境习惯法；❺ 李明华等认为习惯法比习惯的稳定性与操作性更强。❻ 多数学者认为环境习惯（法）与生态习惯（法）属于同一概念❼，常丽霞等认为两者存在一定的差异，提出用生态习惯法这个概念更能体现当地民众与其所生活的生态系统之间的和谐相处的特性。❽ 环境习惯的特点有：第一，自发性、地域性和乡土性；❾ 第二，直接适应性；❿ 第三，稳定性、延续性与群体认同

---

❶ 高其才. 中国习惯法论［M］. 长沙：湖南出版社，1995：自序，后记.

❷ 田红星. 环境习惯与民间环境法初探［J］. 贵州社会科学，2006（3）.

❸ 李可. 论环境习惯法［M］//吕忠梅，高利红. 环境资源法论丛（第六卷）. 北京：法律出版社，2006：27.

❹ 郭武. 环境习惯与环境习惯法的概念辨正［J］. 西部法学评论，2012（6）.

❺ 袁翔珠. 石缝中的生态法文明：中国西南亚热带岩溶地区少数民族生态保护习惯研究［M］. 北京：中国法制出版社，2010：86.

❻ 李明华，陈真亮. 生态习惯法现代化的价值基础及合理进路［J］. 浙江学刊，2009（1）.

❼ 李明华，陈真亮. 生态习惯法现代化的价值基础及合理进路［J］. 浙江学刊，2009（1）.

❽ 常丽霞，田文达. 当代少数民族生态环境习惯法研究述评［J］. 烟台大学学报（哲学社会科学版），2018（6）.

❾ 李明华，陈真亮. 生态习惯法现代化的价值基础及合理进路［J］. 浙江学刊，2009（1）.

❿ 郭武，高伟. 藏族环境习惯法文化与环境保护［J］. 甘肃政法学院学报，2005（5）.

性;❶ 第四,多样性、灵活性和分散性。❷

(2) 环境习惯的形式与内容。李可认为环境习惯法表现形式多样,有民族禁忌与村寨规条等。❸ 袁翔珠指出有文字形式与非文字形式两类。前者由乡规民约、族规、规约、习惯法及契约组成,后者包括标识、禁忌、口碑文学和技术性习惯。❹ 内容包括森林、水、土地、野生动植物资源的保护习惯及人口控制习惯。调整对象为自然万物,规范类型以禁止性规定为主,权力性规定等为辅,调整手段主要采用经济惩罚,辅之以身体惩罚。❺

(3) 环境习惯的形成与发展。张军辉主张环境习惯法形成于俗成与议定两种形式❻,郭武认为生成条件由外部条件和内部条件构成,其中外部条件为历史和文化,内部条件为自然环境、信仰与两要素的规范结构;❼ 袁翔珠指出了生态保护习惯形成的物质基础、思想基础和制度基础;❽ 胡卫东认为苗族山林保护习惯法产生的原因在于"生存和生活的需要",苗族民众重要的财产为山林,现有国家法在保护山林方面存在不足,故自发形成了保护山林的习惯法;❾ 梅长胜从宗教、哲学、心理、物质等六方面探讨了环境习惯法的形成机制;❿ 刘雁翎依据范式差异,将贵州侗族环境习惯法历史演化进程进行划分,依次为俗成(隋唐以前)—约定(隋唐至明代)—成文

---

❶ 刘雁翎.贵州侗族环境习惯法渊源研究[J].西南政法大学学报,2009(5).

❷ 郭武.环境习惯法现代价值研究:以西部民族地区为主要"场景"的展开[M].北京:中国社会科学出版社,2016:57.

❸ 李可.论环境习惯法[M]//吕忠梅,高利红.环境资源法论丛(第六卷).北京:法律出版社,2006:27-33.

❹ 袁翔珠.石缝中的生态法文明:中国西南亚热带岩溶地区少数民族生态保护习惯研究[M].北京:中国法制出版社,2010:121-139.

❺ 李可.论环境习惯法[M]//吕忠梅,高利红.环境资源法论丛(第六卷).北京:法律出版社,2006:36-38.

❻ 张军辉.论少数民族环境习惯法的作用机制[J].中国政法大学学报,2012(4).

❼ 郭武.环境习惯法现代价值研究:以西部民族地区为主要"场景"的展开[M].北京:中国社会科学出版社,2016:45-57.

❽ 袁翔珠.石缝中的生态法文明:中国西南亚热带岩溶地区少数民族生态保护习惯研究[M].北京:中国法制出版社,2010:102-121.

❾ 胡卫东.黔东南苗族山林保护习惯法研究[M].成都:西南交通大学出版社,2012:28-34.

❿ 梅长胜.环境习惯法研究[J].淮海工学院学报(人文社会科学版),2013(21).

（清代以后）；❶ 郭武依据发挥作用地位的差异，认为环境习惯法从早期的权威时代演变到近现代的式微时代。❷

（4）环境习惯的价值、功能及局限。康耀坤认为，环境习惯法对环境保护的价值，归根结底是因为环境习惯法与环境保护之间存在相互依存与制约的内在关系。❸ 生态习惯法的产生与发展是出于民族的生存关照❹，而拥有其特定的生态本原，那就是当地民众不断对其相处的生态环境进行认知，加以体验，而后逐渐适应❺，形成调处人与自然关系的行为规范。韦志明、冉瑞燕认为支撑环境保护效力机制的动力源泉在于环境习惯法所蕴藏的生态伦理思想，有"天人合一"的生态存在观、万物有灵的生态价值观以及敬畏自然的伦理观，体现人与自然的平等合作关系。❻ 龙正荣主张黔东南苗族习惯法包含着人与自然和平相处的生态伦理思想，表现为关爱动物、热爱人居环境及爱树护林，促使生态环境的可持续发展得到了有效的保障。❼ 柴荣怡、罗一航指出西南环境保护习惯法则是基于人与自然相互依存的认知而形成的行为规范，是对自然规律的正确反映，是一种合乎自然规律的行为规范，是法律规范和道德规范的统一，通过外在行为的他律和内在的自律来维护生态环境平衡。❽ 与国家制定法的国家强制力保障不同，环境习惯法的效力基础具有多样性。李可认为心理基础为自然崇拜，哲学基础为普遍联系，物质基础为资源匮乏。❾ 张军辉认为有四点：①物质生活条件的制约；②自

---

❶ 刘雁翎. 论贵州侗族环境习惯法的形成与演进 [J]. 贵州民族学院学报（哲学社会科学版），2010（1）.

❷ 郭武. 环境习惯法现代价值研究：以西部民族地区为主要"场景"的展开 [M]. 北京：中国社会科学出版社，2016：57-64.

❸ 康耀坤. 我国西部少数民族环境习惯法文化与西部环境资源保护 [J]. 兰州学刊，2002（1）.

❹ 王佐龙. 生态习惯法对西部社会法治的可能贡献 [J]. 甘肃政法学院学报，2007（2）.

❺ 邵泽春. 论少数民族习惯法的生态本原 [J]. 贵州民族研究，2007（4）.

❻ 韦志明，冉瑞燕. 论环境习惯法的环保效力 [J]. 青海民族研究，2013（3）.

❼ 龙正荣. 贵州黔东南苗族习惯法的生态伦理意蕴 [J]. 贵州民族学院学报（哲学社会科学版），2011（1）.

❽ 柴荣怡，罗一航. 西南少数民族自然崇拜折射出的环保习惯法则 [J]. 贵州民族研究，2014（11）.

❾ 李可. 论环境习惯法 [M] // 吕忠梅，高利红. 环境资源法论丛（第六卷）. 北京：法律出版社，2006：33-35.

然禁忌或宗教信仰；③内容与程序的民主性；④惩罚的严厉性。❶ 田红星以本土资源说、"活法"说与实效说三种理论论证了环境习惯的合理性，指出环境习惯具有社会控制、弥补环境法的缺陷及降低交易成本的功能，同时也要关注到其对社会和环境有害的一面。❷ 田信桥、吴昌东认为环境习惯法具有清晰界定自然资源权属和具有因地制宜的特性等社会功能，同时也存在功能发挥范围有限性、调整手段滞后性和内容落后性的局限。❸

（5）环境习惯与环境法的关系。龚袭指出环境习惯与环境制定法在产生原因、作用范围、实施方式和制裁措施四个方面存在区别（见表1）。

表1 环境习惯与环境法的区别

项目	产生原因	作用范围	实施方式	制裁措施
环境习惯	因传统生产、宗教信仰等而形成	小，本民族内或本地域内	内心认同	多样性：舆论、道德、罚款等
环境制定法	解决环境危机	大，全国、本地域内	国家强制力	承担环境民事、行政、刑事责任

资料来源：龚袭. 环境习惯初探［J］. 环境科学与管理，2007（9）.

虽然环境习惯与环境法各自存在优势和劣势，但是多数学者肯定了环境习惯对环境法具有互补和不可替代的价值。郭武等指出环境习惯法的优势是可以解决环境法"主治"的困境，为环境立法提供间接法源，为环境管理提供适应性规则，为环境纠纷的解决提供新机制。❹ 在环境纠纷多元解决方式中，郭武认为在司法解决机制中，特别在司法调解中，环境习惯法可以作为司法调解的法律准据、法理依据及事实依据发挥重要的作用；在司法裁判逻辑三段论中，它可以作为大小前提发挥作用；在环境纠纷的诉讼替代方案（ADR方案）中，一方面环境习惯法为纠纷的解决提供了有效规则，另一方面环境纠纷诉讼替代方案的有效实践，创造了新的环境习惯法规则。❺ 刘雁翎分析环境习惯法寻求环保、经济与社会发展的相互协调价值，契合环境法

---

❶ 张军辉. 论少数民族环境习惯法的作用机制［J］. 中国政法大学学报，2012（4）.
❷ 田红星. 环境习惯与民间环境法初探［J］. 贵州社会科学，2006（3）.
❸ 田信桥，吴昌东. 环境习惯法探析［J］. 西南科技大学学报（哲学社会科学版），2010（6）.
❹ 郭武，党惠娟. 环境习惯法及其现代价值展开［J］. 甘肃社会科学，2013（6）.
❺ 郭武. 论环境习惯法在环境纠纷解决中的功能［J］. 海峡法学，2015（2）.

的核心价值,指出环境习惯法对环境法存在价值的根源。❶ 学界还探讨环境习惯与环境法互动机制,阳燕平等提出在立法、司法和执法三方面分别通过融合、认可与因势利导手段将环境习惯法吸纳入国家法律体系中❷,田信桥等认为通过环境习惯法自身加以完善,达到与环境法的协调。❸ 常丽霞认为生态习惯法与国家生态法制之间存在三种关系:一是在秩序维护方面两者因目标相同,可以形成协作关系;二是良性和恶性的冲突关系,其解决措施为通过建立有效的沟通机制来解决良性冲突,建立预警机制用以解决恶性冲突;三是并行关系,两者更多的是同时存在,在各自领域发挥作用,两者会因为对方而发生改变,各自成为对方成长发展的重要参考因素。❹

(6) 环境习惯的运行机制和发展趋势。张军辉认为环境习惯法有一个专门的机构来实施,还运用神明裁判解决纠纷。❺ 梅长胜分析了环境习惯法适用的处罚手段,包括罚款与赔偿、罚物、批评教育、责打、开除及处死,并展望了环境习惯法的发展趋势在于系统化、规范化、合理化及效率的提高。❻ 李明华等指出生态习惯法现代化的合理进路在于创造性转型、成文化转型与现代化转型。❼ 常丽霞指出生态习惯法的再生与重构是社会与文化在变迁中进行自我调适的产物❽,郭武更是指明环境习惯法再生的重点是信仰、理性及文化。❾

2. 国内生态文明研究

20 世纪 80 年代以来,生态学、政治、哲学、法学界等在反思工业文明引发的生态危机及其解决措施的时候,对生态文明的理论与实践进行了研

---

❶ 刘雁翎. 西南少数民族环境习惯法的生态文明价值 [J]. 贵州民族研究,2015 (5).

❷ 阳燕平,袁翔珠,陈伯良,等. 论西南山地少数民族保护水资源习惯法 [J]. 生态经济,2010 (5).

❸ 田信桥,吴昌东. 环境习惯法与国家法互动机制探析 [J]. 长春理工大学学报(社会科学版),2010 (2).

❹ 常丽霞. 当代藏族牧区生态习惯法的再生与重构:拉卜楞地区个案的法人类学考察 [J]. 甘肃社会科学,2013 (2).

❺ 张军辉. 论少数民族环境习惯法的作用机制 [J]. 中国政法大学学报,2012 (4).

❻ 梅长胜. 环境习惯法研究 [J]. 淮海工学院学报(人文社会科学版),2013 (21).

❼ 李明华,陈真亮. 生态习惯法现代化的价值基础及合理进路 [J]. 浙江学刊,2009 (1).

❽ 常丽霞. 当代藏族牧区生态习惯法的再生与重构:拉卜楞地区个案的法人类学考察 [J]. 甘肃社会科学,2013 (2).

❾ 郭武. 文化、信仰和理性:民族环境习惯法重生的三个基点 [J]. 甘肃政法学院学报,2010 (3).

究。从李绍东和刘湘溶撰写首篇关于生态文明的研究报告和著作之日❶起到现在，学界形成了许多研究成果，这些研究成果具有数量大、涉及面广、内容丰富和研究者众多的特点。总体来看，学界主要从四个方面来探讨。

（1）生态文明的概念与特点。在学术界，刘思华教授于1985年11月提出"生态经济协调发展论"，其中就内含生态文明思想的重要内容：实行物质、精神两大文明与生态环境建设三位一体，实现人、社会分别同自然和谐的目标。❷ 在生态学领域，生态学家叶谦吉教授于1987年在生态农业讨论会上，率先提出要进行生态文明建设，并从生态学的角度对生态文明进行了界定，指出生态文明是人类改造与保护自然，维持着人与自然和谐统一的关系。❸ 此后，学界对生态文明的概念开展了深入的探讨，提出三种观点：第一种观点是线性生态文明观，申曙光认为在文明形态上，它是一种新型的文明，是比工业文明更高级的文明；❹ 第二种观点是系统生态文明观，邱耕田主张生态文明是人类通过改造、保护客观世界的方式，对人和自然的关系加以优化所获得的物质和精神成就的总和；❺ 第三种观点是兼容并蓄观，是俞可平对前述两种观点进行融合的基础上提出的观点，包括前述两方面内容。❻ 文传浩等引入系统结构分析方法，进一步探讨生态文明的内涵和外延，指出生态文明是一个由意识、政治、社会、经济和环境五方面构成的生态文明子系统组成的有机整体。❼ 丁开杰等主张生态文明具有五大特点：独立性与整体性；相对性和反思性；过程性。❽ 文传浩等认为具有继承性、发

---

❶ 李绍东．论生态意识和生态文明［J］．西南民族学院学报（哲学社会科学版），1990（2）；刘湘溶．生态文明论［M］．长沙：湖南教育出版社，1999．

❷ 刘思华．对建设社会主义生态文明论的若干回忆：兼述我的"马克思主义生态文明观"［J］．中国地质大学学报（社会科学版），2008（4）．

❸ 刘思华．对建设社会主义生态文明论的若干回忆：兼述我的"马克思主义生态文明观"［J］．中国地质大学学报（社会科学版），2008（4）．

❹ 申曙光．生态文明：现代社会发展的新文明［J］．学术月刊，1994（9）．

❺ 邱耕田．对生态文明的再认识：兼与申曙光等人商榷［J］．求索，1997（2）．

❻ 俞可平．科学发展观与生态文明［J］．马克思主义与现实，2005（4）．

❼ 文传浩，马文斌，左金隆，等．西部民族地区生态文明建设模式研究［M］．北京：科学出版社，2015：88-92．

❽ 丁开杰，刘英，王勇兵．生态文明建设：伦理、经济与治理［J］．马克思主义与现实，2006（4）．

展性、统筹性、系统性和可持续性五大特点。❶ 秦书生等（2016）主张在价值观念、生产方式、生活方式、人居环境和制度建设五个方面具有绿色化特色。❷

（2）生态文明的本质。在本质上，以是否要否定工业文明为标准，存在"优化论"和"否定论"两种观点。汪信砚主张"优化论"，认为生态文明是对工业文明的优化，"是一种生态化的工业文明"。❸ "否定论"也被称为"文明新形态论"，王雨辰认为生态文明要对工业文明进行扬弃，"否定中有继承"。❹ 工业文明为追求利润而牺牲生态环境，实质是"反生态、反自然的"❺，而生态文明要否定工业文明反生态的局限，实行以人为本，依据生态规律等手段，实现人与自然、人与人的双重和谐。❻ 同时，需要继承工业文明的技术成就，并使之生态化。❼ 秦书生等（2016）指出生态文明的本质为发展绿色生产力，达到人的生态幸福和全面发展的目标。❽ 生态文明与之前的五大文明❾存在着联系和区别。罗康隆等认为联系表现在生态文明与五大文明并存，形成和谐互补关系。它是在全力吸取五大文明精华，反思和最大限度地消除五大文明，特别是工业文明弊端的基础上，而创建的第六种文明。❿ 区别表现在两方面。李玉杰等认为在人与自然的关系上，渔猎

---

❶ 文传浩，马文斌，左金隆，等．西部民族地区生态文明建设模式研究［M］．北京：科学出版社，2015：92-94．

❷ 秦书生，晋晓晓．社会主义生态文明提出的必然性及其本质与特征［J］．思想政治教育研究，2016（2）．

❸ 汪信砚．生态文明建设的价值论审思［J］．武汉大学学报（哲学社会科学版），2020（3）．

❹ 王雨辰．论生态文明的本质与价值归宿［J］．东岳论丛，2020（8）．

❺ 李晶．生态文明视域中的可持续发展［D］．济南：山东大学，2007：32．

❻ 罗康隆，吴合显．近年来国内关于生态文明的探讨［J］．湖北民族学院学报（哲学社会科学版），2017（2）．

❼ 王雨辰．论生态文明的本质与价值归宿［J］．东岳论丛，2020（8）．

❽ 秦书生，晋晓晓．社会主义生态文明提出的必然性及其本质与特征［J］．思想政治教育研究，2016（2）．

❾ 五大文明指狩猎采集文明、游耕文明、游牧文明、农耕文明、工业文明。也有的学者将它们归纳为渔耕文明和工业文明二大文明。参见：王刚．生态文明：渊源回溯、学理阐释与现实塑造［J］．福建师范大学学报（哲学社会科学版），2017（4）．

❿ 罗康隆，吴合显．近年来国内关于生态文明的探讨［J］．湖北民族学院学报（哲学社会科学版），2017（2）．

文明是协调关系，工业文明是对立关系，生态文明是和谐关系。❶ 王刚指出在获取资源的能力方面，渔耕文明，人类获取自然资源的能力较低，无法大规模开发自然资源而保留大片的自然资源；工业文明，人类获取自然资源的能力提高，为满足欲望，无限制地索取资源；生态文明，人类获取自然资源的能力最高，但有节制地利用资源，留下一些资源禁止利用。❷

（3）生态文明建设的理论基础。①在理念上，要以哲学理论为指引，特别是以马克思的生态哲学思想、习近平生态文明思想为指导。苗启明等主张"马克思的生态哲学思想，是人类今日走向生态文明方向的规范性力量"❸，更进一步讲，要以马克思主义的生态文明思想为引领。由于马克思主义的生态文明思想博大精深，学界从不同的视角出发，对马克思主义的生态文明思想本质进行了探讨，存在"单一和谐论"和"双重和谐论"两种观点。张敏从人与自然关系的角度出发，认为其本质在于人与自然的和谐；❹ 温莲香等从人、自然、社会有机整体论出发，认为其本质除了人与自然和谐外，还有人与人的和谐。❺ 习近平生态文明思想是马克思主义生态文明思想的承受和进展❻，因此，生态文明建设要以它为引领。徐水华、陈璇指出其内容体系涵盖双重和谐观、生态民生观等五个方面❼，陈俊提出实行习近平生态文明思想的四个着力点❽，唐鸣等指出制度建设是其核心和重点。❾ ②要以中国传统文化为基础。源于中国的传统生态文化蕴藏着丰富的生态伦理思想，潘岳认为儒家倡导以仁爱之心看待自然，道家主张尊重自然

---

❶ 李玉杰，季芳，李景春. 文明史视域人与自然关系演化的三部曲 [J]. 东北师大学报（哲学社会科学版），2012（6）.

❷ 王刚. 生态文明：渊源回溯、学理阐释与现实塑造 [J]. 福建师范大学学报（哲学社会科学版），2017（4）.

❸ 苗启明，谢青松，林安云，等. 马克思生态哲学思想与社会主义生态文明建设 [M]. 北京：中国社会科学出版社，2016：封面.

❹ 张敏. 论生态文明及其当代价值 [M]. 北京：中国致公出版社，2011：65.

❺ 温莲香，张军. 生态文明何以可能：基于马克思恩格斯共产主义学说的分析 [J]. 当代经济研究，2017（3）.

❻ 钱春萍，代山庆. 论习近平生态文明建设思想 [J]. 学术探索，2017（4）.

❼ 徐水华，陈璇. 习近平生态思想的多维解读 [J]. 求实，2014（11）.

❽ 陈俊. 习近平生态文明思想的当代价值、逻辑体系与实践着力点 [J]. 深圳大学学报（人文社会科学版），2019（2）.

❾ 唐鸣，杨美勤. 习近平生态文明制度建设思想：逻辑蕴含、内在特质与实践向度 [J]. 当代世界与社会主义，2017（4）.

规律为最高准则,佛家主张万物都有生存的权利,这些思想与生态文明的内在要求相同;❶ 蔡登谷也指出和谐不仅是中华文化的思想精髓,也是生态文明的核心理念。❷ ③要以生态学、哲学等多学科的理论为依据。廖才茂认为生态文明的理论根据为人地系统理论与生态系统阈限理论等;❸ 卢风认为要以生态学、生态哲学为指导,以宏观系统观点等为基础。❹ 文传浩等运用生态系统管理理论研究生态文明建设。❺

（4）构建生态文明的对策。学界从多角度提出了生态文明建设的措施。刘湘溶等探讨生态文明发展战略,认为应致力于"一个构建"和"六个推进",并分属于主体和客体两大进程,两大进程彼此联系,构建一个有机整体。❻ 文传浩等针对西部民族地区生态文明建设所面临的问题及其制约因素,提出要从意识、环境等方面构建生态文明的五大措施。❼ 卢风从文明的物质环境、制度环境和文化价值这三大维度出发,针对生态危机的根源,主张建设生态文明措施是对工业文明各个维度进行联动变革。❽ 皇甫睿从文化与生态互相影响的内在联系出发,鉴于生态灾变的主要缘由在于文化,主张采用维持文化多元并存的方式,对人类不良的资源利用方法与对象实行变革,控制人为的生态灾变,发挥文化的生态价值,达成人类的可持续发展的目标。❾ 汪信砚从人与自然关系视角出发,认为要以人类整体的、长远的利益为根本的价值取向,植根于社会主义制度,创建一套有效保障生态环境的制度。❿ 王雨辰认为在生态文明理论话语体系的构建上,要采用"历史唯物主义研究范式",寻求代内和代际的环境正义,在保障我国发展权与环境权

---

❶ 潘岳. 论社会主义生态文明 [J]. 绿叶, 2006 (10).
❷ 蔡登谷. 和谐: 生态文明核心价值理念 [J]. 人民论坛: 中旬刊, 2010 (1).
❸ 廖才茂. 生态文明的内涵与理论依据 [J]. 中共浙江省委党校学报, 2004 (6).
❹ 卢风. "生态文明"概念辨析 [J]. 晋阳学刊, 2017 (5).
❺ 文传浩, 马文斌, 左金隆, 等. 西部民族地区生态文明建设模式研究 [M]. 北京: 科学出版社, 2015: 120.
❻ 刘湘溶, 等. 我国生态文明发展战略研究 [M]. 北京: 人民出版社, 2013: 719-720.
❼ 文传浩, 马文斌, 左金隆, 等. 西部民族地区生态文明建设模式研究 [M]. 北京: 科学出版社, 2015: 174-188.
❽ 卢风. "生态文明"概念辨析 [J]. 晋阳学刊, 2017 (5).
❾ 皇甫睿. 生态人类学视野下文化的生态价值研究: 以湘西保靖县黄金村为例 [J]. 原生态民族文化学刊, 2020 (6).
❿ 汪信砚. 生态文明建设的价值论审思 [J]. 武汉大学学报 (哲学社会科学版), 2020 (3).

的基础上，实现国际环境正义。❶ 郝栋认为生态文明建设的实现路径为建立健全完备的生态文明制度体制，而这一制度体制也是中国生态现代化建设的治理工具和支撑力量。❷ 蔡守秋认为在生态文明法治建设中，法律体系的生态化是生态文明建设的根本保障，法律体系生态化关键在于环境资源法律生态化。❸ 建设环境资源法律生态化，在研究范式上，要抛弃机械的主客二分论，采用"主客综合"方式，实施"综合调整机制"。❹ 徐祥民等提出通过构建绿色发展法来纠正传统发展法的偏差，为生态文明建设提供法治保障。❺ 陈志荣提出与生态文明内涵相一致的环境法要以生态利益为本位来规范和调整生态行为与生态法律关系。❻

（三）国内外研究评述

整体而言，既往的国内外关于环境保护习惯和生态文明建设的研究具有重要的参照和借鉴价值，同时也存在一些不足之处，仍然需要进一步推进。

1. 环境保护习惯与生态文明建设关系有待研究

随着2005年12月国务院提出"倡导生态文明"，2012年将生态文明写入党的十八大报告，2015年出台推进生态文明建设及生态文明制度体系的构建等一系列决定、意见及方案，加上环境保护习惯对生态文明建设中的生态法治建设具有本土法治资源的价值，其重要性愈发显著。在大力推进生态文明法治建设的背景下，学界积极地回应国家生态文明建设战略进程，对环境保护习惯的研究热度愈发上升，环境保护习惯成为生态法治建设的重要基石。但是，多数学者仅仅通过研究环境保护习惯对生态环境法治建设的价值来间接说明其对生态文明建设的重要性，只有少数学者直接研究环境保护习惯本身对生态文明建设的作用。刘雁翎认为在国家制定法之外，民族环境习惯法通过调动有益民间法资源，联合国家制定法，推进生态文明建设，有着

---

❶ 王雨辰. 论构建中国生态文明理论话语体系的价值立场与基本原则［J］. 求是学刊，2019，46（5）.
❷ 郝栋. 新时代中国生态现代化建设的系统研究［J］. 山东社会科学，2020（4）.
❸ 蔡守秋. 论我国法律体系生态化的正当性［J］. 法学论坛，2013（2）.
❹ 蔡守秋. 从综合生态系统到综合调整机制：构建生态文明法治基础理论的一条路径［J］. 甘肃政法学院学报，2017（1）.
❺ 徐祥民，姜渊. 绿色发展理念下的绿色发展法［J］. 法学，2017（6）.
❻ 陈志荣. 生态文明下环境法构建的"深层环境法学"：方法论视角的解读与反思［J］. 福建师范大学学报（哲学社会科学版），2017（1）.

无法被代替的"主体性"与"行为性"价值。❶ 诚然，生态环境法治建设在生态文明建设中占据着十分重要的地位，但是它只是生态文明建设中的一个组成部分。除此之外，生态文明建设还存在生态文化体系建设和生态经济体系建设这两个不可或缺的内容，而学界缺乏环境保护习惯对生态文化体系建设和生态经济体系建设关系的研究，更缺乏环境保护习惯与生态文明建设内在关系的研究。在生态文明建设研究方面，也只有少数学者探讨了民族传统文化对生态文明建设的影响。肖青等探讨了消除西南民族地区村寨的自然生态与文化生态的"双重危机"的对策，❷ 王永莉指出西部民族地区要充分发挥各民族生态文化的作用，❸ 谢震、高晓红提出在坚持马克思生态观的基础上，重视传统生态理念的整合与洗礼，❹ 但学界未能全面、深入地专门探讨民族传统文化对生态文明建设的影响，可见，学界缺乏全面、专门研究环境保护习惯与生态文明建设关系的研究，特别是环境保护习惯为何对生态文明建设具有价值有待论证，这些价值如何实现需要探讨。

2. 环境保护习惯的理论与实践有待深化和拓展

尽管学界对环境保护习惯的理论和实践研究取得了一定的成果，但是研究内容的广度和深度仍然有待加强。其一，研究内容的广度亟待拓宽。据学者统计，学界对环境保护习惯研究，南方地区民族研究多，北方地区民族研究少，❺ 各地环境保护习惯之间的比较研究更是较少开展，这说明对环境保护习惯仍然存在进一步深入研究的空间，既可以对不同地域环境保护习惯进行比较研究，或对某一个区域环境保护习惯进行整体研究，还可以从东部、中部、西部选取几个地方进行环境保护习惯的研究。其二，研究内容的深度亟待加强。环境保护习惯的理论与实践研究仍需进一步提升，要进一步厘清环境保护习惯与习惯法的边界，环境保护习惯的类型化研究如何开展？环境保护习惯对生态文化体系建设和生态经济体系建设具有什么样的价值？其实现路径是什么？环境保护习惯为何能对环境保护发挥作用及其作用的机理仍

---

❶ 刘雁翎. 西南少数民族环境习惯法的生态文明价值 [J]. 贵州民族研究，2015（5）.

❷ 肖青，等. 西南少数民族地区村寨生态文明建设研究 [M]. 北京：科学出版社，2014：90–100.

❸ 王永莉. 西部民族地区生态文明建设问题探析 [J]. 民族学刊，2017（1）.

❹ 谢震，高晓红. 民族地区生态文明建设探究 [J]. 贵州民族研究，2017（10）.

❺ 常丽霞，田文达. 当代少数民族生态环境习惯法研究述评 [J]. 烟台大学学报（哲学社会科学版），2018（6）.

需运用多学科的方法进行探索,环境保护习惯现代化,特别是其与环境法的互动,不仅需要在理论上进一步阐述,还需要通过更多的实证研究探讨互动实践的路径。环境保护习惯的传承与发展,特别是其创造性的转化,创新性发展有待进一步探索和实践。现有的研究要么注重理论,要么注重实践,能否在理论与实践相统一基础上开展研究?

3. 研究方法有待改进

对环境保护习惯、环境法以及生态文明建设的研究涉及多学科知识,需要采用多学科交叉渗透研究方法,而目前学界对环境保护习惯的研究方法较为单一,主要采用两种研究进路。第一种是法学,特别是法人类学、法社会学的研究进路,采用法律多元主义理论来说明环境保护习惯的合法存在,采用规范分析的法学研究方法,用法学思维来研究环境保护习惯的基本理论及其法治现代化,这是学界最主要的研究路径。第二种是把环境保护习惯作为民族生态文化的组成部分,遵循人类学、民族学的理论和方法,特别是生态人类学方法,从文化的角度研究环境保护习惯与生态环境的相互关系。[1] 第一种研究进路实质是从国家法的角度研究习惯,是一种自上而下的方法;第二种研究进路是从社会的民族文化角度研究习惯,是一种自下而上的方法。这两种研究进路,由于采用的研究方法不同,研究角度略有差异,导致其研究侧重点存在差异,使得研究成果各有优劣。对涉及多学科知识的研究内容或对象,仅采用单一的研究方法,可能会存在不足。为了更好地对环境保护习惯进行更深入的研究,需要多学科知识和方法的交流与合作,需要采用多元化的研究方法,需要自上而下与自下而上的有机统一。

第二节 研究意义和研究内容

环境保护习惯对生态文明建设的价值研究,具有较为显著的研究意义和丰富的研究内容。

一、研究的理论价值与现实意义

环境保护习惯对生态文明建设的价值研究,将对我国的法治建设、中华

---

[1] 常丽霞,田文达. 当代少数民族生态环境习惯法研究述评[J]. 烟台大学学报(哲学社会科学版),2018(6).

传统文化建设和生态文明建设，具有较大的理论价值与现实意义。

（一）理论价值

当前，我国人文社科学者要担负起两个责任：一个是理论创新，另一个是"讲好中国故事"❶。长期以来，我们学习和接受国外理论观点，把国外理论观点当作十分重要乃至唯一的准则，用它来指导研究中国的实际问题，这种机械适用束缚我们的原创力，致使我们较少对国外理论观点进行分析、鉴别乃至学理性批判❷，较少结合中国国情把国外的理论观点进行批判性吸收并加以改造，提出适合中国国情的理论，较少基于中国实践提出符合中国国情的具有普遍意义的理论；"讲好中国故事"要求我们研究对中国富有意义的问题；人文社科学者要履行好这两个责任，必须将它们聚焦于中国问题的研究；通过对中国问题的研究，根据中国的特殊性，提炼出具有普遍意义的理论。❸ 通过对环境保护习惯为何以及如何对生态文明建设具有价值的中国问题研究，进行理论创新，提炼出符合实际的观点。在环境保护习惯与生态文明建设的关系中，环境保护习惯倡导人与自然协调发展的理念与生态文明倡导的人与自然和谐共生理念一脉相承，环境保护习惯能够为生态文明建设提供生态经济和保护环境的原生规范，意味着它们是传统与现代的关系，鉴于传统和现代密切联系，相互促进，传统衍生转化出现代，现代遗留着传统的基因❹，环境保护习惯与生态文明建设之间存在相互支持促进关系。环境保护习惯对生态文明建设的支持促进作用，表现在促进生态文明制度体系建设上，应当通过环境保护习惯与环境法融通合作，构建完备的生态保护法律制度。环境保护习惯与环境法是生态保护法律制度不可或缺的组成部分，两者各具优劣。根据文化多元主义理论，各种文化不存在高低优劣之分，都具有各自的价值，都应当被尊重、平等保护与发展。同理，法律也存在多元主义，环境保护习惯与环境法都在当今的中国同时存在，各自在自己的领域发挥作用。环境保护习惯和环境法各自有一套运作体系，双方都保持着开放的姿态，通过吸收对方有利养料的方式来发展和完善自我。环境保护习惯的发展完善，要吸收环境法的成文化、规范化等优点。

---

❶ 姚洋. 中国经济学的本土话语构建 [J]. 文史哲，2019（1）.
❷ 徐勇. 学术创新的基点：概念的解构与建构 [J]. 文史哲，2019（1）.
❸ 姚洋. 中国经济学的本土话语构建 [J]. 文史哲，2019（1）.
❹ 汪太贤. 论中国法治的人文基础重构 [J]. 中国法学，2001（4）.

环境法也要吸纳环境保护习惯有益合理的内容，如借鉴环境保护习惯注重整体主义方法和专门机构执法，在立法上实行流域立法，执法上实行由单一部门统一执法，改善环境法律现有的局限。在此基础上，构建环境保护习惯和环境法的协同关系，协同的路径包括：在立法上，实行法律的"习惯化"和习惯的"法律化"；在执法上，在共同适用的领域，两者进行沟通和合作；在司法上，环境刑事案件，按照《刑法》定罪量刑，习惯作为量刑与刑事和解制度的考查因素发挥作用，环境民事纠纷解决，由当事人协商，协商不成，构建大调解制度，完善环境保护习惯司法适用制度。总之，通过对"环境保护习惯对生态文明建设具有价值及其实现"这个富有意义的问题研究，从中国的现实出发，进行理论创新，"讲好中国故事"。

（二）现实意义

环境保护习惯对生态文明建设的价值研究，将对我国生态环境法治建设、环境保护习惯的传承与发展及生态文明建设具有较大的现实意义。

1. 提升环境法的实效

通过对环境保护习惯的研究，促使环境法学范式从崇尚技术理性转向技术理性与价值理性的平衡，推进环境法实效的提升。伴随着工业革命，科学技术迅速发展，特别是20世纪以来，科技对社会发展的威力已经日渐显露，科技发展为第一生产力，成为全球的统治力量，并被认为是一种无所不能的终极力量，这种思想被科学哲学家称为技术理性，它主张科技可以解决一切问题，包括依靠科技的进一步发展来解决其所带来的生态危害和灾难。人类运用科技战胜自然带来物质财富无限增长的同时，技术无规制的发展也造成生态环境不断恶化的严重后果[1]，在这种形势下产生的环境法不可避免地带上时代的烙印，推崇技术理性，致使环境保护的技术手段、科技助力环境修复等体现为技术理性的内容，占据环境法律制度内容的半壁江山。[2] 伴随着科技异化的产生和发展，它促进科技发展压抑乃至泯灭人性，直接的消极后

---

[1] 范在峰，李辉凤. 论技术理性与当代中国科技立法 [J]. 政法论坛（中国政法大学学报），2002（6）.

[2] 郭武. 论环境习惯法现代价值 [D]. 武汉：武汉大学，2012：112-113.

果就是忽视人的价值和尊严❶，甚至忘却了生命的意义和价值，致使环境法的技术理性吞噬乃至取代价值理性，造成技术理性和价值理性的紧张对立，远离善法所必备的体现人的生存价值内容的人文精神。❷ 当代社会的善法（包括环境法）要实行科学精神与人文精神的有机融合，构建促进技术理性与价值理性互动的协调机制，在推进科技发展的同时，注重人类的价值理性。❸ 环境保护习惯所具有的崇尚自然，注重人与自然协调发展的价值理性，正是环境法向善法进行转变所不可或缺的本土资源。通过对环境保护习惯的研究，促进环境法吸收环境保护习惯的合理内核，推动环境法从热衷于技术理性转向注重技术理性和价值理性的平衡，进一步提高环境法的实效，促进环境法走上"善法"之路。

2. 促进环境保护习惯的自我完善

通过对环境保护习惯从单一学科的研究转向多学科的共同探讨，推进环境保护习惯的实证、现代转化与发展的研究，推动环境保护习惯的自我完善。目前，学界对环境保护习惯研究，主要采用法学或人类学的研究方法，缺乏经济学、社会学、管理学等社会科学的参与，致使研究内容不够全面深入，在这种状况下，对习惯的研究一直都为国家法服务的。❹ 突出表现在：现有的研究成果注重对环境保护习惯历史文献的挖掘和整理，忽略了以发展的视野对当前环境保护习惯现实情况进行动态的考察与分析，较少实行以静态的历史考察和动态的实证分析相结合的方法，难以对环境保护习惯的传承与发展进行整体的研究❺。因此，通过转变对环境保护习惯的研究方法，实行以单一学科为主转向以生态学、经济学、法学、人类学等多学科的共同探讨，推进环境保护习惯的实证研究，强化其现代转化研究，发挥其在生态环境法治建设以及生态文明建设中的作用，同时还需加强环境保护习惯自身发展途径研究。

---

❶ 范在峰，李辉凤. 论技术理性与当代中国科技立法 [J]. 政法论坛（中国政法大学学报），2002（6）.

❷ 郭武. 论环境习惯法现代价值 [D]. 武汉：武汉大学，2012：112-113.

❸ 范在峰，李辉凤. 论技术理性与当代中国科技立法 [J]. 政法论坛（中国政法大学学报），2002（6）.

❹ 张洪涛. 边缘抑或中心：大历史视野中习惯法命运研究 [J]. 法学家，2011（4）.

❺ 常丽霞，田文达. 当代少数民族生态环境习惯法研究述评 [J]. 烟台大学学报（哲学社会科学版），2018（6）.

3. 推进我国生态文明建设

通过对环境保护习惯现代价值的研究，探寻环境保护习惯对生态文明建设的价值及其实践路径，推进我国生态文明建设。环境保护习惯的现代价值研究是中华优秀传统文化创造性转化和发展的路径，如何强化环境保护习惯现代价值研究？必须要从系统论角度出发，将环境保护习惯放在中华文化的场域中来考察分析它与经济、生态环境、宗教及法律等互动关系，通过马克思生态哲学思想、环境保护习惯和生态文明研究的本土知识与国外知识的融通，探寻环境保护习惯对生态文明建设的价值，推进生态文明建设。传承和发展符合当下生态文明建设的环境保护习惯，实现其创造性转化、创新性发展，为生态文明建设提供可操作性措施。

二、研究思路和研究方法

（一）研究思路

以习近平新时代中国特色社会主义思想为引领，从生态文明建设的时代需求出发，以丽水市、恩施州、黔东南州为考察对象，围绕环境保护习惯为何对生态文明建设具有价值以及如何实现价值这一指向，探寻环境保护习惯对生态文明建设的价值与实践路径。首先，以历时性和共时性相结合的方法考察环境保护习惯的历史发展规律及其丰富的内容；其次，采用多维视角论证环境保护习惯对生态文明建设具有价值的历史逻辑性和现实合理性；最后，运用系统论方法提出环境保护习惯促进生态文明建设的实践路径和措施（见图1）。

（二）研究方法

本书主要采用以下研究方法。

1. 田野调查方法

之所以选择以丽水市、恩施州和黔东南州为考察对象来研究环境保护习惯和生态文明建设的关系，原因在于：其一，可以扩大环境保护习惯的研究区域和研究对象。在现有的6部环境习惯著作中，在研究区域和研究对象

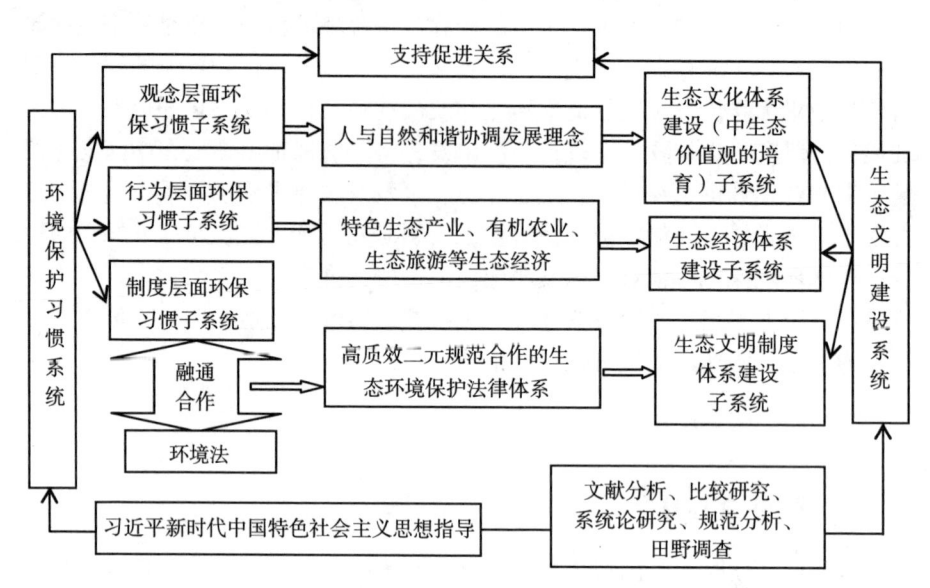

图 1　环境保护习惯和生态文明建设关系

上，有 5 部著作研究西部和西南地区的环境习惯法，约占总数的 83.33%[1]，东部和中部区域的环境保护习惯有待研究。浙江省丽水市在东部区域，湖北省恩施州在中部区域，贵州省黔东南州在西部区域。研究丽水市、恩施州和黔东南州三地的环境保护习惯，可以弥补现有环境保护习惯在东部和中部区域研究的不足，还可以进行东部、中部和西部的跨区域对比研究。其二，可以开展有特色的研究。丽水市、恩施州和黔东南州三地民众，在长期的生产生活实践中形成了内涵丰富又有特色的环境保护习惯，有较为丰富的环境立法及其实践。丽水市是生态文明理论的实践地，有许多经验值得总结和发展。以丽水市、恩施州和黔东南州三地环境保护习惯来研究，可以充分挖掘和展现环境保护习惯和生态文明建设的深层次关系。因此，在田野调查上，

---

[1] 郭武. 环境习惯法现代价值研究：以西部民族地区为主要 "场景" 的展开 [M]. 北京：中国社会科学出版社，2016；袁翔珠. 石缝中的生态法文明：中国西南亚热带岩溶地区少数民族生态保护习惯研究 [M]. 北京：中国法制出版社，2010；胡卫东. 黔东南苗族山林保护习惯法研究 [M]. 成都：西南交通大学出版社，2012；刘雁翎. 西南少数民族环境习惯法研究 [M]. 北京：民族出版社，2020；常丽霞. 藏族牧区生态习惯法文化的传承与变迁研究：以拉卜楞地区为中心 [M]. 北京：民族出版社，2013.

选取丽水市、恩施州和黔东南州三地为调研点，深入三地的乡村开展调研，运用参与观察、深度访谈、问卷调查等方法，收集环境保护习惯和生态文明建设的资料，把握基本情况。

2. 文献研究方法

采用学术研究最基本的方法——文献研究方法，通过分析与环境保护习惯和生态文明内容相关的大量的民间契约、古籍等资料，以及学界从不同学科开展过的相关研究等资料，全面了解环境保护习惯和生态文明建设的内容。

3. 比较研究方法

通过不同地域环境保护习惯的比较，把握环境保护习惯的共性和特性，将环境保护习惯与环境法相比较，探讨双方的优劣所在，再进行研究方法和材料上的比较，采用最适合的研究方法和最贴切的材料。

4. 系统论研究方法

系统论是指系统由多个要素构成，并且各个要素之间彼此发生作用和联系。把环境保护习惯和生态文明建设各自作为一个系统，每个系统又分为三个构成要素。通过考察环境保护习惯与生态文明建设的构成要素和结构功能，探讨环境保护习惯的各要素如何对生态文明建设各要素发生作用，提出环境保护习惯对生态文明建设价值的实践路径。

5. 规范分析方法

规范分析方法用来分析环境习惯规范和环境法规范及其实效，为双方进一步发展和完善以及彼此间的融通合作夯实基础。由于规范分析方法通过研究环境法律文本来解决环境法治实践中的问题，依赖于完善环境立法，它"只在法律之内看法律"，难以摆脱自我循环论证的"逻辑怪圈"，存在不足之处。它通常运用源自西方的法学原理，来批判或建构或解释分析中国环境法治问题[1]，使我国的环境法治建设面临水土不服的问题，致使虽然有很多法律、法规出台，但还是实效不佳，处于不够用、"不管用"的状态。尽管如此，毕竟规范分析方法是法学研究的主要方法，因此，对环境法律的完善，还需要从规范分析方法入手，立足本土，借鉴外国，改进不足，使环境法律实效增强，变成"管用的"法律。

6. 经济学、管理学等社会科学的方法

采用经济学、管理学等社会科学的研究方法，优势在于注重研究发生过

---

[1] 陈瑞华. 法学研究方法的若干反思 [J]. 中外法学，2015（1）.

的"经验事实";秉持"价值中立"的原则,诠释研究对象的形态、样式及其缘由与发展,论证自己所提出的主张等;其局限在于批判有余而创建不足,注重个案研究,很少提炼出"中国式"的理论等。[1]

鉴于上述的研究方法都具有优劣,笔者将发挥各自所长,将诸多研究方法实行交叉渗透,综合运用。

三、研究内容和创新之处

（一）研究内容

本书研究内容由四部分组成。第一部分为绪论。介绍选题缘起及理论价值与现实意义,综合评述国内外研究现状,明了以往研究的不足,阐明今后要进一步研究的内容、方法、思路和创新之处。第二部分是环境保护习惯的表现形态和主要内容研究。在鉴别习惯与习惯法异同的基础上,运用多种学科方法合理地界定环境保护习惯的内涵与外延,阐述环境保护习惯的形成发展与表现形式,通过对环境保护习惯的类型化来阐述其内容。第三部分为环境保护习惯对生态文明建设的价值分析。叙述我国生态文明建设的发展历程,阐述生态文明的内涵为人与自然、人与人、人与社会的三重协调发展,明确生态文明建设内部的五个构成要素,论述环境保护习惯对生态文明建设的三大价值,厘清两者之间的支持促进关系。第四部分构建环境保护习惯促进生态文明建设的实践路径。在阐述环境保护习惯和三地生态文明建设现状的基础上,提出环境保护习惯促进生态文明建设的实践路径：（1）观念层面的环境保护习惯将为生态文化体系建设中生态价值观的培育提供人与自然协调发展的理念；（2）行为层面的环境保护习惯将为生态经济体系建设提供生态经济；（3）制度层面的环境保护习惯与环境法融通合作,增强环境法和制度层面环境保护习惯的实效,将为生态文明制度体系建设提供高质效的二元规范合作的生态环境保护法律制度。

（二）创新之处

本书的创新之处体现在以下三方面。

---

[1] 陈瑞华.法学研究方法的若干反思［J］.中外法学,2015（1）.

1. 学术思想的特色和创新

当前亟须对环境保护习惯研究方法论进行批判性的反思。正如有学者指出，目前对"习惯法研究缺乏一个哲学和其他相关层面的方法论研究"❶。通过对现行习惯（法）研究中研究立场、研究模式、研究视角与研究范围等内容的反思与批判，来实现方法论的转向，促进理论研究进一步提升❷。具体而言，针对环境保护习惯与生态文明建设的研究，在习近平新时代中国特色社会主义思想引导下，从单一学科知识和方法转向多学科知识和方法，实行人类学、法学、生态学、哲学、历史学、经济学和管理学等多学科的理论和方法交叉综合，采用文化（法律）多元主义理论、传统与现代等辩证统一理论，摒弃传统与现代等二元对立思维，吸收本来，借鉴外来，实现马克思生态哲学思想、环境保护习惯和生态文明的本土知识与国外知识的融通。在研究视角上，从单一视角向多重视角转变，既要采用自上而下的进路，又要运用自下而上的进路，实现定性研究与定量研究、实证研究与规范研究、宏观与微观的有机结合，并力所能及地拓展研究范围，将环境保护习惯与生态文明建设进行类型化研究，探索环境保护习惯和生态文明建设的关系，构建环境保护习惯对生态文明建设的价值与实践路径。

2. 学术观点的特色和创新

传统环境保护习惯是当地民众与自然协同进化，所形成的相互适应的社会制度，是一种可持续的人类社会系统与生态系统相互作用的产物。它所蕴含的人与自然、人与人双重的合理生存与健康发展的精神契合生态文明建设的终极目标。环境保护习惯注重生态效益、经济效益和社会效益的和谐统一，能够有效弥补环境法治中存在的重经济效益轻生态效益的局限。高效多元规范合作的生态保护法律体系的构建路径为：通过广泛的公众参与，制定包括地方性法规、其他规范性文件、司法审判指导意见等在内的多层级规范，使环境法能够有效吸纳环境保护习惯和生态文明精华且能够予以合理规制。环境保护习惯吸收环境法、生态文明的合理内涵来发展自己，环境保护习惯和环境法律在执法上开展沟通和合作，在司法上构建民间调解和官方调解组成的大调解制度。

---

❶ 李可. 习惯法：理论与方法论 [M]. 北京：法律出版社，2017：289.
❷ 李可. 习惯法：理论与方法论 [M]. 北京：法律出版社，2017：353-366.

3. 研究方法、分析工具与话语体系的特色和创新

运用系统论的理论和方法，将环境保护习惯与生态文明建设看成两个相互作用的系统，运用结构-要素和结构-功能分析方法，将环境保护习惯类型化为观念、行为和制度三个构成要素，将生态文明建设内容类型化为五个构成要素，把环境保护习惯中的三个构成要素，对应生态文明建设五个构成要素中的三个构成要素，即生态文化体系建设中的生态价值观培育、生态经济体系建设和生态文明制度体系建设❶，并发生作用，创建环境保护习惯对生态文明建设价值的实践路径。运用以马克思生态哲学思想为导向，以人类学、生态学、法学为基础，以历史学、经济学、管理学等为辅的多学科知识，使之融合为一个逻辑清楚、意义清晰的分析和叙事话语体系。

笔者力求使研究具有在地性、中国化与实践性三大特色。从社会实践出发，进入社会的中心，选取对我国发展重要的内容即生态文明建设，研究对我国实践富有意义的问题即环境保护习惯与生态文明建设的关系，增强在学术研究中的自主性意识，坚持"以我为主"的原则，利用西方有价值的理论来提升我们自己对实践问题的研究和认知，构建属于我们自己的理论，推进学术研究和社会现实有机统一，促使学术研究出现有利于认识当代中国的"真知"和"新知"❷。

---

❶ 生态文明建设主要是构建生态文明体系，对生态文明体系的有机组成部分，理论界已有公允定论，包括以生态价值观为准则的生态文化体系、生态经济体系、目标责任体系、生态文明制度体系和生态安全体系。

❷ 阎小骏. 中国何以稳定：来自田野的观察与思考 [M]. 北京：中国社会科学出版社，2017：258.

第二章　环境保护习惯的表现形态和主要内容

进行环境保护习惯对生态文明建设的价值研究，首先要明了环境保护习惯是什么。本章主要界定环境保护习惯的概念，明确其内涵与外延，并对其进行类型化，分析环境保护习惯的形成与发展，阐述其表现形态和主要内容。

第一节　环境保护习惯概念的界定

开展一项学术研究的基点，在于就其主题下一定义，从概念着手，明确其内涵与外延❶，有助于我们更加准确地认识和把握研究对象的本质。

一、环境保护习惯的内涵

从字面上解释，环境保护习惯由环境保护和习惯组成。要理解和掌握环境保护习惯的概念，必须要把握环境保护和习惯的内涵和外延。何谓环境保护？《环境保护法》第 2 条界定了环境的概念及范围，环境是影响人类生存与发展的各种自然因素的总体，由自然环境与人工环境两大类组成。包括大气、森林、土地、海洋、水，野生生物、草原、矿藏、自然遗迹，风景名胜区、人文遗迹、自然保护区，以及城市与乡村等。对自然环境和人工环境的保护就是环境保护。

何谓习惯？从语义学上分析，习惯是因重复而巩固下来的并变成需要的行为方式❷，或者是长时间慢慢形成的而难以变更的行为、倾向或社会风尚。❸ 这里的习惯涵盖的内容极其广泛，以至于爱德华·汤普森（Edward

---

❶ 徐勇. 学术创新的基点：概念的解构与建构［J］. 文史哲，2019（1）.
❷ 辞海编辑委员会. 辞海（上）［M］. 上海：上海辞书出版社，1989：248.
❸ 中国社会科学院语言研究所词典编辑室. 现代汉语词典［M］. 北京：商务印书馆，1999：1458.

Tompson）在《共有的习惯：18世纪英国的平民文化》中发出惊叹：在较早的数个世纪中，"习惯"一词涵盖的内容等同于现在用"文化"一词涵盖的内容，而文化是个集合的概念，它将众多的活动与属性捆成捆，需要我们拆开这捆东西，才能够详细地考察各个组成部分❶，这意味着习惯具有庞杂性与多样性，正因为如此，学者主要从四个学科或角度对习惯概念进行了界定。

（1）从法学意义上对习惯概念的界定。它以法律规范的标准来看待习惯，将习惯分为作为行为的习惯和作为规则的习惯两大类，并指出两者的区别。作为行为的习惯是一种可以通过环境熏陶和个人训练形成的，在特定情形下自己主动做某事的倾向；作为规则的习惯是一种涉及他人的行为模式，不仅具有个人的性质，还具有法的潜功能，它由作为行为的习惯发展而来，与作为行为习惯的区别在于具有社会性或规范性。❷ 以法律规范的标准来界定习惯，强调习惯的规范属性，确定习惯是被人们共同信守的行为规则或规范。❸（2）从法社会学、法文化学的角度来界定习惯。认为习惯是指对社会主体的行为模式或心理模式进行客观的描述。❹ 这种从"小传统"视角来界定的习惯，自外在而言，它突出习惯的主体在行为上的反复性；自内在而言，强调主体在思维上的惯常性。❺（3）从教育学的角度来界定习惯。乌申斯基提出"神经习惯"，是指起初有意识和随意做的动作，被经常重复后就变为反射动作，习惯行为是反射行为，习惯行为与反射行为成正比的关系，反射性可以随着行为的习惯性越深变得越强。❻ 它强调习惯具有遗传性，可以通过后天的教育和培养的方式形成良好习惯。❼（4）从经济学的角度来界

---

❶ E. P. 汤普森. 共有的习惯：18世纪英国的平民文化［M］. 沈汉, 王加丰, 译. 上海：上海人民出版社, 2020：14、18、24.

❷ 李可. 习惯法：理论与方法论［M］. 北京：法律出版社, 2017：2-6.

❸ 中国大百科全书总编辑委员会《法学》编辑委员会, 中国大百科全书出版社编辑部. 中国大百科全书·法学卷［M］. 北京：中国大百科全书出版社, 1984：45.

❹ 姜世波, 王彬. 习惯规则的形成机制及其查明研究［M］. 北京：中国政法大学出版社, 2012：38.

❺ 周赟. 论习惯与习惯法［M］//谢晖, 陈金钊. 民间法（第三卷）. 济南：山东人民出版社, 2004：84.

❻ 康·德·乌申斯基. 人是教育的对象：教育人类学初探（上卷）［M］. 郑文樾, 译. 北京：人民教育出版社, 2007：170-172.

❼ 谢晖. 论"可以适用习惯""不得违背公序良俗"［J］. 浙江社会科学, 2019（7）.

定习惯。认为习惯是人们通过反复博弈行为而产生的"默会性知识"❶，强调习惯是集体行动的结果，是经验的产物，具有自发性。❷

上述从四个角度来界定的习惯，均在不同程度展示了习惯在某方面的特性，意味着习惯具有不同的面向。虽然复杂的事物都具有多重面向，但是无论如何，多重面向都具有一些相同的性质或基本特性。习惯的共性有两个，一是反复实践性。一种行为要成为一种规范和模式，或成为反射行为和经验的产物，不可能在短期内形成，而必须在相当长的一段时间内反复进行。所谓习惯成自然非一日之功，而是要经过反复实践一段时间后方能形成。它可以从习惯的字义溯源中得到体现，习的本义是指初生的鸟儿反复练习飞行，鸟儿必须要经过一段时间后才能获得飞行的技能。惯由早先穿钱的绳索含义，到后来被引申为内心的长期坚持，因此，习惯是指一种行为的反复实践形成了行为模式，并长期予以坚持，"是不断重复实践的社会事实"❸，实践性和重复性是习惯的基本特性。二是普遍确信性。习惯为不同的社会、不同的民众在不同的地理环境与历史发展中形成之后，由于它合乎民众的"生存之道"，逐渐被社会成员所接受继而普遍遵守，得到社会成员的普遍确信，"习惯是许多人共信共行的结果"❹。既然反复实践性和普遍确信性是习惯的基本特性，当然也是环境保护习惯所具有的特性，由此，我们将环境保护习惯界定为民众在长期的生产生活和交往的实践中经过反复实践自然形成或议定产生的保护环境所奉行的行为规范。

二、环境保护习惯的外延

环境保护习惯包含的范围较广，学界对习惯界定的方法论差异和有关环境习惯与环境习惯法的异同关系，实质上表明环境保护习惯外延的宽窄。

（一）环境保护习惯是一种社会行为习惯，不包括一些纯粹的私人习惯

采用不同的方法论对习惯的界定就存在差异。康芒斯、哈耶克、韦伯等

---

❶ 被社会公众广泛认可进行心理确认的"无言之知"。
❷ 姜世波，王彬．习惯规则的形成机制及其查明研究［M］．北京：中国政法大学出版社，2012：37-38.
❸ 王新生．习惯性规范研究［M］．北京：中国政法大学出版社，2010：33.
❹ 李岱．法学绪论［M］．台北：台湾中华书局，1966：40.

从个人主义方法论来界定习惯,将习惯认定为个人习惯,强调习惯是一种个人行为,注重个人行为的规律性,在中文用"本性"来表示,英文为"habit"。从社会行为主义方法论来界定习惯,认为习惯是"个人的社会行为","关联着别人的举止"[1],是社会行为习惯,要么是两个及其以上的人之间的互动行为,要么是多重博弈行为后的产物,处理人与人之间的矛盾;在中文用"习俗"来表示,英文为"custom"。从整体主义方法论来界定习惯,则认为习惯是一种规则,具有约束力,是一种规范性的社会行为;在中文用"惯例"来表示,英文为"convention"。在习惯的这三种含义中,由于个人习惯仅属于心理学、行为科学等研究内容,而不属于经济学、法学、社会学等社会科学研究范畴,习俗与惯例的界限十分模糊,不易区分,加之只有理解社会行为习惯,才能理解社会现象[2],因此,笔者主张的习惯是指习俗、惯例。环境保护习惯是一种社会行为习惯,具有社会规范性,不包括一些纯粹的私人习惯。

(二)环境保护习惯是一种调整人与自然之间关系和人与人之间关系有机统一的习惯

人类生产生活必须依托于特定地理环境,人们在与地理环境的适应与共生中逐渐产生调整人与自然关系的习惯,以及由此而延伸出的调整人与人关系的习惯,环境保护习惯是调整人与自然之间关系和人与人之间关系有机统一的习惯。在长期与自然打交道的过程中,人们不断认识和掌握自然规律,根据自然节气的变化,在农业生产中逐渐形成调整人与自然关系的习惯,如遵从自然规律、顺应天时的习惯。人们还在对自然资源利用和管理过程中形成有关土地、森林、水资源、野生动物保护的习惯,它们直接体现人与自然之间的关系。马克思认为"人同自然界的关系直接就是人和人之间的关系"[3],由此,它们也体现人与人之间的关系,即个体之间都享有良好环境权的平等社会关系和民族共同体与破坏环境者之间的管理性非平等社会关系。源于环境是每个人生存发展必备的物质基础,环境污染和破坏无时不威胁着这种物质基础,才形成人们对环境权的要求,即每个人都享有生活在良

---

[1] 马克斯·韦伯.经济与社会[M].林荣远,译.北京:商务印书馆,2004:40.

[2] 张洪涛.使法治运转起来:大历史视野中习惯的制度命运研究[M].北京:法律出版社,2010:42-47.

[3] 马克思恩格斯全集(第四十二卷)[M].北京:人民出版社,1979:119.

好环境中的权利，利用和保护良好环境的权利，并且负有履行保护环境的义务。❶ 丽水市的民众对古树的保护，就涉及每个人都要平等履行保护古树禁止砍伐的义务，同时都平等享有古树带来的环境权益，如清新的空气等。若有人砍伐古树，当地民众按照习惯规定对砍伐者进行处罚。黔东南州从江县占里村存在使人口增长与生态环境供养之间达到平衡的控制人口习惯，每对夫妇最多生育两个孩子，如有违反将受到驱逐出寨的处罚。❷ 该习惯直接调整人与人之间关系，本质上是调整人与自然之间的关系，这可以从控制人口习惯形成的根源得到例证。占里村寨受制于"山坡多，耕地少"及"90%以上的耕地为山田"的地理环境，为使人口增长与生态环境供养之间达到平衡，形成控制人口的习惯。过多的人口会造成有限的生态资源难以维系，地少人多难养活，儿子多了要争地，女儿多了要争金银，生活就会陷入困境，同时还会引发偷盗、械斗等社会问题，加剧人与人之间的矛盾。占里村村民深刻认识到人口过剩的危害，为更加合理地利用自然资源，促使人口的增长与生态环境相适应，于是就形成控制人口的习惯。❸ 正如马克思所云"人和人之间的关系直接就是人同自然界的关系"❹一样，由此，更是体现人和人之间关系以及人同自然之间关系的有机统一，环境保护习惯是一种调整人与自然之间关系和人与人之间关系有机统一的习惯。

（三）环境保护习惯包括技术性规范和规定性规范

学界在环境习惯与环境习惯法的异质说方面，一个比较典型的观点是，尽管环境习惯与环境习惯法在现实表现形态、内容等方面存在差异，但仍须从本质主义出发来把握二者的关系。作为法的特例，习惯法具有规范属性，以是否具有规范性为标准将习惯分为两大类：一类为事实性习惯，另一类为规范性习惯。而后，将它们与习惯法进行比较，得出非常清晰的关系：事实性习惯明显不同于环境习惯法，规范性习惯中的技术性规范也区别于环境习

---

❶ 吴贤静. 论我国少数民族环境权 [J]. 云南社会科学, 2009 (1).

❷ 袁翔珠. 石缝中的生态法文明：中国西南亚热带岩溶地区少数民族生态保护习惯研究 [M]. 北京：中国法制出版社, 2010：500, 503-504.

❸ 袁翔珠. 石缝中的生态法文明：中国西南亚热带岩溶地区少数民族生态保护习惯研究 [M]. 北京：中国法制出版社, 2010：501-503.

❹ 马克思恩格斯全集（第四十二卷）[M]. 北京：人民出版社, 1979：119.

惯法，只有规定性规范的环境习惯才是环境习惯法。❶ 采用规范分析方法的优点在于，在研究方法上，进行类型化研究，把习惯采用事实与规范的二分法，有助于明晰两者的界限；但是其缺点在于，无法凸显习惯特有的特征和内容，只重点关注与法律规范等同的那部分习惯，而忽视习惯拥有与法律规范不同的特性和内涵。事实上，习惯与法律规范相比，具有四个典型的特点：(1) 行为大体一致性。习惯要求特定群体内人们的行动都要按照某种行为规范来实施，假若人们行为不具有大体一致性，意味着这个习惯就不存在。而法律规范无论是否得到遵循，它仍然是有效的。它并不会因为人们不遵守而失去其法律效力，只不过不遵守法律规范的人们将面临惩罚。(2) 时间延续性。习惯是行为规范被持续一段时间后的反复实践的产物，其形成和消亡都存在渐进过程，没有一个明确形成和消亡的时间点。法律规范形成和终结都有明确的时间点，法律规范出台时间就是其成立时间，失去法律效力时间就是其终结时间，都非常确定。(3) 创制行为和遵循行为的一体性。由于习惯不存在明确创制时间点，创制行为和遵循行为合二为一。法律规范的创制行为和遵循行为是分开的，创制行为是由立法机关这个特定机构来实施，遵循的主体却是所有的人们。(4) 给出行动的理由是多方面的。习惯能指引他人的行为，本质上是因为它为行动者实施某种行为给出了行动的理由，而且这种理由是多方面的，其中"依赖于服从的理由"是习惯所具有的独特理由，也是区别于法律规范的理由。❷

采用规范分析方法，用法律规范的标准来解释习惯，把习惯分为规范性习惯和事实习惯（非规范性习惯），两者的区分标准为是否对"习惯"进行加工，进行抽象化，最后达到规则化。把事实习惯看作人类无意识的行为模式，只有将事实习惯不断抽象化和规制化，才能成为有意识的规范性习惯。有学者认为习惯作为规范，一般有两种理解，一为规定性规范，另一为技术性规范。由于规定性规范兼具主观性与意识指向特点，等同于法律规范。相反地，技术性规范是处理各种事务的"客观性的技术性应当"，由于它不具有主观性应当，故不属于规范性习惯，它只有名义上的规范之称，但不具有规范之实。❸ 笔者不赞成这种观点，认为技术性规范的规范属性是名副其实

---

❶ 郭武. 环境习惯与环境习惯法的概念辨正 [J]. 西部法学评论, 2012 (6).
❷ 刘叶深. 论习惯在实践推理中的角色 [J]. 浙江社会科学, 2019 (2).
❸ 郭武. 环境习惯与环境习惯法的概念辨正 [J]. 西部法学评论, 2012 (6).

的。从习惯的形成来看,制度经济学认为习惯的形成方式多样,既包括出于人的本能,也包括有意识地理性选择抑或是两者共同的结果❶,那种把事实习惯看作人类无意识行为模式的观点是不够准确的。技术性规范,是人们在长期与自然的交往当中,对其所处自然环境进行充分认识的基础之上,对自身改造自然行为模式进行无数次的试错,多次的修正与调整,最后形成合适的行为规范,并被世代遵循。农业生产中存在许多技术性规范,如在丘陵地带开垦田地,把有水源的坡地开垦为梯田,形成开垦梯田的技术性规范。湘西永顺县双凤村村民在梯田的田坎前后,都是用石块垒成的墙壁,名为"砌岩墙"。方法是先"筑成蓑衣岩,打基脚,然后用插片岩砌墙身,碎石填心"。墙坎的高度为1~3米,最高为5米以上,墙体紧实坚固,遇到洪水也不会倒塌。❷黔东南州的民众环山修建梯田。先挖田基到一定的宽度,用石头垒成田埂,高度从一两米到十米左右,而后填土、夯实,做到底部不漏水。❸人们运用这些技术规范,开辟出梯田种植水稻,比旱地农业生产受自然环境的干扰要小,在一定程度上提高产量的稳定性,增加农业生产的收入。这类规范虽未设定人为的处罚,但存在比人为惩罚更为严厉的自然惩罚,使人们遭受收获的减少乃至自然灾害发生的严重损害,因此,人类在行使合理利用自然权利的同时要履行保护自然的义务,从而具有分配权利、义务的规范属性,这种人类处理自然具有操作性的技术性规范,体现人类尊重自然,符合自然规律,经过人们反复博弈而证明行之有效,更是习惯的特殊性所在,正好可以弥补国家法律的抽象性。

除了在生产中拥有许多技术性规范之外,还有许多规定性规范。如对水资源使用,黔东南州民众注重资源共享,合理使用,杜绝损人利己行为,妥善解决上下丘田的用水分配。《侗款》规定:"水共渠道,田共水源。上层是上层,下层是下层。有水从上减下,无水从下旱上。"对"挖田埂……在上面的阻下"等破坏用水分配的行为,以及因此而发生口角、打架斗殴事端的,除要恢复原状,"要他水往下流"等,还要"他父陪工","他母出钱"。❹可见,环境保护习惯无论是规定性规范还是技术性规范,都是发挥

---

❶ 韦森.习俗的本质与生发机制探源 [J].中国社会科学,2000 (5).
❷ 马翀炜,陆群.土家族:湖南永顺县双凤村调查 [M].昆明:云南大学出版社,2004:17.
❸ 陈幸良,邓敏文.中国侗族生态文化研究 [M].北京:中国林业出版社,2014:106-107.
❹ 吴浩,梁杏云.侗族款词 [M].南宁:广西民族出版社,2009:284-285.

人类主观能动性所形成的习惯，是认识和把握生态规律之后所形成的经验总结和智慧结晶。

三、环境保护习惯的类型化

将研究对象进行类型化研究，是学界常用的研究方法。对环境保护习惯进行类型化研究，有助于更好地把握环境保护习惯的内涵。英国人类学家泰勒关于文化有个经典性的定义，认为广义的文化包含知识、道德、习俗和个人习惯等内容。❶ 这意味着作为习俗的环境保护习惯是文化的一个组成部分，文化人类学颇为通行的做法是将文化在结构上分为物质、精神和制度三个层面❷，借鉴这种文化上的分类，根据环境保护习惯和生态文明建设的内涵与外延，对应生态文明建设类型化为五个构成要素中的三个构成要素，即生态文化体系建设中的生态价值观培育、生态经济体系建设和生态文明制度体系建设，把环境保护习惯分成观念（精神）层面、行为（物质）层面和制度层面三个组成部分。观念层面环境保护习惯，属于价值观念层面内容，体现环境保护习惯的理念和精神，是环境保护习惯的宗旨。行为层面环境保护习惯，是物质生产行为规范，是环境保护习惯的基础。制度层面环境保护习惯，强制力较高，规定制裁措施，是环境保护习惯的保障。这样的分类是出于研究的需要，具有相对性，有时候它们之间难免会存在交叉重叠。运用系统论的方法，把环境保护习惯看作一个系统，三个组成部分作为系统的三个构成要素，系统中的三个构成要素之间是相互联系、互渗互融的，最终形成有机统一的整体，即环境保护习惯（见图2）。

综上所述，环境保护习惯是丽水市、恩施州和黔东南州的民众在环境的利用和管理中所奉行的保护环境的行为规范。它是保护环境的社会行为习惯，不包括一些纯粹的私人习惯。它是调整人与自然之间和人与人之间双重关系有机统一的环境保护习惯，包括保护环境的技术性规范和规定性规范，并由观念层面环境保护习惯、行为层面环境保护习惯与制度层面环境保护习惯组成的有机整体。

---

❶ 黄淑娉，龚佩华. 文化人类学理论方法研究［M］. 广州：广东高等教育出版社，2004：9.
❷ 如李亦园认为，文化在结构上可以划分为物质、制度和精神三个层面。参见：李亦园. 田野图像：我的人类学研究生涯［M］. 济南：山东画报出版社，1999：72.

```
                    ┌─────────────────┐
                    │ 环境保护习惯系统 │
                    └────────┬────────┘
          ┌──────────────────┼──────────────────┐
          ▼                  ▼                  ▼
┌──────────────────┐ ┌──────────────────┐ ┌──────────────────┐
│ 观念层面环境保护 │ │ 行为层面环境保护 │ │ 制度层面环境保护 │
│    习惯子系统    │ │    习惯子系统    │ │    习惯子系统    │
└──────────────────┘ └──────────────────┘ └──────────────────┘
```

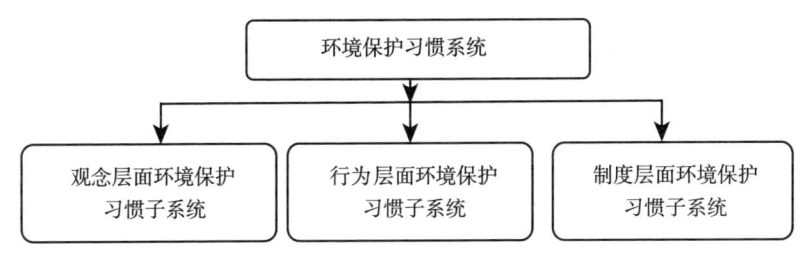

图 2　环境保护习惯系统构成

第二节　环境保护习惯的形成发展和表现形态

环境保护习惯经历了形成与发展阶段，它的表现形态多姿多彩，具有多样性。

一、环境保护习惯的形成

学术界对环境保护习惯的形成开展了经济学、人类学、社会学、历史学等多维度的研究，由此可以发现，环境保护习惯的形成机制是多种多样的。有的从经济和规范角度探讨环境保护习惯形成的社会条件[1]，有的从内部、外部两方面分析环境保护习惯的生成条件[2]。在这里，笔者从环境保护习惯形成的最根本因素展开来分析。

（一）特定地域的生态环境是环境保护习惯形成的生态本源

一个民族的生存发展必须依靠特定的生态环境。费尔巴哈指出，一个民族只能依靠这一块土地，这一条河乃至这一个国度。[3] 人们通过各种途径，采用积极的方式，在利用和改造特定环境的过程中，逐渐形成适应特定环境的行为规则。居住在东北的一些民众拥有丰富的自然资源，形成敬畏自然万物的习惯，地广人稀的地理环境促成互惠互助的狩猎习惯，辽阔平坦的地势方便与他人进行交流和合作，在保护桦树等方面形成具有共融性特色的习

---

[1] 胡卫东. 黔东南苗族山林保护习惯法研究 [M]. 成都：西南交通大学出版社，2012：28-34.
[2] 郭武. 环境习惯法现代价值研究：以西部民族地区为主要"场景"的展开 [M]. 北京：中国社会科学出版社，2016：45-57.
[3] 费尔巴哈. 宗教的本质 [M]. 王太庆，译. 北京：商务印书馆，1999：3.

惯，江河湖泊的地貌促成具有季节性的捕鱼习惯。❶

　　孟德斯鸠指出，法律应该和国家的自然状态等有关系❷，这种情况也适用于环境保护习惯，正如"千里不同风，百里不同俗"。有江河湖海的地方，渔业习惯丰富。美拉尼西亚人所住的特罗布里安德群岛，土地肥沃，渔业资源丰富。沿海的居民以捕鱼为业，捕鱼过程中形成明确的捕鱼技术步骤与复杂的经济协作习惯，与内地以农业为生的居民从事鱼和蔬菜的贸易交换活动，并形成交易习惯。❸山地丘陵多的地带，农业、林业、狩猎习惯丰富，在半山区与山丘河谷地带居住的人们，农业以水田稻作为主，拥有丰富的水土资源保护习惯，有关山林保护习惯与野生动物保护习惯的内容也较多。内陆草原地带，利用、保护草原习惯丰富。生活在草原地区的人们存在保护草原及其相关因素的习惯。出于对草原生存环境的依赖而形成禁止破坏草场的习惯，对在草木生长期内挖掘草场等严重破坏草场的行为施以严厉的惩罚。还拥有先占利用牧场的习惯，牧场使用权由先到者获得，后来者必须到别处寻找牧场，从而确立了牧场的使用秩序，有效制止因牧场的滥用而引发牧场退化的行为。为维护环境资源平衡，明确对草原水资源保护习惯，强化对野生动物保护习惯，既确定狩猎与禁猎时段，又规划不准狩猎的地点，防止破坏野生动物的再生能力。❹

　　环境保护习惯与特定的生态环境之间存在直接或间接的依存关系，生态环境的复杂多样性塑造多样的环境保护习惯。"一方水土养育一方人"。我国东北地区，寒冷多雪的冬季持续五六个月，生活在东北的人们形成崇尚白色的习惯。南方地区气候温和、雨量充沛，居住在此地的人们以干栏式建筑为主。❺西南热带岩溶地区，盛产石灰岩，当地的民众存在与石灰相关的习惯，如把石灰作为当地订婚信物和稻田肥料，用石灰水浸泡谷种等。❻青藏高原高寒、干旱的草原气候，植被十分脆弱，水源尤为稀少的地理条件决定

---

❶ 杨光，任平，王河江. 地理环境与赫哲族习惯法 [J]. 学理论，2014（17）.
❷ 孟德斯鸠. 论法的精神（上册）[M]. 张雁深，译. 北京：商务印书馆，1961：6.
❸ 马林诺夫斯基. 原始社会的犯罪与习俗（修订译本）[M]. 原江，译. 北京：法律出版社，2007：8-11.
❹ 关颖雄. 蒙古族环境习惯法流变及其现代化进路 [J]. 贵州民族研究，2016（2）.
❺ 布林. 自然环境与少数民族风俗习惯 [J]. 呼伦贝尔学院学报，2007（6）.
❻ 袁翔珠. 石缝中的生态法文明：中国西南亚热带岩溶地区少数民族生态保护习惯研究 [M]. 北京：中国法制出版社，2010：104.

了居住在此地的人民实行以游牧为主的生计方式，按照季节变化，在夏秋季草场和冬春季牧场之间开展流动性的放牧。由于牦牛更能适应高寒、大风等地理环境而被作为牲畜来饲养，牧民还有意识地对牲畜的数量实行限制，用牛粪作为燃料，建筑类型多为毡房。这些习惯使得牧草资源得到合理的利用，既保护牧草资源，又维护当地的生态平衡。❶人类利用自然，获取人类为了生存所产生的各种需要，而从事各种活动。各种活动不断重复的过程，就是一个优化选择的过程，最终产生"合宜"的行动方式，并反复实践成为习惯。人类不断通过认知、体验其所处的生态环境，逐渐形成与之相适应的行为规范，这就是环境保护习惯形成的生态本原。❷

（二）特定的物质生活条件是环境保护习惯形成的物质基础

环境保护习惯作为上层建筑的组成部分，取决于社会的物质生活条件。黔东南州山地占总面积的 87%，土壤肥沃，气候湿润，最适合树木生长，尤其适合杉木生产。无论是生长速度，还是平均单位面积生长量，在国内都首屈一指。黔东南州所产的杉木质量上乘，易于加工，是建筑和造纸的上等材料，是造船和制作家具的好材料，也是林业贸易重要的商品木材，于是，林木就成为黔东南州重要的生产生活资料，成为黔东南州的聚宝盆。但是树木十年长成，林业生产周期长，为确保林业生产有效运作，必然要有合理的产权与经营权制度。正所谓"有恒产者有恒心"，波斯纳也认为，有效率地使用资源的激励方式是财产所有权的确立❸，当地环境保护习惯对林业产权与经营权所作的合理安排，正是当地林业生产得以维系甚至成为我国八大林区之一的保障。环境保护习惯明确林地所有权，规定"山场要有界石"❹，"向来山林禁山，各有各的，山冲大梁为界"❺，山坡山林不许越界挖土和砍树❻，还对违规者规定处罚措施，《阴阳款》规定滥伐山林者，将其就地打

---

❶ 却巴才让. 青海湖周边藏族环境保护习惯法调查研究 [J]. 青藏高原论坛，2016 (4).
❷ 邵泽春. 论少数民族习惯法的生态本原 [J]. 贵州民族研究，2007 (4).
❸ 理查德·A. 波斯纳. 法律的经济分析 [M]. 蒋兆康，译. 北京：中国大百科全书出版社，1996：40.
❹ 吴浩，梁杏云. 侗族款词 [M]. 南宁：广西民族出版社，2009：554.
❺ 湖南省少数民族古籍办公室. 侗款 [M]. 杨锡光，杨锡，吴治德，整理译释. 长沙：岳麓书社，1988：422.
❻ 徐晓光. 款约法：黔东南侗族习惯法的历史人类学考察 [M]. 厦门：厦门大学出版社，2012：94-95.

死，死后还不许进坟山。❶ 人工培育杉木还形成一套规范，最有名的就是"十八年杉"习惯。父母在子女出生之后，都要在山上种植一百棵杉木，十八年后杉树成材，子女也长大，待他们成家的时候，将杉树砍伐出售作为子女嫁娶的费用。❷

唐宋时期居住在鄂、湘西一带的武陵蛮，刀耕火种，"依山而居，采猎而食"❸。山区拥有茂密的森林和动植物资源，在广袤的山区，人们要选择有水源等适宜居住的地方，利用自然，通过劳动，从中获取自己所需的各种生存食物，形成一种需要，将每天重复着的生产，用一个规则加以管束，以便使个人服从生产的共同条件，这个规则就是习惯。❹ 山区人民要选取适合开辟畲田的地方，利用天时，为使播种后的种子能够顺利萌发和生长，要选择适宜种植的时间，特别是要确定下雨日期，于是，形成占卜的习惯。山区雨水较少，在森林中开辟田地，种植作物，在反复的实践中，形成种植以麦、豆、粟等为主耐旱作物的刀耕火种习惯。在初春时期，砍伐树木，焚烧后播种种子，用土覆盖和除去砍、烧不完全的树木所需的工作量大，需要大量的劳动力，因而采用集体劳动。加之人们居住分散，人口稀少，通过约定，大量的劳动力从几里外乃至数百里之外赶来帮忙，主人家要提供酒食，于是形成集体劳动互助合作的习惯。❺ 在刀耕火种之余，还打猎，采集各种野生植物来补充食物的来源，形成狩猎和采集的习惯。孟德斯鸠指出，法律与从事农业、狩猎、牧业人民的生活方式有关系，并指出不同的谋生方式对法典内容的多少起了很大的作用，表现为从事商业与航海的民族所需法典的内容最多，从事农业的民族、牧畜的民族次之，以狩猎为生的民族最少。❻ 孟德斯鸠的这个结论也同样适用于环境保护习惯，可见，特定的物质生活条件成为环境保护习惯的物质基础。

---

❶ 刘雁翎.论贵州侗族环境习惯法的形成与演进［J］.贵州民族学院学报（哲学社会科学版），2010（1）.
❷ 罗洪洋.侗族习惯法研究［M］.贵阳：贵州人民出版社，2002：64-65.
❸ 曾雄生.唐宋时期的畲田与畲田民族的历史走向［J］.古今农业，2005（4）.
❹ 马克思恩格斯选集（第三卷）［M］.北京：人民出版社，1995：211.
❺ 曾雄生.唐宋时期的畲田与畲田民族的历史走向［J］.古今农业，2005（4）.
❻ 孟德斯鸠.论法的精神（上册）［M］.张雁深，译.北京：商务印书馆，1961：6.

（三）敬畏自然是环境保护习惯形成的思想基础

由于禁忌是社会中"带有规范性质的禁制的总源头"[1]，因此，习惯这个规范来源于禁忌。禁忌"是关于社会行为、信仰活动的某种约束来限制观念和做法的总称"[2]。它是一种产生于原始社会的行为规范，是原始人敬畏大自然的结果。在人类社会产生的低级阶段，原始人经常受到风雨雷电、洪水猛兽的致命性打击，他们的生产力很低，他们的思维非常简单又十分感性，致使其在大自然面前，难有作为，只能更多地依靠自然，因此，在人类的观念中，自然就形成一种颇具神秘感的力量，人类对自然产生依靠和畏怯。当原始人不能摆脱对外界超自然力的恐惧，不能领会日月星辰变化的怀疑顾虑，尤其是无法解决各种矛盾的时候，出于生存的本能，原始人为了达到躲避灾难、保护自己与控制自然的目的，在笃信与敬畏超自然力神秘力量的基础上加上若干禁制，意图通过自我的约束，将神秘力量转变为有力武器，防止可能遭到的灾祸和惩罚，从而产生最早的禁忌，因此，禁忌表现为积极和消极两方面的内容，一为对万物有灵的祈求与惧怕，另一为自己设定各种不准做的行为规范，并被原始先民所普遍遵守。[3] 当禁忌伴随着文化样态的变化，成长为一种具有自己基础力量的时候，其逐渐离开鬼神迷信，独自发展成为一种习惯。[4] 既然禁忌是习惯的源头，而禁忌又是敬畏大自然的结果，因此，敬畏自然是环境保护习惯的思想基础。

二、环境保护习惯的发展

环境保护习惯的发展，从表现形式来看，经历了从俗成约定到成文化发展的历程。从演化经济学的视角来看，环境保护习惯的演进机制有遗传、变异、选择与适用性学习四种机制。[5]

（一）环境保护习惯的演进历程

从经济文化类型视角来考察环境保护习惯的演进历程。马克思指出，经

---

[1] 任骋. 中国民间禁忌 [M]. 北京：作家出版社，1991：14.
[2] 乌丙安. 中国民俗学 [M]. 沈阳：辽宁大学出版社，1985：20.
[3] 田成有. 民族禁忌与中国早期法律 [J]. 中外法学，1995（3）.
[4] 刘道超. 试论禁忌习俗 [J]. 民俗研究，1990（2）.
[5] 洪名勇. 农地习俗元制度及实施机制研究 [M]. 北京：经济科学出版社，2008：65.

济基础对上层建筑起决定作用。不可否认，经济基础决定作用的合理性，但它只能从静态方面加以说明。为了更好地把握经济对环境保护习惯的作用，学者引入和发展了经济文化类型理论，通过这一视角既可以从历时性和共时性方面，又可以从静态与动态两方面来考察环境保护习惯的演进和发展。❶经济文化类型是一个具有生态环境相似性、生计方式同样性、经济文化特点共同性的综合体。❷我国民族学界从苏联引入并发展该理论，按照这个理论的标准，将新中国成立初期的经济文化，主要是将少数民族经济文化分为采集渔猎型、畜牧型和农耕型三大类，再将它们进行细分，依次又可以分为二种、五种和六种小类型。如农耕经济文化类型可分为山林刀耕火种型、山地耕牧型和山地耕猎型等六种。❸在此基础上，根据南方山地民族不同的类型，概括出了他们迥异的环境保护习惯特性，表现为山林刀耕火种型——俗成、山地耕牧型——约定、山地耕猎型——准成文化、丘陵稻作型——成文化，这些特点明显地反映了这些环境保护习惯表现形式上的差异与内容的丰富程度❹，也可以体现环境保护习惯的演进过程，从中可以得出环境保护习惯的表现形式经历了从俗成—约定—准成文化—成文化的过程。不仅可以从南方多个山地民族的环境保护习惯来看其演进规律，而且可以对黔东南环境保护习惯的演进过程进行分析，考察环境保护习惯的发展阶段。黔东南环境保护习惯，隋唐以前是俗成阶段，是先民顺应自然环境"自然形成"的，表现为各种禁忌。隋唐至明代为约定阶段，是"人为约定"的结果，是俗成环境保护习惯的发展形式，表现为环保侗款，口授心传的非成文形式。清代以后为成文阶段，随着汉字大量传入，借助汉字，通过文字载体表示出来的环境保护习惯，属于高级形式，主要包括石碑上的环境保护款约、家规族规中的环保规定以及环境保护的村（乡）规民约三部分。❺

---

❶ 张冠梓. 论法的成长：来自中国南方山地法律民族志的诠释 [M]. 北京：社会科学文献出版社，2002：67.
❷ 林耀华. 民族学通论 [M]. 北京：中央民族学院出版社，1990：87.
❸ 林耀华. 民族学通论 [M]. 北京：中央民族学院出版社，1990：90-98.
❹ 张冠梓. 论法的成长：来自中国南方山地法律民族志的诠释 [M]. 北京：社会科学文献出版社，2002：67-68.
❺ 刘雁翎. 论贵州侗族环境习惯法的形成与演进 [J]. 贵州民族学院学报（哲学社会科学版），2010（1）.

（二）环境保护习惯的演进机制

环境保护习惯作为一种非正式制度，演化经济学中制度演化原理，有助于帮助我们理解环境保护习惯的演化机制。环境保护习惯的演化机制主要有四种：第一种是遗传机制。环境保护习惯是文化的一个组成部分，文化在演进过程中最基本的因子是"拟子"；它是存在于文化系统内部，能向他人传播并进行自我复制的微观文化单元，通过模仿来复制，而人类具有较强的模仿能力，使得我们通过"拟子"来将环境保护习惯进行传播和扩展，促成其在时间和空间上进行演化。❶ 第二种是变异机制。韦伯认为，习俗与体型的区别在于不稳定性的强弱程度❷，体型遗传通过基因进行，其保真程度要比习俗高，习俗在演变中更易于吸纳新元素，促使自己进行变迁。环境保护习惯随着社会的发展，吸收了一些政治、经济等因素，致使环境保护习惯部分内容遭到淘汰，而新的内容又随之产生，从而促进了环境保护习惯的发展和完善。对环境保护习惯的变异性，是因为历史进程中的变化引入了新习惯，作为旧习惯变化的替代物，素有旧习惯衰亡而被新习惯代替的现象。第三种是选择机制。环境保护习惯的变化是由那些具有选择和执行权的人进行的选择，像那种人为的淘汰或选择。第四种是适应性学习机制。这种机制更多的是强调新进入的个体如何遵循群体已有的环境保护习惯。个体通过不断的学习，经过试错过程，学会遵守环境保护习惯。❸

三、环境保护习惯的表现形态

环境保护习惯的表现形态多种多样，以是否通过文字方式表现出来为标准，分为非文字形式和文字形式。

（一）非文字形式

1. 禁　忌

禁忌的内容种类多，恩施州有生产生活禁忌、图腾禁忌等。在生产方

---

❶ 洪名勇. 农地习俗元制度及实施机制研究 [M]. 北京：经济科学出版社，2008：66.
❷ 马克斯·韦伯. 经济、诸社会领域及权力 [M]. 李强，译. 北京：生活·读书·新知三联书店，1998：110.
❸ 洪名勇. 农地习俗元制度及实施机制研究 [M]. 北京：经济科学出版社，2008：67-68.

面，戌日禁止从事犁田等农业生产劳动，以免庄稼生长不好。鼠日不准播种，以免庄稼受到老鼠等兽虫的侵害。❶ 丽水市存在"午后忌播种，潮水时忌下种""立秋日不下田，下雨不耘田"的生产禁忌。❷ 黔东南州存在各种神灵崇拜禁忌，供奉祖母神"萨"的祠堂称"堂萨"，"堂萨"周围禁止乱砍乱挖，还存在祖先崇拜和自然物崇拜的禁忌。他们严禁挖掘山脉，禁止砍伐古树，以免破坏风水。由对山石的崇拜形成了环保"石头法"❸。

2. 标　识

人们创造了一些简易又好识别的方式来保护环境，诸如草标所形成的标识。黔东南州有"打标"习惯，在某些物品上放着用草打成的结，意味着这个物品已经有了主人。山林标识所代表的意思很多，有封山育林的，为使幼林免遭践踏，禁止在山上放牛；有表示茶林茶籽尚未捡完的，不准他人捡拾剩余的茶籽。❹ 在水田里播撒种子之后，把草标插在地头上，用来告诫别人，不准在田地里放牛或放鸭。❺ 丽水市存在草标习惯。人们在山中找到了适合做扁担坯、犁拖等木材，只要在木材上作一个草标，这根木材就不会被别人砍走。❻ 恩施州也存在草标习惯，人们在一丘田的缺口上放草标，意味着这丘田要蓄藏水，不许他人挖缺口放水。在池塘边上放草标，告诉他人禁止捕捉池塘里的活鱼。❼

3. 口碑文学

许多有语言而无文字的民族创造了口碑文学，包括歌谣、谚语、传说、故事等。通过口耳相传的方式，使环境保护习惯的内容得以延续和传播。黔东南州黎平县大稼乡高稼村山多田少，居住在此的300来户人世代均以林业

---

❶ 冉春桃，蓝寿荣．土家族习惯法研究［M］．北京：民族出版社，2003：140-141.

❷ 浙江省丽水地区《畲族志》编撰委员会．丽水地区畲族志［M］．北京：电子工业出版社，1992：165.

❸ 刘雁翎．论贵州侗族环境习惯法的形成与演进［J］．贵州民族学院学报（哲学社会科学版），2010（1）．

❹ 杨权，郑国乔，龙耀宏．侗族［M］．北京：民族出版社，1992：162.

❺ 谢耀龙．侗族传统村寨中的灵魂观与信仰礼俗研究：基于广西三江县车寨村的调查［J］．重庆文理学院学报（社会科学版），2016（6）．

❻ 中共松阳县委统战部，松阳县民族宗教事务局．松阳县畲族志［Z］．2006：168.

❼ 柏贵喜，等．土家族传统知识的现代利用与保护研究［M］．北京：中国社会科学出版社，2015：75.

为生，盛产杉木。山寨左侧的坡地上耸立着三株巨大的杉树，名曰"仙女杉"，这三株树平均高达 44.85 米，胸径均达 1.13 米，树龄已有 300 多年。这三株杉树为先祖种植，由于其生长旺盛，高大笔直，形状如同一把巨伞，被先祖们视为"风水树"和"护寨树"而禁止任何人砍伐，并代代相守至今。关于"仙女杉"的栽种来源，当地流传着一个美丽的神话传说《仙女杉故事》。❶ 当地素来有在立春后的第一天栽种杉树苗的习惯，称为"立春种杉，成林发家"❷。丽水市的一些民歌内容就涉及环境保护习惯，有《种田歌》《种山歌》《插杉木歌》《种油茶歌》《采茶歌》和《养牛歌》等。恩施州的民间故事《人虎缘》讲述老虎救了主人公夫妻二人，并与他们友好相处，说明人和动物之间存在和睦友爱的关系。❸

（二）文字形式

1. 石　碑

人们将环境保护习惯内容，用汉字刻在石碑上，形成石碑上的环境保护习惯。黔东南州锦屏县和黎平县就存在保护山林、禁止砍伐的石碑款约。1820 年，锦屏县九南乡村民立下一块禁止砍伐的碑文，规定盗伐、乱伐林木行为要受到罚款处罚。盗伐大木者，罚银三两。乱砍伐树木的枝丫者，罚银五钱。1869 年，黎平县潘老乡长春村立碑禁止砍伐青龙山上的树木，规定不得乱砍后龙山与笔架山的草木，"违者，与血同红，与酒同尽"❹。1854 年贵州思南县干家山村的《干家山禁砍古树碑》记载了民众为制止偷砍先祖种植的古树并出售的行为，立碑规定处罚措施：偷砍树木的，罚钱十千，偷砍后出售谋私利的，罚银一百两。❺

---

❶ 徐晓光. 清水江流域传统林业规则的生态人类学解读 [M]. 北京：知识产权出版社，2014：36-39.

❷ 徐晓光. 清水江流域传统林业规则的生态人类学解读 [M]. 北京：知识产权出版社，2014：109.

❸ 田学诗，肖本正，杨孝慎. 来凤民间故事集 [M]. 武汉：湖北人民出版社，2007：246.

❹ 徐晓光. 款约法：黔东南侗族习惯法的历史人类学考察 [M]. 厦门：厦门大学出版社，2012：172.

❺ 彭福荣，李良品，傅小彪. 乌江流域历代碑刻选辑 [M]. 重庆：重庆出版社，2007：194-195.

2. 家法族规

明清时期，丽水市有些宗族在修订族谱时，制定本宗族的家规、族规、祠堂规等，并且成为一定范围内的成员要恪守的行为规范。这些规定中就包括一些环境保护习惯。如丽水市高溪乡下湖岇村的《雷氏宗谱·祠堂规》规定，为杜绝族人侵占本宗族内的产业，规定宗祠内的田地山场，只能由外人租种，禁止本族子孙租种，违规强种者，以侵占论处。❶ 遂昌《平昌雷氏宗谱·新建祠内公议裕后规条》规定族众不准盗伐本族内的山林，违背者要受到处罚，严重的，还要被告到官府，除追究责任外，还要在宗祠中被除名。❷ 黔东南州有些家规规定，禁止破坏风景龙脉，不准在林区玩火，不得乱砍果树、松杉等经济林，禁止伤害益鸟等。❸ 贵州思南县长坝丁家山冯氏家族的族规规定，禁止乱砍滥伐山林，乱伐者罚。❹

3. 村规民约

现有文献资料显示，丽水市山区的一些村寨在清朝的时候，就制定了村规民约。此后到现代，许多村落陆续制定相应的村规民约。20世纪90年代后，黔东南州差不多每个村寨都制定了村规民约。❺ 这些村规民约就成为当地环境保护习惯的一个重要组成部分。在村规民约中涉及环境保护习惯的方式有两种，一种是在综合性村规民约中包含部分环境保护习惯条款。在黎平县坝寨乡青寨村《村规民约》中，第21条规定外地商贩非法经营木材的处罚，第22条规定盗伐林木的处罚，第23条规定禁止砍伐树木及其处罚，第24条规定禁止在幼林区放牧及其处罚，第50条规定山林、田土纠纷的调处，第51条规定偷砍他人柴火的处罚。天柱县三门塘村的村规民约共17条，其中一半以上条款是保护森林的规定。❻ 另一种是单行性环境保护习惯公约。有专门的《护林公约》或《封山规约》，有《禁放耕牛公约》等，

---

❶ 浙江省丽水县高溪乡下湖岇村《雷氏宗谱》，1931年重修。
❷ 遂昌《平昌雷氏宗谱》，1947年重修。
❸ 刘雁翎. 论贵州侗族环境习惯法的形成与演进 [J]. 贵州民族学院学报（哲学社会科学版），2010（1）.
❹ 国家民委古籍办. 中国古籍总目提要：土家族卷 [M]. 北京：中国大百科全书出版社，2008：74.
❺ 徐晓光. 款约法：黔东南侗族习惯法的历史人类学考察 [M]. 厦门：厦门大学出版社，2012：176.
❻ 徐晓光. 款约法：黔东南侗族习惯法的历史人类学考察 [M]. 厦门：厦门大学出版社，2012：176-177.

福建光泽县司前积谷岭村订立《禁后龙条规》，将封山规约写进族谱❶，湘西州永顺县双凤村为了保护林业和创造良好的自然环境，制定《封山护林公约》❷，黔东南州黎平县茅贡乡地扪村制定《村民防火公约》❸。

第三节　环境保护习惯内容

尽管环境保护习惯的内容形形色色，但我们仍然可以将其类型化为观念层面环境保护习惯、行为层面环境保护习惯和制度层面环境保护习惯三个组成部分。

一、观念层面：尊崇自然和关爱生命

观念层面环境保护习惯由尊崇自然和关爱生命组成，在环境保护习惯内容中，占据着十分重要的地位。

（一）尊崇自然

人类无法脱离自然环境而存在，自然环境是人类社会生存的根本，对自然环境的生存依赖，对自然环境中的各种要素及其承载物的崇敬和保护无疑是环境保护习惯的重要内容，体现人类对自然的尊崇。

1. 尊崇天神和月亮

雨水对水稻的种植至关重要，黔东南州世居在山区的民众认为，雨水由天神掌管，需要求助于天神施行降雨，于是形成一年一度的"喊天节"求雨活动。求雨活动由村寨的寨老也是祭师主持，"喊天"时需念"天啊，地啊"等一段祭词。❹ 恩施州世居在山区的民众在古代把日、月视为天神加以崇拜。太阳神是农业生产的丰收神，在太阳的生辰日，农历十一月十九日或六月初六，土司时期的当地首领要主持祭祀仪典，民众跪拜，祭祀太阳神。近现代，人们在集体劳动时，要唱"挖土锣鼓歌"，酬谢太阳神为世人辛苦

---

❶ 《积谷岭雷氏族谱》，清同治元年（1862年）重修。
❷ 马翀炜，陆群．土家族：湖南永顺县双凤村调查［M］．昆明：云南大学出版社，2004：202.
❸ 郭婧，吴大华．侗寨民间防火规范研究［M］//谢晖，陈金钊．民间法（第十二卷）．厦门：厦门大学出版社，2013：384.
❹ 陈幸良，邓敏文．中国侗族生态文化研究［M］．北京：中国林业出版社，2014：81-83.

奔波，希望它保佑人间美好和风调雨顺。还有拜月的习惯，认为月亮主管人间的姻缘和团圆，男女青年相恋要"拜月盟誓定情"，恋人分别对月祈求，期盼团聚。中秋时节，家家户户在庭院摆放桌子，在桌上放置月饼和瓜果，点燃香烛，祭祀月亮。❶

2. 尊崇风水雷火

（1）祭拜风神的习惯。贵州梵净山江口县一些村寨在大年初一，三五名妇女携带从各家收集来的粮、酒、香纸等祭品，到深山祭拜风神，请求风神不要刮大风和下冰雹，庇佑大家平安。印江一带世居在山区的民众在六月初六那天举行祭拜风神的活动。人们宰杀牛、羊、鸡、鹅等作祭品，祭祀风神。在广场上设置大白、小白诸旗子，并在诸旗子面前拜舞。❷

（2）水神崇拜。水对人类来说，具有双重性。既是生命之源，又能给人类带来祸害，致使原始人对水产生既崇拜又敬畏的心理，形成水神崇拜或者井神崇拜。黔东南州山区世居的民众崇拜水神和井神，逢年过节，到水边点香烧纸，敬水神，祈求保佑风调雨顺。过年会到水井边烧香供养，用豆腐等素食祭祀水井，期盼井水连绵不绝，水质纯净，可供人们长久享用，还可保佑家人平安。新娘出嫁到婆家后，首要的事是到井里挑水，祈求家庭和睦。❸

（3）雷神崇拜。恩施州山区世居的民众认为雷神是施云布雨，除暴安良的神灵而加以崇拜。他们在惊蛰那天在屋外用肉、香纸等物品供奉雷公，还在房屋四周撒石灰，在院子里用石灰粉画雷公锤等，以防止蛇虫侵扰。❹

（4）火神崇拜。世居在山区的丽水民众崇拜火，反映在他们重视火塘。人们在屋内设置火塘。除了夏天，在火塘里用木头烧火取暖、烧烤食物，与

---

❶ 姜爱. 土家族传统生态知识及其现代传承研究［M］. 北京：中国社会科学出版社，2017：69.

❷ 高应达，皮坤乾，梁正海，等. 梵净山区土家族历史文化研究［M］. 武汉：华中科技大学出版社，2016：136.

❸ 陈彤. 从水井碑刻看侗族饮用水资源的利用和保护：以贵州省从江地区为例［J］. 长江师范学院学报，2016（3）.

❹ 姜爱. 土家族传统生态知识及其现代传承研究［M］. 北京：中国社会科学出版社，2017：71.

"火炉塘"形影不离。为保存火种,"火炉塘"常年不停火。❶ 火崇拜还表现在结婚仪式上,新婚夫妇必须跨越大门口的两堆火进入家门,预示着婚后的生活会过得越来越红火。恩施州山区世居的民众认为火神可以保佑子孙连绵、兴旺农业和祛除邪魔。每家的火塘便是火神所在地。搬家时候先搬火种到新居住地,待火塘中燃起火后,再搬入其他东西,火塘中的火严禁用水熄灭,火塘中的三脚架除了腊月三十能够移动一次外,平时禁止随便移动,火塘不准用脚踩踏,妇女更不许从火塘上跨越。有些地方于除夕日在火塘上烧一根硬木树兜,直到正月十五,用来祭祀火神,期待得到火神保佑除去疾病灾害。❷

3. 尊崇山石土地

(1) 山神崇拜。居住在山区的人们与大山结下了深厚的情谊。出于对大山的热爱和对大山给予丰富食物来源的感激之情而对之加以崇拜。恩施州的一些民众有祭拜山神的习惯,有些地方建造"山神庙",人们会去祭拜。在一些偏僻山区的小道旁边,还能见到用三块石头垒成品字形状的小石屋,谓之"山神庙",路过的人常把草标投入石屋内,祈求山神保佑途中平安。❸ 元宵节后,有些民众到山上铲平火土之前,先要在山脚下,用肉、香、酒等物品烧香祭拜山神,而后才上山开始劳作。❹ 还有些民众认为山神"巴涅察七"是守护山林与禽兽的女神,上山狩猎之前,要请巫师作巫术,祭祀山神,用巫术祈求能够得到山神的助力使狩猎成功。❺ 黔东南州内一些民众集体上山打猎前,要祭拜山神,祈求各路山神光临,保佑他们"渔猎得利"。❻

(2) 石头崇拜。黔东南州存在崇拜石头的习惯。人们认为利用石头得当,就能够驱除邪魔,反之,使用石头不当,也会给村寨和村民带来祸害,无片刻安宁。人们不随意搬动山里的石头,更不准把山上的石头搬移到村子

---

❶ 雷弯山. 畲族风情 [M]. 福州:福建人民出版社,2002:108.
❷ 姜爱. 土家族传统生态知识及其现代传承研究 [M]. 北京:中国社会科学出版社,2017:70-71.
❸ 董珞. 土家族的山神和猎神 [J]. 中南民族学院学报(哲学社会科学版),1992 (2).
❹ 姜爱. 土家族传统生态知识及其现代传承研究 [M]. 北京:中国社会科学出版社,2017:72.
❺ 董珞. 土家族的山神和猎神 [J]. 中南民族学院学报(哲学社会科学版),1999 (2).
❻ 陈幸良,邓敏文. 中国侗族生态文化研究 [M]. 北京:中国林业出版社,2014:78.

里使用。❶ 丽水山区世居的民众感激石头救出先民使其逃离火灾，而将石头奉为神灵予以崇拜。松阳县板桥乡金村的村头有块大石头，被奉为石母。在大石头的顶上，有一座用石块垒成的小庙，里面供有香火。逢年过节，村民都会来这里点香祭拜，以求保佑平安。❷

（3）土地崇拜。土地是生命之源，人们崇拜土地，在田边地头或村头寨尾建造一座土地庙来祭祀土地神是普遍存在的现象。土地神神力最大，主管五谷丰登，主管村寨吉凶祸福等。恩施州土地神种类较多，有五谷神，有主管村寨安宁的当坊土地神等。每逢牛羊被野兽咬伤，家人生病的时候，村民都会到土地庙许愿祭祀。在土地神生日时，要举行祭祀土地神的仪式。❸ 黔东南州世居在山区的民众崇拜土地公，作为村寨的保护神，人们祭祀土地公，主要是为了祈福禳灾。每年六月十五，杀一只花鸭，烧香焚纸，拜祭土地公。祭祀的时候，要在门口烧毁拔下的鸭毛，以烟雾通达神灵。❹

4. 尊崇树木和竹子

人们之所以崇拜树木，在于他们将树木当作与自己生活息息相关的事物，有祭祀神树、拜树、禁止砍伐、忌讳使用等习惯。黔东南州世居在山区的民众一般把一些高大古老的枫树、榕树或形状奇特的松树当作神树。村寨在逢年过节或在特殊日子里要举行祭祀神树的活动。恩施州世居在山区的先民众采集果树上的果实为食物，怀着感恩之心，把果树视为神灵而加以崇拜。惊蛰日，是果树的节日，要给果树喂饭。❺ 丽水市世居在山区的民众要么将村寨附近的一片茂密山林，奉为该村的"风水林"或神山森林，要么将村中高大挺拔的树木作为风水树或神树，人们认为巨树能显灵，"风水林"会给村庄及村民带来好运，而加以祭拜。有的人认古樟树神为"契爸"，备有"七宝"悬挂在树干上，为家中小孩祈福。恩施州世居在山区的

---

❶ 谢耀龙. 侗族传统村寨中的灵魂观与信仰礼俗研究：基于广西三江县车寨村的调查 [J]. 重庆文理学院学报（社会科学版），2016（6）.

❷ 雷伟红，陈寿灿. 畲族伦理的镜像与史话 [M]. 杭州：浙江工商大学出版社，2015：152.

❸ 姜爱. 土家族传统生态知识及其现代传承研究 [M]. 北京：中国社会科学出版社，2017：73.

❹ 谢耀龙. 侗族传统村寨中的灵魂观与信仰礼俗研究：基于广西三江县车寨村的调查 [J]. 重庆文理学院学报（社会科学版），2016（6）.

❺ 姜爱. 土家族传统生态知识及其现代传承研究 [M]. 北京：中国社会科学出版社，2017：75.

民众让体弱多病的小孩拜古树为寄父,祈求顺利健康成长。向"树神"讨药,要么摘几片树叶,要么剥下树皮,用来治病。❶ 由于神林神树能够保佑村寨和村民的安全,因此,当地环境保护习惯规定禁止任何人砍伐或毁坏神林神树,否则会遭到神灵的惩罚。

武陵山脉是竹子生长与发育的最佳区域,于是竹子与当地人的生产生活相依相生。竹子成为人们优良的建筑材料,竹笋是当地的美食。人们在与竹子相依相伴的过程中,日久对竹子产生崇拜之情,竹子成为人们的保护神。当地不仅流传着关于竹神保护人的传说,而且流传着竹王的神话传说,还建有"竹王庙"。阳春三月在竹子生长期间,不准人与牲畜到竹林践踏,以免阻止竹笋破土而出。每逢农历七月十五日与春节这两个节日,要在竹林里撒一些米饭、酒与肉,祭拜竹神。人们外出,随时携带一根竹竿,竹竿是蛇的克星,蛇一旦遇到它,很快就悄悄躲开。❷ 在建造房屋的同时,常在房屋的周围种植竹子,竹子越来越多,意味着家业旺盛,这些竹子一般不准砍伐,竹林还具有驱赶野兽或驱除邪祟的作用。❸

(二) 关爱和崇敬动物

之所以关爱和崇敬动物,是因为动物赋予人们衣、食、住、行等资料或原料。

1. 图腾崇拜

原始社会,氏族成员认为自己源自"各种特定的物类",这种物类多为动物❹,该动物就成为本氏族的图腾,对之加以崇拜。在恩施州,世居在山区的民众以白虎为图腾并加以崇拜。旧时每户人家都设有一个白虎坐堂,还存在用猪羊血或草人祭祀白虎,祈求白虎神灵保护的习惯。❺ 在常用的生产工具上都能找到虎纹的标记,在祭祀舞蹈"摆手舞"中也能找到许多与白虎有关的动作。虎是兽中之王,会伤害人畜,故又存在赶白虎的习惯。惊

---

❶ 姜爱. 土家族传统生态知识及其现代传承研究 [M]. 北京:中国社会科学出版社,2017:75.

❷ 李克相. 谈土家族的竹文化 [J]. 南宁职业技术学院学报,2012 (3).

❸ 姜爱. 土家族传统生态知识及其现代传承研究 [M]. 北京:中国社会科学出版社,2017:76.

❹ 洪破晓. 浅谈图腾崇拜及其禁忌 [J]. 文史杂谈,2018 (1).

❺ 姜爱. 土家族传统生态知识及其现代传承研究 [M]. 北京:中国社会科学出版社,2017:77.

蛰日为"射虎日"。这一天，每户人家在堂屋正中对着门外的地方"画上弓箭"，称为"射过堂白虎"。在村寨广场上，还要举行祭祀仪式。❶ 在丽水市，世居在山区的民众崇拜凤凰的习惯处处可见，在当地人的心目中，凤凰崇拜既是图腾崇拜，又是女性始祖崇拜。当地男女青年结婚，新娘身着"凤凰装"。到达夫家后，要吃的第一碗点心是"凤凰卵"，它由汤圆加两个剥壳熟鸡蛋组成。小孩出生满月后要办"三诞"，先用酒等物品祭祀祖先，而后把煮熟的用草染红的鸡蛋，称为"凤凰蛋"，分发给村里的每个小孩，表示喜庆。❷ 黔东南世居在山区的民众以金鸡、龙凤等为图腾，风雨桥、鼓楼等建筑上还可以见到图腾标志。

2. 其他动物的崇拜

崇拜牛的习惯。恩施州世居在山区的民众在春节前要举办送春牛的活动，把剪好的纸"春牛"送给村寨的每家每户，预示着来年风调雨顺，五谷丰登。还存在给牛过节日习惯。农历四月十八日或四月初八日是牛王节，在这一天，人们身着盛装，到牛王庙举办牛王会。摆上酒、肉、瓜果等物品，祭拜牛王，唱牛王戏，专为牛王过节日。这一天，所有的耕牛一律休息，不干活，还能享用精美的食料。在中秋节到第二年立春之前的时间内，要用好酒好肉来敬奉"牛菩萨"，祈求它保佑家人幸福安康。❸ 在新中国成立之前，人们大多时候不杀牛，仅在把牛作为祭品的时候，才允许杀牛，杀牛的人要念咒语，祈求牛的保佑。祭拜牛时，人们肃立两旁，不准喧闹。❹

黔东南州是百鸟群兽的乐园。当地人爱鸟护鸟习惯自古就有，不仅以金鸡、龙凤等为图腾，还存在"比鸟"和"斗鸟"习惯。比鸟主要是比较哪只鸟儿的叫声最动听，在村寨们约定俗成的日子里，由画眉鸟进行比赛，最后胜出的鸟为鸟王。❺

二、行为层面：合理开发利用自然

人们在利用自然的过程中，从事物质生产行为，形成行为层面的环境保

---

❶ 范舟游．湘西土家族图腾祭祀习俗与农耕稻作文化初论［J］．农业考古，2007（3）．
❷ 雷伟红，陈寿灿．畲族伦理的镜像与史话［M］．杭州：浙江工商大学出版社，2015：161．
❸ 丁世忠．论土家族的牛崇拜［J］．西南民族大学学报（人文社科版），2004（6）．
❹ 熊晓辉．土家族图腾与土司音乐互文性阐释［J］．民族艺林，2018（1）．
❺ 吴景军．爱鸟护鸟的民族：侗族［J］．民俗研究，2000（1）．

护习惯，其核心内容就是合理开发利用自然。

(一) 农业生产习惯

丽水市、恩施州和黔东南州世居在山区的人民以种植业为主，曾经长期从事刀耕火种农业，形成刀耕火种农业生产习惯。刀耕火种是把山上的植物砍伐、烧毁后，在被烧毁的土地上种植耐旱作物的一种较为久远的生产方式。刀耕火种要经过二个环节：第一，伐木烧畲。每年年初，人们上山，寻找一片没有大树只有茂密的杂树杂草，又远离河边和村子的山坡，砍伐杂树杂草。一个月后，待草木干枯，选个无风无雨的日子放火烧山。烧山时，从最上面开始点火，慢慢烧，烧熟泥土，草根和树木被烧死后变成草木灰，作肥料。第二，播种。等待火灭，土冷却后，用锄头翻土，撒种入土，用土覆盖种子，而后等待收获。在丽水市，遇到坡度较陡的地方，人们会用"包罗杖"播种，所种多数为玉米、小米、高粱等耐旱作物。❶ 刀耕火种不需要施肥，也不需要进行中耕除草等田间管理活动，待地力不肥的时候就转移他处再继续进行，表面上这种砍伐烧毁植物的行为是在破坏生态，实质上，它是人们在早先生产手段比较落后的情况下，所做出的一种适应和有效利用广袤山区环境的行为。❷

(二) 狩猎生产习惯

丽水山区经常有野兽出没，为消除兽害，也为了增加收入，当地人的狩猎生产习惯较为丰富。狩猎的时间一般在春季和冬季。在春种之后，为了保护庄稼和牲畜家禽的安全而进行巡猎。在农事较少的冬闲时期，野兽已过繁育期，为获得价值较高的猎物而狩猎。在任何时候，一旦发现或听到野兽伤害人畜或糟蹋农作物的情况，猎手们可以立即开展猎捕活动。当地人的狩猎形式多种多样，有照捕、挖捕、熏捕、吊捕、诱捕、驯捕等。针对猛兽、大兽和群兽，还要组织狩猎队伍，少则三五人，多达上百人，采用集体围捕的方式进行。❸ 集体围猎主要按照以下步骤进行：出发前，猎手们要做好校验

---

❶ 雷弯山. 刀耕火种："畲"字文化与畲族确认 [J]. 龙岩师专学报，1999 (4).

❷ 柏贵喜. 南方山地民族传统文化与生态环境保护 [J]. 中南民族学院学报 (哲学社会科学版)，1997 (2).

❸ 雷伟红. 畲族习惯法研究：以新农村建设为视野 [M]. 杭州：浙江大学出版社，2016：223-226.

枪弹，备好刀器和干粮的准备工作。出猎前，要祭拜猎神，祈求猎神保护打到猎物。❶ 到狩猎地点后，狩猎队员要分成"赶山"和"守靶"两组，各尽其职。通过辨足印、放猎狗闻气味等方式，搜寻出猎物行踪后，队长判断出野兽活动、躲藏或逃跑的范围或去向，指派"神枪手"数人预先守候在野兽可能出现的地方即"靶口"，并通知"赶山"人员一定要把野兽赶入预先设置的包围圈。假若野兽没有从"靶口"通过，则要马上报信，好让队长确定新的战术和组织人员。狩猎结束，获得猎物后，要向猎神祭献，感谢猎神庇护。鸣枪数响，庆祝胜利后，再行宰割分配猎物。❷

恩施州世居在山区的民众狩猎活动多数集中在正月、二月农闲时节，有的也会在农历六、七月进行。人们在进行围山打猎的时候，要组织一支既有分工又密切合作的队伍。队伍分工明确，有负责敬神的人，在进山打猎前，要用纸钱包裹着三根香压在石头下，祭祀猎神梅山神，祈求保佑打到猎物。在打死猎物之后，还要烧香纸感谢猎神。待分配猎物的时候，要用内脏来祭祀梅山神。有负责理脚印的人，仔细观察猎物留在地上的脚印，判断是何种动物及其藏身之处。有负责安壕的人，依据猎物的脚印，在猎物行走的路线上安壕口，在邻近壕口的地方布置猎网。有负责打猎的人，手拿刀枪躲藏在壕口四周，待猎物进入壕口就打死猎物。有负责喊山的人，带着猎狗，把猎物驱赶到预设的地方。有负责围场的人，待猎物进入壕口后，围在壕口四周的人，一同起哄惊吓猎物。❸

（三）经济作物生产习惯

居住在山区的人们除了从事农业、狩猎生产之外，还辅之以一些经济作物生产。丽水、恩施和黔东南盛产油桐籽、油茶、茶叶等经济作物，形成经济作物生产习惯。

1. 油桐、油茶生产习惯

丽水、恩施和黔东南的山区适合种植油桐、油茶等经济作物，当地人存在油桐、油茶生产习惯。

（1）种植油桐、油茶习惯。人们在山上砍伐一片杂草杂树，晒干后焚

---

❶ 雷先根. 畲族风俗 [M]. 油印本，2003：25-26.
❷ 雷先根. 畲族风俗 [M]. 油印本，2003：25-26.
❸ 林继富. 酉水河土家族民俗志 [M]. 北京：民族出版社，2014：79-80.

烧，开荒出一片土地来，播种油桐、油茶种子的同时，套种杂粮。等到油桐、油茶长大成林后，在每年七八月份，要中耕除草一次。由于杂草还尚未成熟，修整林地，铲除杂草，可以有效阻止杂草的生长。❶黔东南州清水江流域的人们根据油桐和杉树不同生长期，实行油桐和杉树混合种植。在油桐、杉树种植后的三年内，在油桐、杉树的空隙中可以种植其他农作物，四年后油桐开始结果，有收成，就不再种植其他农作物。待到八年以后杉树日渐长大，此时油桐树也不再有生长优势，就砍掉桐树用来培育木耳和作燃料，让杉树自由生长。❷丽水市还存在油茶树和其他树木混合种植的习惯。

（2）管理油茶习惯。为确保捡摘茶籽顺利，颗粒均收，不发生矛盾和盗窃事件，恩施州山区的一些村寨商量议定出《收捡茶籽公约》。规定在寒露前三天采摘茶籽。开始采摘茶籽的日子叫作封款，封款日为三到七天不等。在封款期间，禁止任何人到茶山寻找茶果。待到茶果收捡完毕后，才允许捡拾茶果。选出三到五个看守人，负责看管茶籽，维护茶山秩序。公约公布后，看守人手持大柴刀，日夜看守茶树，每到一处，都要在茶树丫上插上草标，表明此处的茶籽没被偷盗，告诫人们不要偷盗果子。倘若这里的茶果被偷，意味着他们失职，要负责赔偿。在封款期间，看守人边巡逻边鸣锣示警。❸

2. 林业生产习惯

据史料记载，在地方政府的鼓励下，恩施州民众兴起植树造林活动。1735年，清政府为发展经济，号召当地民众营造人工经济林。后来，又颁布《植竹兴果木劝令》，劝导人们在房屋旁、道路旁、村寨旁和水沟旁广为栽种竹子和果木，使栽种竹木成为"兴家之本，富家之源"❹，自此后，形成植树造林习惯。黔东南盛产杉木，在我国有"杉木之乡"的美誉。人们栽种杉树，采用林粮间作，先种粮后栽林的方式进行。在砍伐林木后，焚烧残留的枝叶和杂草，不挖树穴，也不整地翻土，而是将表土依照地形地貌堆成土堆，在土堆上定植杉树苗。第一年、第二年，在杉树苗的间隔地带种植

---

❶ 马翀炜，陆群. 土家族：湖南永顺县双凤村调查［M］. 昆明：云南大学出版社，2004：20.
❷ 徐晓光. 清水江流域传统林业规则的生态人类学解读［M］. 北京：知识产权出版社，2014：79.
❸ 冉春桃，蓝寿荣. 土家族习惯法研究［M］. 北京：民族出版社，2003：60-61.
❹ 恩施州志编撰委员会. 恩施州志［M］. 武汉：湖北人民出版社，1998：190-191.

小米、苞谷等旱地作物，从中获得一定的粮食作物。第三年，当树苗长到高四五尺的时候，就不再种粮。这种林粮间作技术，能够降低水土流失，有助于杉木的定根。旱地作物可以阻挡阳光的暴晒，削弱风力，玉米秆等旱地作物腐烂后，可以提高土壤的肥力，有助于杉木的成活。林粮间作营林技术，在个别土质好、杉木管理好的地区可以培育成"十八年杉"，大大缩短一般树木45~50年成材周期。人们还实行杉木与杨梅等阔叶树混合种植方式。在种植杉木的同时，还按15%的比例种植杨梅、樟树、油茶树等阔叶树。砍伐杉木后，留下这些阔叶树，可以增加地表覆盖率，降低雨水对地表的冲刷。将杉木与其他树木混合种植，可以有效地发挥针叶树和阔叶树各自优势，形成互补的效果。❶

三、制度层面：保护自然规范

在环境保护习惯中，制度层面环境保护习惯是指为保护环境，人为议定或制定的，具有制裁性的行为规范。

（一）内容特点

与观念层面环境保护习惯内容和行为层面环境保护习惯内容相比，制度层面环境保护习惯内容具有两个特点。

1. 议定性

环境保护习惯从形成来看，有自然形成的，也有人为约定的。制度层面环境保护习惯内容，就是指依据社会组织权威通过制定或议定的方式表现出来的保护环境要遵守的行为规范。1902年7月8日，为使宗族能够和睦相处，黔东南州黎平县纪堂、登江、弄邦、朝洞四寨的群众共同商议订立《永世芳规》，禁止偷禾谷薪柴，不许偷伐他人的山场林木。❷ 丽水市有依据社会组织的权威人为议定的，旨在保护环境所需要社会成员遵守的行为规范，如雷氏宗族制定的族规、家规和房规等。在黔东南较大的村寨中，同姓氏族由多个宗族、家支组成，也存在族规和家规。还存在"款"组织，是由多个村寨组成的民间自治组织，款又分为小款、中款、大款，每个款可以

---

❶ 徐晓光．清水江流域传统林业规则的生态人类学解读［M］．北京：知识产权出版社，2014：50-55．

❷ 黄才贵收集、整理．黎平县肇洞的纪堂等四寨合款条规［G］//民族志资料汇编：第三集·侗族，1987年内部印刷．

制定款约法。❶

2. 制裁性

制度层面环境保护习惯内容不仅规定保护环境要遵守的一些行为规范，而且规定对违反者的惩罚措施。惩罚措施分为物质、人身和精神三方面，以示警诫。物质惩罚措施主要是通过部分直至全部剥夺违反者的财产权来达到惩戒的目的。包括：(1) 罚银两。浙江金华市兰溪下吴村家规规定，对砍伐坟墓旁边树木的人，要给予重罚。❷ 黔东南州从江县《高增寨款碑》规定，偷棉花、茶籽，罚钱六千文整。黎平县肇兴乡新堂村《纪堂永世芳规碑》规定，偷鸡摸狗罚钱一千二百文。❸ 罚款是制度层面环境保护习惯最主要的惩罚措施。(2) 罚缴酒肉等一定数量的食物。它是指要违反者缴纳一定数量酒肉等食物，给全村人集体享用。黔东南州榕江县有的村寨规定：对不慎失火烧山、烧风水树、烧坟山、烧房屋的人，要杀一头牛、两头猪来祭祀神灵，祭祀完毕，牛肉和猪肉供全寨人集体享用。❹ (3) 赔偿。赔偿是指违规者补偿自己因实施违规行为给他人财产造成的损失。湖南会同攀龙乡酿溪村于1904年制定的《永定团规》规定，秋收时节不许牲畜践踏粮食谷物，违者要给予赔偿。在农田引水灌溉期间，一旦有人实施偷水、毁田坝的行为，实施者不仅要恢复原状，而且要赔钱。❺ (4) 恢复原状。制度层面环境保护习惯规定补救措施，注重砍伐树木后要恢复原状。有的村落规定，砍伐经济林木，严格按照谁砍了，谁就要补种的原则办。❻

人身惩罚措施主要是涉及人的身体、生命及其在宗族中的权利、荣誉等内容的惩罚措施。包括：(1) 涉及生命健康权的处罚。黔东南州世居在山区的民众认为村寨有风水，坟地有龙脉，挖坟盗墓会损伤龙脉，妨碍村寨平安，而禁止挖坟盗墓，《六面阴规》将挖坟盗墓行为列为严重违规行为，对挖坟盗墓者，施以活埋、沉水这种最严厉的惩罚。❼ (2) 永不许入祠，指在任何时候都不得进入祠堂。丽水市莲都区碧湖镇竹溪村规定，侵占祖宗遗留

---

❶ 吴大华，等. 侗族习惯法研究 [M]. 北京：北京大学出版社，2012：42-47.
❷ 张世元. 金华畲族 [M]. 北京：线装书局，2009：347.
❸ 吴大华，等. 侗族习惯法研究 [M]. 北京：北京大学出版社，2012：70-71.
❹ 吴大华，等. 侗族习惯法研究 [M]. 北京：北京大学出版社，2012：166.
❺ 吴大华，等. 侗族习惯法研究 [M]. 北京：北京大学出版社，2012：85、101.
❻ 石中坚，雷楠. 畲族祖地文化新探 [M]. 兰州：甘肃民族出版社，2010：184.
❼ 吴大华，等. 侗族习惯法研究 [M]. 北京：北京大学出版社，2012：110.

田地山场者，将被家族按照律令送官府惩治，对官府惩治仍然不服者，将被革出祠堂，永远禁止进入祠堂。❶（3）驱除出村寨。黔东南《二月约青》规定：哪家不慎失火，连累村寨者，除将他家的鱼塘、水田、水牛、黄牛一律充公外，还要将其全家驱除出村。❷

精神惩罚措施主要是对违反者的声誉、信誉等方面施加不良影响，使其在精神上引起警戒，从而不再发生违法行为的惩罚方式。（1）斥责。它是执法者严厉教育违法行为比较轻微的违反者。有的村落规定，禁止破坏村庄周围的古树，尤其是风水树，不准族人砍伐，违反者将受到族人的一致斥责。❸（2）示众。有的村落规定，偷盗田园作物、农具等违规行为，一旦被查获，将视情节轻重责令其或鸣锣或鸣炮，示众周知。❹（3）赔礼道歉。黔东南州环境保护习惯规定实施破坏风水林或者在井边拉屎撒尿污染水源等行为者，要给全寨人赔礼道歉。❺ 物质、人身和精神方面惩罚措施具有制裁惩戒性质，给违反者的身体和精神带来痛苦，抑或给违反者的财产带来损害。

（二）具体表现

1. 单行条款

在村落习惯中经常会规定不同数量条款的制度层面环境保护习惯。1824年（清道光四年），宣恩正堂在板栗园老司沟立下"永镇地方"石碑，载："种桐树茶树……遍野所有树木，如有乱砍窃伐者，验收所罚。寒露茶子，霜降桐子，如有违反先捡者，照碑作罚。"❻ 黔东南州从江县高增村寨于1672年（康熙十一年）立下的《高增寨款碑》中规定，不听劝阻，砍伐山林或风水林的，罚款三千文；到封禁的山中砍柴一排，砍伐一株杉树或松木的，罚缴一头黄牛、50两白银、100斤大米和120斤泥鳅。1827年（清道光七年），黔东南州黎平县民众在南泉山立下《永远禁石碑》，禁止擅自砍伐后山的一草一木。❼ 1948年6月，黔东南州锦屏边界地带民众和湖南靖州

---

❶ 浙江丽水市莲都区碧湖镇竹溪村《雷氏宗谱》，1931年重修。
❷ 吴大华，等. 侗族习惯法研究［M］. 北京：北京大学出版社，2012：112-113.
❸ 石中坚，雷楠. 畲族祖地文化新探［M］. 兰州：甘肃民族出版社，2010：184.
❹ 石奕龙，张实. 畲族：福建罗源县八井村调查［M］. 昆明：云南大学出版社，2005：225.
❺ 吴大华，等. 侗族习惯法研究［M］. 北京：北京大学出版社，2012：167.
❻ 恩施州志编撰委员会. 恩施州志［M］. 武汉：湖北人民出版社，1998：193.
❼ 封贵平. 侗族习惯法对侗族地区生态环境的影响与启示：以贵州黔东南为例［J］. 贵州社会科学，2013（9）.

民众在凤冲制定《联款议约》，主要内容为：禁止偷盗，偷盗的对象有田中禾谷、鱼虾，园内瓜菜，有山中核桃、桐油、茶子，还有杉、桐、棕、竹等，如有违者，罚款若干元；禁止乱放野火烧山，如有违者，除赔还业主外，按轻重罚处；禁止鸡鸭等家畜在田中禾谷打包的时候践踏禾谷，如有违者，依照每蔸赔还谷一斤给业主，家里养猪的，将猪打死，一半充公一半偿还业主。❶

2. 单行环境保护公约

人们对环境保护十分重视，专门出台单行制度层面环境保护公约。1773年（乾隆三十八年），黔东南州锦屏县河口乡文斗村立下《文斗六禁碑》，内容规定六类禁止行为：（1）禁止砍伐杉木，违者，罚银十两；（2）台阶损坏要修补，不遵者，罚银三两到五两；（3）不许乱伐油茶树、乱捡油茶籽，如违罚银五两；（4）不许牲畜践踏后龙之阶，如违罚银三两修补；（5）禁止让染有瘟疫的猪牛进寨，违者送官治罪；（6）禁止妇女挖前后左右虫鳝，如违罚银三两。❷ 1939 年 2 月，浙江文成县郑山底村寨制定《严禁山场约据》，主要内容如下："山场养篆竹木杂柴薪草毋许妄行砍伐、采割扳枝，违者重罚；田园所植六种果菜等件毋许内外棍徒盗窃，犯者重罚；竹园春冬两笋各业各管毋许妄行挖掘，犯者重罚；夏秋踏栏牛草田塝各行自割养山，不遵妄取，违者重罚；泥鳅、蛇、田螺、田鸡等物亦毋许捞放拾捉践踏禾苗，违者重罚；放白羊之家虽宜自谅，不许糟蹋人家六种，违者将羊宰杀敬众，毋贻后悔。以上各项如有获赃报信者，赏钱二千四百文，恃蛮者则鸣官究治。"❸ 民国年间，黔东南州锦屏县甘乌村寨制定《林业管理公约》，主要内容如下：（1）公山禁止私下买卖，如有私卖者，买者不享有管业的权利。（2）一律砍掉树木被砍伐后遗留的老蔸，日后任何人不准说树木是自己老蔸所发之树。（3）开山植树必须订立租佃合同，否则，种树者得不到任何利益。（4）栽杉成林，山主和栽种者商量出售杉树，所得的收益，由山主和栽种者按四六比例分成。（5）树木成材砍伐通过河道运输，有专

---

❶ 夏新华，王奇才. 论湖南靖州的"合款"：兼论国家法与民族习惯法的关系 [M] // 吴大华，徐晓光. 民族法学评论（第二卷）. 香港：华夏文化艺术出版社，2002：62-63.

❷ 王宗勋. 略论清水江中下游地区碑刻的社会价值及保护 [J]. 贵州大学学报（社会科学版），2015（1）.

❸ 雷伟红. 畲族习惯法研究：以新农村建设为视野 [M]. 杭州：浙江大学出版社，2016：241.

人管理，不得发生争议。(6)树木砍伐后通过河道运输，应当按规定交纳江银。(7)不得私自砍木，如有违者，日后一旦被查出，要给予罚款处罚。(8)按照到达三寨的距离给予放木夫数额不同的工钱。(9)严禁放火毁坏山林，如有违者，给予罚款处罚。(10)禁止乱砍杉木。盗砍林木者，会受到罚款的处罚。❶

---

❶ 宗勋，杨秀廷.锦屏林业碑文选辑［M］//锦屏地方志办公室内部印刷，第20页，转引自：徐晓光.清水江流域传统林业规则的生态人类学解读［M］.北京：知识产权出版社，2014：190-192.

第三章 环境保护习惯对生态文明建设的价值分析

明确环境保护习惯是什么之后，接着要阐明环境保护习惯为何对生态文明建设具有价值以及具有何种价值。本章在对生态文明建设概念进行界定的基础上，将其类型化。梳理生态文明建设的发展历程，阐述环境保护习惯对生态文明建设具有支持促进作用的理论基础和逻辑证成。

第一节 生态文明建设概念的界定

剖析环境保护习惯对生态文明建设的价值，必须要对生态文明建设的概念进行界定，明确其内涵和外延，并对其进行类型化。

一、生态文明建设的内涵

学界对生态文明概念的认识历经了一个不断深化和扩展的进程。到目前为止，有狭义、广义和最广义之分，存在"单一和谐论""双重和谐论"和"三重和谐论"之别。狭义的生态文明涉及范围最小，为"单一和谐论"，仅指人与自然的和谐。如认为"生态文明是人与自然和谐共生、全面协调、持续发展的社会和自然状态"❶。广义的生态文明涉及范围介于中间，为"双重和谐论"，指人与自然、人与人和谐共生。如认为生态文明"是以人与自然、人与人和谐共生、全面发展、持续繁荣为基本宗旨的工业化后的社会文明形态"❷。又如认为生态文明"为实现人与自然和谐相处及以环境为中介的人与人和谐相处，而取得的物质与精神成果的总和"❸。最广义的生态文明涉及范围最大，为"三重和谐论"，意指人与人、人与社会、人与自

---

❶ 秦书生．中国共产党生态文明思想的历史演进［M］．北京：中国社会科学出版社，2019：15.

❷ 任建兰，王亚平，程钰．从生态环境保护到生态文明建设：四十年的回顾与展望［J］．山东大学学报（哲学社会科学版），2018（6）.

❸ 蔡守秋．生态文明建设的法律和制度［M］．北京：中国法制出版社，2017：1.

然之间的和谐。如认为生态文明要"构建人与人、人与社会、人与自然之间和谐、有序、平等和平衡的'天人关系'"❶。又如认为生态文明"是指人类遵循人、自然、社会和谐发展这一客观规律而取得的物质与精神成果的总和"❷。之所以会形成这三种观点，是因为看待问题的视角不同。从人与自然关系的角度而言，生态文明是指人与自然的和谐。从人、自然、社会有机整体出发，生态文明是指双重和谐与三重和谐，三重和谐是对双重和谐的发展。马克思、恩格斯认为，人、自然、社会是一个有机的整体。"只有在社会中，自然界对人来说才是人与人联系的纽带，才是他为别人的存在和别人为他的存在，只有在社会中，自然界才是人自己的合乎人性的存在的基础，才是人的现实的生活要素。"❸ 人类社会的实践活动是由人对自然的作用与人对人的作用两方面组成，文明是人类实践活动的产物，人与自然和人与人的两大关系就成为文明进步的基本维度。❹ 作为文明最高样态的生态文明，就是指人与自然、人与人的双重和谐。从马克思和恩格斯的人、自然、社会有机整体论出发，生态文明就是指在双重和谐的基础上加上人与社会的和谐。

"在人类文明发展进程中人与自然的关系和人与人的关系都是具体的历史的统一。"❺ 马克思认为，"人同自然界的关系直接就是人和人之间的关系，而人和人之间的关系直接就是人同自然界的关系"❻。人与自然的不和谐关系会影响到人与人、人与社会的关系。每一次大型疫情的暴发，都表明人与自然关系的不融洽，直接引起人与人关系的不融洽，进而引发人与社会的不融洽。在生态文明概念的三种观点中，单一和谐是前提和基础，是中心，是最具根本性的，双重和谐是最基本的样态，三重和谐是双重和谐的发展，是最高的样态，因此，笔者赞同最广义的观点，认为生态文明，是指人类在改造和利用自然的过程中，积极调整、改进和优化人与自然的关系，实

---

❶ 文传浩，马文斌，左金隆，等. 西部民族地区生态文明建设模式研究［M］. 北京：科学出版社，2015：88.

❷ 周珂. 环境与资源保护法［M］. 3 版. 北京：中国人民大学出版社，2015：13.

❸ 马克思恩格斯文集（第一卷）［M］. 北京：人民出版社，2009：187.

❹ 温莲香，张军. 生态文明何以可能：基于马克思恩格斯共产主义学说的分析［J］. 当代经济研究，2017（3）.

❺ 温莲香，张军. 生态文明何以可能：基于马克思恩格斯共产主义学说的分析［J］. 当代经济研究，2017（3）.

❻ 马克思恩格斯全集（第四十二卷）［M］. 北京：人民出版社，1979：119.

现人与自然、人与人、人与社会三重和谐所取得的物质和精神成果的总和。其中，人与自然的和谐是三重和谐的本源和基础。

对生态文明的概念，学界存在将其等同于生态文明建设，将生态文明和生态文明建设直接混用的情况。❶ 事实上，两者存在差异，是过程与结果的区别。生态文明更强调结果，是一种目标，而生态文明建设注重实践过程，是一种实践活动，由此，生态文明建设是为了实现生态文明而进行的实践活动。

二、生态文明建设的外延

从外延上看，生态文明建设是一个具有双重面向的有机统一体。横向面向是指生态文明建设与政治建设等四大建设的关系。在新时代，统筹推进"五位一体"总布局，生态文明建设已经被置于突出地位，融入现代化建设的全过程、各方面，意味着社会主义现代化建设包括五大建设，即生态文明建设与政治、经济、文化、社会四大建设，五大建设之间的关系是相互联系、相互贯通、相互促进，五大建设齐头并进，协调发展。其中，经济建设是根本，有力促进物质文明的进步，通过丰厚的物质基础推进其余四大建设的发展；政治建设是保障，促进政治文明的进步，保障其余四大建设的发展；文化建设是灵魂，促进精神文明的进步，通过强大的软实力推进其余四大建设的发展；社会建设是条件，促进社会文明的进步，通过社会和谐推进其余四大建设的发展；生态文明建设是基础，为其余四大建设奠定坚实的自然基础，提供其赖以存在发展所需的生态滋养。马克思认为，人类社会的生存发展必须依靠其与外部自然界进行物质交换才得以进行，我们所进行的经济建设等四大建设都无法离开生态文明建设提供的自然基础和生态滋养。如果离开生态文明建设，经济建设不可能持续发展；离开生态文明建设，政治建设不可能健康发展；离开生态文明建设，文化建设不可能繁荣发展；离开生态文明建设，社会建设不可能实现社会和谐。❷ 可见，生态文明建设不仅是现代化建设的重中之重，发挥着基础性的作用❸，而且要融入其余四大建设，形成一个不可分割、紧密联系的

---

❶ 秦书生. 中国共产党生态文明思想的历史演进 [M]. 北京：中国社会科学出版社，2019：16.
❷ 方世南. 深刻认识生态文明建设在五位一体总体布局中的重要地位 [J]. 学习论坛，2013 (1).
❸ 孙文营. 生态文明建设在"五位一体"总布局中的地位和作用 [J]. 山东社会科学，2013 (8).

统一体，即现代化建设。

纵向面向是指生态文明建设与其他文明之间的关系。人类历经原始文明、农业文明、工业文明。生态文明不同于其他文明，与其他文明存在本质的区别。表现在：（1）人与自然、人与人的关系和谐与否不一。原始文明为人人平等和人敬畏自然的统一，农业文明为人人对立与人顺应自然的统一，工业文明反映着人人对抗与人征服自然的统一，三大文明没有形成人与自然、人与人双重和谐的统一，生态文明要实现人与自然、人与人双重和谐的统一。❶（2）对待自然资源的态度和能力迥异。在原始文明和农业文明阶段，尽管自然界拥有丰富的自然资源，但人类获取自然资源的能力较低，难以大规模地利用和使用资源，从而能够保留下大片的资源，生态平衡可以通过自然界的自我修复得到有效的维持；在工业文明阶段，人类改造自然资源的能力得到极大的提升，获得快速转化自然资源的能力，伴随着资源转化能力的提高，为了满足人类可感知的需求，人类无限制地索取资源，获得大量财富的同时，对生态环境带来严重的破坏，造成生态危机；在生态文明阶段，尽管人类汲取自然资源的能力变得强大，但是，出于对自然资源价值的认可，以及人类需求的长久考虑，特别是为了满足全体当代人和后代人需求，人类理性有节制地利用资源，确立"禁止利用"自然资源的范围，建立"限制、保有和共享"的自然资源机制❷，可见生态文明具有其他三大文明缺乏的特性，特别是迥异于工业文明，因此，它既不是一种生态化的工业文明，也不是一种"后工业文明"，而是一种"超越工业文明的新型文明形态"❸，是人类文明的最高形态。

生态文明虽然不同于其他三大文明，但是与其他三大文明存在联系。它是对其他三大文明科学扬弃基础上的继承与发展。在对待自然资源的态度上，继承原始文明敬畏自然和农业文明顺应自然的优点，摒弃工业文明征服自然的局限，保留大量对人类暂时无法利用的自然生态环境。在获取自然资源能力上，抛弃原始文明和农业文明较低的汲取改造自然能力，秉承工业文明较高的获取资源、快速转化资源能力。在财富分配机制上，改变工业文明

---

❶ 温莲香，张军. 生态文明何以可能：基于马克思恩格斯共产主义学说的分析［J］. 当代经济研究，2017（3）.

❷ 王刚. 生态文明：渊源回溯、学理阐释与现实塑造［J］. 福建师范大学学报（哲学社会科学版），2017（4）.

❸ 王雨辰. 论生态文明的本质与价值归宿［J］. 东岳论丛，2020（8）.

对社会有贡献的能人富人仅给予物质回报，造成对自然资源实行挥霍乃至无限掠夺的不良后果，取而代之的是给予能人富人精神和荣誉的回报，形成利益共享的文明社会。在自然资源有无价值认可上，否定工业文明自然资源无价值论，承认自然资源有自身的价值，秉持为全人类的利益，包括当代人及后代人的利益，将自然资源分为可利用、禁止利用和等待利用三种，对它们区别对待。生态文明在否定继承发展其他三大文明的优缺点，发展成为满足当代人和未来人的利益需求，有节制地使用强大的资源汲取能力，保存大量的原生态环境。❶ 生态文明还否定工业文明的机械论自然观，发展成为有机整体论的自然观，把不顾环境保护单纯追求经济发展观改变成为人与自然协同发展的生态发展观，把注重个人主义的价值观转变为人与自然、人与人为共同体的价值观，继承发展工业文明的技术成就，并使之生态化❷，由此可见，生态文明绝非凭空产生，而是在其余文明的历史积淀基础上，选取其余文明的精华，反思它们的负效应，舍弃它们的糟粕而形成的第四种文明。生态文明建设不会孤立存在，是以其余文明为镜鉴，最大限度地消解各种负效应，发挥正效应，与其余文明和谐并存，形成有效的互补关系。它建立在人与自然、人与人都为生命共同体❸的基础上，实现经济、人口、资源环境全面可持续协调发展，最终实现人的全面发展与社会的全面进步。❹

三、生态文明建设的类型化

既然生态文明建设是一种实践活动，目的是实现生态文明，那么我们应该如何建设生态文明？以习近平同志为核心的党中央对此问题作出了具体部署。2018年，在全国生态环境保护大会上，习近平总书记给我们明确了生态文明建设的内容，"要通过加快构建生态文明体系……确保到2035年……生态环境质量实现根本好转……美丽中国目标基本实现"❺。2020年10月

---

❶ 王刚. 生态文明：渊源回溯、学理阐释与现实塑造 [J]. 福建师范大学学报（哲学社会科学版），2017（4）.

❷ 王雨辰. 论生态文明的本质与价值归宿 [J]. 东岳论丛，2020（8）.

❸ "人与自然是生命共同体"是习近平总书记在党的十九大报告中提出的。参见：习近平. 决胜全面建成小康社会 夺取新时代中国特色社会主义伟大胜利 [N]. 人民日报，2017-10-28.

❹ 罗康隆，吴合显. 近年来国内关于生态文明的探讨 [J]. 湖北民族学院学报（哲学社会科学版），2017（2）.

❺ 赵超，董峻. 习近平出席全国生态环境保护大会并发表重要讲话 [EB/OL].（2018-05-19）[2024-10-17]. http://www.xinhuanet.com/photo/2018-05/19/c_1122857688.htm.

29日，党的十九届五中全会通过的《中共中央关于制定国民经济和社会发展第十四个五年规划和二〇三五年远景目标的建议》再次强调，"完善生态文明领域统筹协调机制，构建生态文明体系，促进经济社会发展全面绿色转型，建设人与自然和谐共生的现代化"❶，这意味着我国生态文明建设的内容是构建生态文明体系。❷

何谓生态文明体系？在2018年全国生态环境保护大会上，习近平总书记不仅指明了构建生态文明体系是生态文明建设的内容，还确定了生态文明体系的框架。生态文明体系由五个子系统构成。

一为生态文化体系。生态文化是生态文明建设的灵魂，生态价值观为生态文化的指导思想❸，因此，"生态文化是以生态价值观的培育为其核心和准则，是生态文明建设的物质成果和精神成果的有机统一"❹。生态价值观为反映人与自然和谐共生价值取向的观念、思想和意识。如人与自然和谐相处的生态观，尊重、顺应及保护自然观等。我们实行生态文化体系建设，重点在于强化生态文明必备的生态价值观的培育建设。

二为生态经济体系。生态经济是指经济活动不仅要符合生态规律，而且要符合经济规律，走生态与经济双重和谐发展之路。要建立健全以产业生态化和生态产业化为主体的生态经济体系，促进生态和产业的融合发展，"产业生态化是通过'生态化'实现产业的创新发展，生态产业化是通过'产业化'实现生态产品的价值增值"❺。具体而言，就是发展生态农业、生态工业、生态林业、生态服务业和生态信息业等产业，其中最主要是发展特色生态产业经济、生态旅游经济、林下经济、循环低碳经济等生态经济。

三为目标责任体系。目标责任体系作为推动生态文明建设的约束机制，为生态文明建设确定责任动力。以改善生态环境质量为核心，建立健全各项目标考核评价责任追究制度。制定责任清单，将责任分解落实到位。制定绿

---

❶ 中共中央关于制定国民经济和社会发展第十四个五年规划和二〇三五年远景目标的建议［R/OL］.（2020-11-03）［2024-08-14］. http：//www.gov.cn/zhengce/2020-11/03/content_5556991.htm.

❷ 任铃. 系统观念视阈下的生态文明体系建设［J］. 思想理论教育导刊，2021（5）.

❸ 廖国强，关磊. 文化·生态文化·民族生态文化［J］. 云南民族大学学报（哲学社会科学版），2011（4）.

❹ 宁启超. 十八大以来党对生态文化的科学认识及其原创性贡献［J］. 福州大学学报（哲学社会科学版），2022（2）.

❺ 任铃. 系统观念视阈下的生态文明体系建设［J］. 思想理论教育导刊，2021（5）.

色发展指标体系，建立体现生态文明要求的目标体系、考核办法、奖惩机制，改进评价体系，把资源消耗、环境损害、生态效益等指标纳入经济社会发展综合评价体系，改善政绩考核办法及奖惩制度。建立领导干部任期生态文明建设责任制，实行党政同责，一岗双责，健全节能减排目标责任考核，完善问责制度。❶

四为生态文明制度体系。生态文明制度体系为生态文明建设提供强有力的制度保障。建立健全以治理体系和治理能力现代化为保障，形成源头预防、过程控制、损害赔偿、责任追究、系统完整的生态文明制度体系，包括健全自然资源资产产权制度，建立国土空间开发保护制度，完善资源总量管理和全面节约制度，健全资源有偿使用和生态补偿制度，建立健全环境治理体系等❷，有效约束各种开发利用自然资源的行为，用最严格制度最严密法治保护生态环境。我们进行生态文明制度体系建设，重点在于健全制度层面环境保护习惯，创新发展环境法律制度，强化制度层面环境保护习惯和环境法律制度的融通和协作，构建高质效多元规范合作的生态环境保护法律体系。

五为生态安全体系。建立健全以生态系统良性循环和环境风险有效防控为重点的生态安全体系，是经济社会持续健康发展的重要保障，是生态文明建设必须要坚守的基本底线。把生态环境风险纳入常态化管理，系统构建全过程、多层级生态环境风险防范体系。❸

总的来说，这五个子系统互相联系、互为支撑，共同构成生态文明建设根本性对策体系。其中，"生态文化体系是导向，生态经济体系是基础，目标责任体系是抓手，生态文明制度体系是保障，生态安全体系是底线"❹，这五个子系统协同推进，共同发展，由此，生态文明建设是一个由以生态价值观念为准则的生态文化体系建设、生态经济体系建设、目标责任体系建设、生态文明制度体系建设和生态安全体系建设构成的互相联系、互为支撑

---

❶ 中共中央 国务院关于加快推进生态文明建设的意见 [J]. 中华人民共和国国务院公报，2015（14）．

❷ 中共中央 国务院印发《生态文明体制改革总体方案》[R/OL].（2015-09-21）[2024-08-15]. http：//www.gov.cn/guowuyuan/2015-09/21/content_2936327.htm.

❸ 赵超，董峻. 习近平出席全国生态环境保护大会并发表重要讲话 [EB/OL].（2018-05-19）[2024-10-17]. http：//www.xinhuanet.com/photo/2018-05/19/c_1122857688.htm.

❹ 任铃. 系统观念视阈下的生态文明体系建设 [J]. 思想理论教育导刊，2021（5）．

67

的有机统一体。如图3所示。

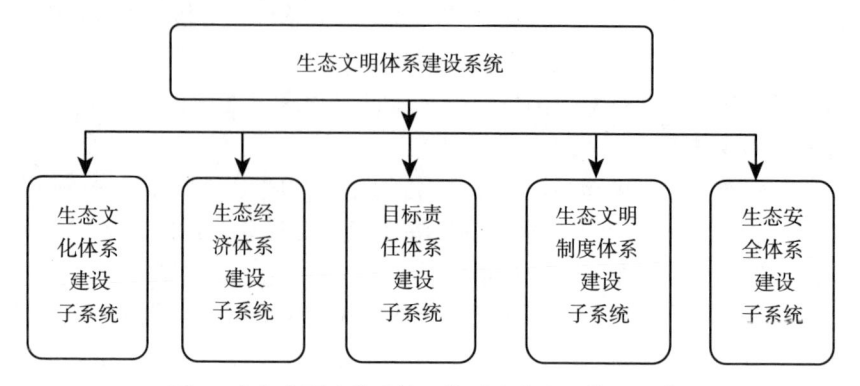

图3 生态文明建设系统（构建生态文明体系系统）

第二节 生态文明建设的发展历程

由于环境保护是生态文明建设的根本措施[1]，经济发展对环境保护的影响最大，如何妥善处理经济发展和节约环保的关系是生态文明建设必须要面临和解决的重大问题，因此，本节围绕环境保护的建设及其与经济发展的关系来阐述我国生态文明建设的发展脉络。在社会主义建设的进程中，依据我国国情客观发展的需要，随着我们对生态环境保护理念及其实施进程不断深入和发展，党和政府对环境保护重要性的认识程度逐渐加深，环境保护的战略地位逐渐提升，从作为基本国策到逐步纳入国家"五位一体"总布局。环境保护与经济发展的关系从分离到统一，从环境保护依附于经济发展，到环境保护与经济发展并重[2]乃至坚持生态优先，再到两者相互协调与促进，我国的生态文明建设经历了形成、发展与丰富完善阶段。

一、生态文明建设的形成阶段（1949—2007年）

随着人们对环境保护重要性认识的深入，我国相继出台了一系列环境保护的法律法规，初步建立了环境保护法律体系。特别是可持续发展战略的确立及其初步发展，意味着生态文明建设已经逐步形成。

---

[1] 周生贤. 我国环境保护的发展历程与探索［J］. 人民论坛，2014（9）.
[2] 张光辉. 中国生态文明建设的理念变迁及发展进路［J］. 中州学刊，2018（7）.

(一) 对环境保护重要性的认识不断深入

新中国成立后，我们对环境保护重要性的认识经历了一个渐进的过程。

1. 新中国成立后到改革开放前，环境保护从思想走向规范化

新中国成立初期，在工业化的起步时期，我国为筹集更多的资金建设工业，发展国民经济，开展"增产节约"运动，形成节约资源的思想。国家十分重视林业建设，20世纪50年代初到70年代初，毛泽东"有近百次谈到林业问题"❶，强调林业建设的重要性及其实施措施。林业不仅与农业、牧业同等重要，而且要与它们相互结合、互相依赖，实行植树造林，大力发展经济林，开展绿化祖国活动，强调绿化要讲求科学❷，注重绿化的规模效应。对森林实行保护和管理，1963年《森林保护条例》的发布强化了对森林资源保障，1967年《关于加强山林保护管理，制止破坏山林、树木的通知》下发，要求建立健全护林组织及其制度，禁止滥伐、盗伐林木和放火烧山，不许毁林，重视森林防火。加强水土保持工作，防止水土流失，兴修水利，解决水旱灾害，注重自然资源的开发与节约并重。随着工业化进程的深入，70年代，许多大中城市相继发生废水、废气和废渣的工业生产污染事件，环境污染问题显现出来。1972年，联合国人类环境会议的召开，让我们深刻地认识到生态危机及其应对是全人类的共同任务。1973年第一次全国环境保护会议通过了"全面规划……综合利用……保护环境、造福人类"的环境保护工作方针，出台首部环境保护综合性法规《关于保护和改善环境的若干规定（试行草案）》，确立环境管理制度要遵循"三同时"原则❸。在工业"三废"排放方面出台首个试行标准，成立首个专门环境保护机构（环境保护领导小组），提出环境保护指导方针，标志着我国环境保护工作进入规范化的轨道。❹

2. 改革开放后到20世纪90年代初，环境保护入宪，环境保护工作成为基本国策

改革开放以来，我国的工作重心转移到经济建设上。进一步改革经济体

---

❶ 徐有芳. 在《毛泽东论林业》首发式上的讲话 [J]. 国土绿化，1994（S1）.
❷ 徐有芳. 在《毛泽东论林业》首发式上的讲话 [J]. 国土绿化，1994（S1）.
❸ 工厂建设与"三废"综合利用工程同时设计、同时施工、同时投产。
❹ 秦书生. 中国共产党生态文明思想的历史演进 [M]. 北京：中国社会科学出版社，2019：60-68.

制，促进生产力发展，经济得到迅速发展，经济发展对生态环境的影响愈来愈大，生态问题愈发严重。为了治理生态问题，采取了以下措施：深化发展植树造林绿化祖国活动，把植树造林作为保护环境的首要措施，深刻认识到植树造林绿化祖国的重要性，它们关系到后代的伟大事业，提倡要世世代代坚持下去❶，顺应各地自然条件，因地制宜开展植树造林绿化祖国活动；针对生产过程中资源浪费的严重情况，尤其是工业"三废"中的能源浪费，最大限度地加强资源的综合运用，降低资源浪费；加大污染防治力度，综合采用征收排污费、关停污染企业等经济、行政手段，结合技术改造防治工业污染。同时，开发和利用新能源，在农村开发沼气，科学解决农村能源问题，发展水利资源，推进可再生能源利用的同时又爱护环境。更为重要的是环境保护入宪，并上升为基本国策。1978 年《宪法》第 11 条第 3 款规定："保护环境……防治污染"，为我国环境保护工作奠定了宪法基础。1982 年《宪法》进一步强化环境保护规定，确定自然资源的权属及其合理利用，禁止破坏行为，明确保护环境是一项宪法义务。党中央和国务院高度重视环境保护工作，明确保护环境是现代化建设的一个组成部分和一项基本任务，"是全国人民的根本利益所在"❷。1983 年 12 月，第二次全国环境保护会议确定环境保护为基本国策，提出环境保护工作的"三同步"与"三统一"指导方针❸，制定环境保护工作的三项基本政策：一是"谁污染，谁治理"；二是预防为主，预防治理两不误；三是加强环境管理。在这三项政策中，以第三项为中心，强调用科学来管理资源的保护、利用及环境污染的防治工作，此次会议确定了环境保护工作的地位。1989 年 4 月，第三次全国环境保护会议明确把环境保护工作"放到重要位置上来"❹，确定中长期环境保护规划，强化环境保护制度建设，建立环境保护目标责任制度、排污许可制度以及集中控制❺等制度，深化环境监管，构建环境保护工作新秩序。初步

---

❶ 中共中央文献研究室. 邓小平年谱（1975—1997）：下 [M]. 北京：中央文献出版社，2004：895.

❷ 国家环境保护总局，中共中央文献研究室. 新时期环境保护重要文献选编 [M]. 北京：中央文献出版社，中国环境科学出版社，2001：2, 20.

❸ "三同步"与"三统一"指经济建设、城乡建设和环境建设同步规划、同步实施、同步发展，实现经济效益、社会效益、环境效益相统一。

❹ 国家环境保护总局，中共中央文献研究室. 新时期环境保护重要文献选编 [M]. 北京：中央文献出版社，中国环境科学出版社，2001：136.

❺ 秦书生. 中国共产党生态文明思想的历史演进 [M]. 北京：中国社会科学出版社，2019：92.

建立起一套环境保护法律体系，推进环境保护工作法治化进程。继将环境保护写入《宪法》，为进一步加强环境立法奠定宪法基础之后，《环境保护法》以及森林、海洋、大气、草原和野生动物领域的污染防治和保护法出台；我国还加入《保护臭氧维也纳公约》等多个国际环境保护公约，这些环境保护法律和公约使环境保护工作有法可依，为生态环境的保护构建了法治保障。

3.20 世纪 90 年代以来，环境保护成为关系中国发展全局的内容之一

我国加大环境保护力度，推进环境保护法律制度建设。1992 年，党的十四大报告将"加强环境保护"作为加快现代化建设步伐，关系到我国发展全局的十个方面中的第九个内容。1995 年，党的十四届五中全会则把人口资源环境与经济建设的关系列为关系国家发展全局的十二大重要关系之一。1996 年，江泽民同志在第四次全国环境保护会议中提出"保护环境……就是保护生产力"❶的科学论断，将环境与生产力结合，把握环境保护与经济发展两者的辩证关系，彰显环境保护的重要功能。这些都意味着党中央对环境保护重要性的认识上升到关系国家发展全局的高度，环境保护工作随之也日益成为政府工作的重头戏，政府进一步加大环境保护行政管理和治理力度。为更好地改善环境质量，制止环境污染与生态破坏加重的趋向，1996 年，国务院公布实施《国务院关于环境保护若干问题的决定》，强调控制污染物排放总量，行政领导负责本辖区内的环境质量；重点解决区域内的"三废"与噪声污染问题，禁止转嫁废物污染，对老污染实行限期达标，坚决控制新污染的产生；加大环境保护投入，大力发展环境保护产业，强化环境保护执法力度，加强环境监督管理等。❷ 2000 年《全国生态环境保护纲要》更为做好环境保护工作提供了行动纲领。其中指出，全国环境保护的指导思想为"以实施可持续发展战略和促进经济增长方式转变为中心，以改善生态环境质量和维护国家生态环境安全为目标"。遵循污染防治与环境保护并重，坚持统筹兼顾，合理开发等原则；针对不同的区域，分类指导，分区推进；创建环境保护综合决策机制，增强法治建设，提升环境保护意

---

❶ 江泽民. 在第四次全国环保会议上的讲话 [J]. 环境，1996（9）.
❷ 国务院关于环境保护若干问题的决定（国发〔1996〕31 号）[J]. 中华人民共和国国务院公报，1996（23）.

识。❶ 随着党的十五大报告提出"依法治国"方略，环境保护工作也走上了依法治理的道路。完善的法律制度是做好环境保护工作的前提与基础，自从制定《固体废物污染环境防治法》《环境噪声污染防治法》及《节约能源法》之后，为制止和严惩破坏资源环境的行为，1997年《刑法》规定破坏环境和资源保护罪；《环境影响评价法》（2002年）、《放射性污染防治法》（2003年）等法律相继出台；国务院也出台《危险化学品安全管理条例》等多部环境保护行政法规，表明我国环境保护法律体系已经初步建立。同时对《大气污染防治法》《水污染防治法》《森林法》《草原法》《野生动物保护法》和《海洋环境保护法》等多部环境保护法律进行修改，强化法治效果，增强法律的权威性。

（二）可持续发展战略的确立及初步发展

1987年世界环境与发展委员会发布的《我们共同的未来》提出解决经济发展和环境保护矛盾，促进经济与生态环境相协调的可持续发展理论。该理论明确经济发展和环境相互影响，许多经济发展方式损害了环境资源，环境恶化可以破坏经济发展❷，因此，经济增长不仅要立足于生态基础，还要保证生态基础得以维护与成长，促进生态基础可以支持经济长期的增长。可持续发展思想的本质是环境保护，从本源上治理环境问题，它满足当代人及其后代人的基本需要，向他们提供实现美好生活愿望的机会，它是人类社会共同寻求的目标。❸ 1992年，联合国环境与发展大会通过的《里约热内卢环境与发展宣言》将人、自然、社会作为一个有机整体，把环境保护权与人权、发展权置于同等重要的地位。1992年发表的《21世纪议程》为世界各国提供了可持续发展行动计划，为各国破解经济与环境对立问题提供了21世纪的行动蓝图。20世纪90年代以来，面对全球环境危机进一步加剧，可持续发展理念蔚然成风，促进中国可持续发展战略的产生。中国要真正解决传统粗放型经济增长模式引发的生态问题，必须要走可持续发展道路。江泽民同志在党

---

❶ 国务院关于印发全国生态环境保护纲要的通知（国发〔2000〕38号）[J]. 中华人民共和国国务院公报，2001（3）.

❷ 世界环境与发展委员会. 我们共同的未来[M]. 王之佳，柯金良，等译. 长春：吉林人民出版社，1997：4.

❸ 世界环境与发展委员会. 我们共同的未来[M]. 王之佳，柯金良，等译. 长春：吉林人民出版社，1997：49，10.

的十四届五中全会上提出"可持续发展战略"❶,可持续发展要兼顾目前和未来发展的需要,保护后代人的利益。❷ 1996 年第四次全国环境保护会议进一步强调落实可持续发展战略的重要性,提出要将它"作为一件大事来抓"❸,明确转变经济增长方式是解决环境问题的主要途径。1997 年 9 月党的十五大报告指出可持续发展战略的措施是凭借科技进步,运用现代科技,建立节约型经济。❹ 2002 年,党的十六大报告提出全面建设小康社会的目标之一是提升可持续发展能力,促进经济和生态同步发展。2004 年 3 月,胡锦涛同志进一步阐发可持续发展的内涵是实现经济发展与人口生态相协调。❺ 2006 年,他进一步强调要创建人与自然和谐相处的和谐社会。❻ 2007 年 10 月,党的十七大报告首次提出"生态文明",意味着生态文明建设已然形成,生态文明时代的序幕已经徐徐拉开。

二、生态文明建设的发展阶段(2008—2011 年)

生态文明建设形成之后,逐步进入发展阶段,表现在以下两方面。

(一)贯彻科学发展观,创建"两型"社会

为进一步实施可持续发展战略,基于我国仍然是发展中国家,面临的矛盾与问题也较为罕见,特别是经济发展与生态关系失衡的国情,开展了贯彻科学发展观,创建资源节约与环境友好"两型"社会的活动。早在 2003 年 10 月召开的党的十六届三中全会,明确提出了"坚持以人为本,树立全面、协调、可持续的发展观,促进经济社会和人的全面发展";强调"按照统筹城乡发展、统筹区域发展、统筹经济社会发展、统筹人与自然和谐发展、统筹国内发展和对外开放的要求"。❼ 2004 年,以胡锦涛同志为核心的党中央在对国内外经济发展中的经验教训进行概括和汲取的基础上,强调要从贯彻

---

❶ 江泽民文选(第二卷)[M].北京:人民出版社,2006:26.
❷ 江泽民文选(第一卷)[M].北京:人民出版社,2006:518.
❸ 江泽民.在第四次全国环保会议上的讲话[J].环境,1996(9).
❹ 江泽民.论科学技术[M].北京:中央文献出版社,2001:21-22.
❺ 中共中央文献研究室.十六大以来重要文献选编(上)[M].北京:中央文献出版社,2005:850.
❻ 胡锦涛.坚持和平发展 促进共同繁荣[N].人民日报,2006-11-18.
❼ 中国共产党第十六届中央委员会第三次全体会议公报[EB/OL].(2008-08-13)[2024-10-18].https://www.gov.cn/test/2008-08/13/content_1071056.htm.

"三个代表"重要思想和十六大精神的战略高度,从确保实现全面建设小康社会宏伟目标的战略高度,深刻认识树立和落实科学发展观的重大意义;强调要树立和落实科学发展观,必须全面准确地把握科学发展观的深刻内涵,坚持以人为本,目的在于实现人的全面发展;明确可持续发展内涵是促进人与自然的和谐,推进生产生活生态化,确保世代永续发展;明确树立和落实科学发展观的四项基本要求,还提出了落实科学发展观在人口资源环境工作中要采取的具体措施。❶ 2006 年,鉴于环境形势日益严峻,提升环境保护工作的战略地位,环境保护工作成为贯彻落实科学发展观的重要内容。温家宝在第六次全国环保大会上,提出环境保护工作的三大转变方针:环境保护与经济增长并重与同步进行,采用法律、经济、技术等多元环境保护治理方式;还提出今后在污染治理、经济结构调整、环境保护能力提升方面要进一步强化。❷ 2007 年,党的十七大报告立足于新阶段国情的需求,提出深入贯彻落实科学发展观,促进社会和谐。强调科学发展观的科学内涵就是实行以人为本,谋取全面协调可持续发展,通过统筹兼顾的方法,使经济社会实现又好又快的发展。将构建"资源友好型、环境友好型"社会的战略地位,放到现代化发展战略的显著位置,在每个单位和家庭中贯彻落实。❸ 2008 年,温家宝提出贯彻落实科学发展观的六个方面内容,其中第四个方面内容就是秉持节约资源与保护环境的基本国策,提升可持续发展能力。温家宝强调"节约资源就是增强发展后劲",提出实行节约、清洁、可持续三大发展的五大措施:一是统筹推进经济社会发展与资源节约、环境保护;二是构建资源节约和环境友好的国民经济体系和社会组织体系;三是解决资源浪费和环境污染的突出问题;四是健全节约资源、保护环境的长效机制;五是积极应对气候变化问题。❹ 2010 年党的十七届五中全会提出坚持把建设"两型"社会作为加快转变经济发展方式的重要着力点。2011 年 3 月 14 日第十一届全国人大第四次会议通过的《中华人民共和国国民经济和社会发展第十二个五年规划纲要》共 16 篇,其中在第六篇专篇阐述绿色发展,建设"两

---

❶ 胡锦涛. 在人口资源环境工作座谈会上讲话[R/OL].(2004-03-10)[2024-08-22]. http://www.gov.cn/ldhd/2004-04/04/content_11478.htm.
❷ 温家宝总理出席第六次全国环保大会并作重要讲话[J]. 中国环保产业,2006(4).
❸ 胡锦涛. 高举中国特色社会主义伟大旗帜,为夺取全面建设小康社会新胜利而奋斗[N]. 人民日报,2007-10-25.
❹ 温家宝. 关于深入贯彻落实科学发展观的若干重大问题[J]. 求是,2008(21).

第三章　环境保护习惯对生态文明建设的价值分析

型"社会的同时,又分六章提出实行绿色发展,建设"两型"社会的六大举措,包括积极应对全球气候变化和发展循环经济等应对措施。❶ 2011 年 12 月 15 日,国务院印发《国家环境保护"十二五"规划》,指出环境保护工作是加强生态文明建设的根本途径,提出"十二五"期间环境保护要遵循的指导思想是推进环境保护历史性转变,加快建设"两型"社会,坚持科学发展,强化保护等六大基本原则,实施促进主要污染物减排等重点领域环境风险防控等九大措施。❷

(二) 加强环境保护法律制度的建设

在生态文明建设的发展阶段,还加强了环境保护法律制度的建设。出台《海岛保护法》《石油天然气管道保护法》和《循环经济促进法》,修改《节约能源法》《水污染防治法》《可再生能源法》《煤炭法》《矿产资源法》《水法》和《水土保持法》,以应对新的变化。通过进一步完善相应法律制度来规范企业生产行为和消费者消费行为,强化政府对环境的监管和制裁,形成有效的约束机制。

三、生态文明建设的丰富完善阶段 (2012 年以来)

2012 年以后,我国的生态文明建设进入丰富完善阶段。

(一) 生态文明建设进入新时代

党的十八大以来,以习近平同志为核心的党中央对生态文明建设进行顶层设计,做出全面的战略部署。党中央深刻回答了为何、如何建设生态文明,以及建设什么样生态文明等重大问题,形成系统化的生态文明思想。尤其是 2018 年 5 月召开的全国生态环境保护大会,习近平提出新时代推进生态文明建设必须要坚持的原则和要求、采取的途径和举措等一系列新思想新理念新观点。习近平生态文明思想是强大的思想武器,为新时代进一步强化

---

❶ 国民经济和社会发展十二个五年规划纲要 (全文) [R/OL]. (2011-03-16) [2024-10-17]. http://www.gov.cn/2011lh/content_1825838.htm.

❷ 国务院关于印发国家环境保护"十二五"规划的通知 [R/OL]. (2011-12-20) [2024-08-17]. http://www.gov.cn/zhengce/content/2011-12/20/content_4661.htm.

75

生态文明建设提供方向指引和根本遵循❶，促进生态文明建设迈上新台阶，进入丰富完善阶段。建设美丽中国，实现中华民族伟大复兴中国梦，推进中国社会走入生态文明新时代。

党的十八大以来，生态文明建设战略地位提升到史无前例的新高度。2012 年，党的十八大报告深入贯彻科学发展观，进一步推进生态文明建设，将生态文明建设放置到突出位置，融入现代化建设全过程、各方面，中国特色社会主义事业总体布局为"五位一体"，推动现代化建设各方面协调发展，努力朝着社会主义生态文明新时代的方向前进。2017 年，党的十九大报告宣告进入新时代，兼顾促进"五位一体"总体布局，协调推进"四个全面"战略布局，我国的生态文明建设进入新时代，更是步入一个新的历史方位。

（二）建设美丽中国，实现永续发展

建设美丽中国，实现永续发展，已然成为党的十八大以来，我国生态文明建设的重要战略目标。党的十八大报告第一次提出"建设美丽中国"，实现永续发展，强调促进生态空间山清水秀，给子孙后代留下美好家园。❷习近平指出"生态环境没有替代品"❸，良好生态环境是最普惠的民生福祉，绿水青山是人民幸福生活的重要内容，是金钱不能替代的。❹ 2016 年 3 月16 日第十二届全国人大第四次会议通过的《中华人民共和国国民经济和社会发展第十三个五年规划纲要》强调要牢固树立与落实绿色、创新等五大新发展理念，推进美丽中国建设，还在第十篇专篇阐述加快改善生态环境，将人民富裕、国家富强和中国美丽三者协同推进的具体措施。❺党的十九大

---

❶ 全国人民代表大会常务委员会关于全面加强生态环境保护 依法推动打好污染防治攻坚战的决议（2018 年 7 月 10 日第十三届全国人民代表大会常务委员会第四次会议通过）［R/OL］.［2024-08-17］. https://www.pkulaw.com/chl/eef47967dc6290c5bdfb.html.

❷ 胡锦涛. 坚定不移沿着中国特色社会主义道路前进，为全面建成小康社会而奋斗：在中国共产党第十八次全国代表大会上的报告［J］. 求是，2012（22）.

❸ 中共中央文献研究室. 习近平关于社会主义生态文明建设论述摘编［M］. 北京：中央文献出版社，2017：13.

❹ 中共中央文献研究室. 习近平关于社会主义生态文明建设论述摘编［M］. 北京：中央文献出版社，2017：4.

❺ 中华人民共和国国民经济和社会发展第十三个五年规划纲要［J］. 领导决策信息，2016（12）.

报告提出坚定走文明发展道路,建设美丽中国,创造良好生产生活环境,还专门在第九部分阐述加快生态文明体制改革,还自然以宁静、和谐、美丽,对美丽中国建设提出新的要求。❶ 2018 年 5 月,习近平在全国生态环境保护大会上明确美丽中国目标将于 2035 年基本实现,到 21 世纪中叶,建成美丽中国。❷ 2020 年 10 月 29 日,党的十九届五中全会通过的《中共中央关于制定国民经济和社会发展第十四个五年规划和二〇三五年远景目标的建议》提出,到 2035 年基本实现社会主义现代化远景目标之一是"广泛形成绿色生产生活方式,碳排放达峰后稳中有降,生态环境根本好转,美丽中国建设目标基本实现"❸。"美丽中国"是指人民拥有优美的自然生态环境,是深入落实科学发展观,坚持全面协调可持续发展的进一步展现,是"生态文明高度发展的中国"❹。美丽中国的建设体现生态文明建设的民族性和时代性,是实现中国梦的重要组成部分。

  为了推进美丽中国的建设,实现中华民族伟大复兴,党和政府在生态文明建设的攻坚阶段,主要采取了三方面的措施。第一,在观念上,牢固树立生态文明理念。党的十八大报告强调必须树立尊重顺应及保护自然的理念,培育养成爱护环境的良好风尚。习近平总书记指出要加强宣传教育,增强节约、环保、生态意识,大力宣传节水和洁水观念,强调热爱自然是一种好习惯,倡导通过参加植树活动,亲近、了解、保护自然,培养热爱自然的生态意识。在国民教育、培训体系和精神文明创建活动中加入珍惜生态、保护爱护资源环境等内容,养成生态文明理念,营造全社会共同参与的风尚。❺《国务院关于加快推进生态文明建设的意见》指明提升全民生态文明意识的路径,将生态文明培育成社会主流价值观,当作素质教育和现代公共文化服

---

❶ 习近平. 决胜全面建成小康社会,夺取新时代中国特色社会主义伟大胜利:在中国共产党第十九次全国代表大会上的报告[N]. 人民日报,2017-10-28(1).

❷ 习近平出席全国生态环境保护大会并发表重要讲话[R/OL].(2018-05-19)[2024-08-17]. http://www.gov.cn/xinwen/2018-05/19/content_5292116.htm.

❸ 中共中央关于制定国民经济和社会发展第十四个五年规划和二〇三五年远景目标的建议[R/OL].(2020-11-03)[2024-08-14]. http://www.gov.cn/zhengce/2020-11/03/content_5556991.htm.

❹ 秦书生. 中国共产党生态文明思想的历史演进[M]. 北京:中国社会科学出版社,2019:188.

❺ 中共中央文献研究室. 习近平关于社会主义生态文明建设论述摘编[M]. 北京:中央文献出版社,2017:116,120,122.

务体系建设的重要内容,通过典型示范、展览展示、主题宣传活动和舆论宣传等多种方式,营造人人、事事、时时崇尚生态文明的社会氛围。❶ 党的十九大报告强调"坚持人与自然和谐共生",树立和践行"两山"理念,强调人类要遵循自然规律,对自然的伤害实质是伤害自身。❷《中共中央关于制定国民经济和社会发展第十四个五年规划和二〇三五年远景目标的建议》提出促进人与自然和谐共生,强调坚持尊重自然、顺应自然、保护自然,守住自然生态安全边界。❸

第二,推进绿色发展。绿色发展是新发展理念之一,是为了解决发展中的突出矛盾,对经济社会发展规律认识进一步加深的基础上提出来的❹,本质是发展方式的"绿色化",核心是处理好发展与环境保护之间的关系,特别要达到经济发展与环境保护协调促进关系,增强环境保护对经济增长的优化保障功能,实现人与自然和谐共生。习近平总书记指出处理好发展与环境保护的关系,是推进现代化建设的重大原则,2013年在海南考察工作时,明确指出经济结构与发展方式决定了环境保护的成败,经济发展与环境保护不应顾此失彼。同时,他还在其他场合多次强调决不以牺牲环境的方式谋取一时发展,强调将两者对立起来的观点是不全面的,两者也绝不是对立的,可以实现统一,协同推进经济发展和环境保护,并指明两者协同共进的途径是通过创新发展思路和手段,更加自觉地推动绿色循环低碳发展,形成绿色的生活方式。❺《中华人民共和国国民经济和社会发展第十三个五年规划纲要》提出要全面推进绿色、协调等五大发展,确保全面建成小康社会。大幅度提高经济绿色化程度,资源得到高效循环利用,推进绿色城镇化,发展

---

❶ 中共中央 国务院关于加快推进生态文明建设的意见(2015年4月25日)[J].中华人民共和国国务院公报,2015(14).

❷ 习近平.决胜全面建成小康社会,夺取新时代中国特色社会主义伟大胜利:在中国共产党第十九次全国代表大会上的报告[N].人民日报,2017-10-28.

❸ 中共中央关于制定国民经济和社会发展第十四个五年规划和二〇三五年远景目标的建议[R/OL].(2020-11-03)[2022-08-14]. http://www.gov.cn/zhengce/2020-11/03/content_5556991.htm.

❹ 以新的发展理念引领发展,夺取全面建成小康社会决胜阶段的伟大胜利(2015年10月29日)[M]//中共中央文献研究室.十八大以来重要文献选编(中).北京:中央文献出版社,2016:825.

❺ 中共中央文献研究室.习近平关于社会主义生态文明建设论述摘编[M].北京:中央文献出版社,2017:17-22.

绿色产业，发展循环经济。❶ 党的十九大报告进一步指出推进绿色发展的具体方式，包括健全绿色低碳循环发展的经济体系、发展绿色金融、壮大节能环保产业等。❷《中共中央关于制定国民经济和社会发展第十四个五年规划和二〇三五年远景目标的建议》提出推动绿色发展，促进经济社会发展全面绿色转型，加快推动绿色低碳发展，推动能源清洁低碳安全高效利用。❸

第三，强化生态文明体制改革，健全生态文明制度体系。这是新时代生态文明建设战略目标的新要求。党的十八大报告强调用制度保护生态环境，提出"加强生态文明制度建设"，并指明要建立健全的五项制度，包括完善最严格的环境保护制度和健全环境损害赔偿制度等。❹ 2017年5月26日，习近平总书记在中共中央政治局第四十一次集体学习时，就推动形成绿色发展方式和生活方式提出六项重点任务，其中第六项重点任务是要完善生态文明制度体系，强调"推动绿色发展，建设生态文明，重在建章立制"❺。党的十九大报告明确要求加快生态文明体制改革。2018年5月，习近平总书记在全国生态环境保护大会上指出，让制度成为刚性的约束，强调要加快构建生态文明体系，包括生态文化体系、生态经济体系、目标责任体系、生态文明制度体系和生态安全体系❻，可见，制度体系的建设成为当前生态文明建设的主要阵地。在筑起最严密的制度城墙保障生态环境中，最重要的是用最严格的法治来保障生态环境，因此，在生态文明建设的关键期，还必须进一步建立健全最严格最严密的环境保护法律制度。一是推进环境保护立法，制定新的法律法规，增强改善生态环境质量的法律约束。建设美丽中国，首要的任务是加大污染防治力度，打好污染防治攻坚战，提高人民群众的良好

---

❶ 中共中央 国务院关于加快推进生态文明建设的意见（2015年4月25日）[J]. 中华人民共和国国务院公报，2015（14）.

❷ 习近平. 决胜全面建成小康社会，夺取新时代中国特色社会主义伟大胜利：在中国共产党第十九次全国代表大会上的报告[N]. 人民日报，2017-10-28.

❸ 中共中央关于制定国民经济和社会发展第十四个五年规划和二〇三五年远景目标的建议[R/OL].（2020-11-03）[2022-08-14]. http：//www.gov.cn/zhengce/2020-11/03/content_5556991.htm.

❹ 胡锦涛. 坚定不移沿着中国特色社会主义道路前进，为全面建成小康社会而奋斗：在中国共产党第十八次全国代表大会上的报告[J]. 求是，2012（22）.

❺ 中共中央文献研究室. 习近平关于社会主义生态文明建设论述摘编[M]. 北京：中央文献出版社，2017：110.

❻ 赵超，董峻. 习近平出席全国生态环境保护大会并发表重要讲话[R/OL].[2021-01-17]. http：//www.xinhuanet.com/photo/2018-05/19/c_1122857688.htm.

生态幸福获得感。国务院先后出台"大气十条""水十条""土十条"。2018年5月,在全国生态环保大会上,习近平强调,优先解决污染防治问题,打赢蓝天、碧水、净土三大保卫战,还蓝天清水绿岸,让老百姓吃住放心、安心。❶ 2018年8月31日,《土壤污染防治法》的出台,为土壤污染防治、公众健康的保障及土壤资源永续利用提供法治保障。出台《环境保护税法》《耕地占用税法》和《资源税法》,形成生态损害者赔偿、受益者付费、保护者补偿的制度,有力地完善生态保护补偿法律制度。2020年《民法典》第9条确定绿色原则,规定要从事对节约资源、保护环境有益的民事活动。《生物安全法》的出台,有力维护国家安全与人民生命健康,防范和应对生物安全风险,促进生物技术的健康发展。《长江保护法》则明确增强长江流域生态环境保护与修复,推进资源合理高效使用。二是开展环境保护法律的全面清理工作。对现行法律法规中,不符合加快推进生态文明建设的中央精神、时代要求的内容,进行修改或废止。2014年修订《环境保护法》,将其打造成为"史上最严"的法律。2018年修正《宪法》,把生态文明与推动五大文明协调发展,写入宪法序言,赋予生态文明建设以宪法权威和依据。还修改《清洁生产促进法》《节约能源法》和《循环经济促进法》等十几部环境法律,有效地改善了生态环境质量,促进了各类自然生态系统安全稳定。国务院等部门还加快制定、修改与环境保护法律配套的行政法规、部门规章,如《排污许可管理条例》的制定,及时出台并不断完善环境保护标准,创建科学严谨完备的环境保护法律制度体系。

第三节　环境保护习惯对生态文明建设的支持促进作用

德国经济学教授埃克哈特·施里特(Ekkehart Schlicht)认为,制度不可能凭空产生,在相当程度上依赖于习俗,这里的"习俗是一种包含习惯、情绪和认知要素的复合物"❷。当前生态文明建设的各项制度也不例外,要在相当程度上依赖于环境保护习惯。环境保护习惯为生态文明建设提供其赖以建立和发展所需的大量原料,表明环境保护习惯对生态文明建设具有支持

---

❶ 赵超,董峻. 习近平出席全国生态环境保护大会并发表重要讲话 [R/OL]. [2021-01-17]. http://www.xinhuanet.com/photo/2018-05/19/c_1122857688.htm.

❷ 埃克哈特·施里特. 习俗与经济 [M]. 秦海,杨煜东,张晓,译. 长春:长春出版社,2005:3.

促进作用，明确环境保护习惯对生态文明建设的价值内涵。

一、对生态文明建设支持促进作用的理论基础

环境保护习惯对生态文明建设的支持促进作用，建立在"本土资源论"和"传统论"的基础之上。

(一) 本土资源论

20世纪七八十年代以来，我国法治建设更多依靠立法和法律移植，大量借鉴或移植域外经济发达国家的法律制度，促使我国快速建立起一个法律体系，在重要领域基本实现有法可依，但是在法律实施过程中存在大量法律规避和违法现象，致使法律的实施效果不尽如人意。苏力教授对这种现象进行深入的研究，提出"本土资源论"，主张中国的法治建设，应当充分利用中国本土资源，注重中国法律文化的传统与习惯，特别是创建一个管用高效的社会主义法治，更不可能仅仅依靠法律移植，而必须立足于本土资源，对本土资源进行扬弃和创造性转化。[1]

苏力教授指出，我们在制定法律时，借鉴现代外国行之有效的法律多于考查本土的习惯和传统，这种法治建设方式具有较大局限性。一是在理论上，也是在根本上，它违背经济基础与上层建筑的决定和反作用关系。过分注重法律对市场经济和社会的塑造作用，而忽视市场经济和社会对法律的决定作用，使法律丧失其赖以存在和发展的根基。二是国外法治建设的历史经验告诉我们，仅靠法律移植的法治建设是不成功的。西欧国家在建立司法审查制度的时候，试图移植美国司法审查制度，但最终都没有成功，出现了欧洲式的司法审查。日本和亚洲其他一些国家法治建设也并非仅是法律移植和理性设计的产物。日本的司法组织架构是移植来的，法律的社会运作却是根植于本土。三是缺乏习惯和传统的法治建设丧失社会基础。习惯对社会的作用不容忽视。法律在社会中的作用不是万能的，也不是最有效的。习惯如同法律一样，能够确定行为的预期。每个社会，法律不可能规定一切，在没有法律规范的领域，因社会生活的需要会形成一些习惯来规范人们的行为，甚至在较为简单的社会中，习惯由于能够降低交易成本而比法律的适用更为便利、有效。社会主义市场经济需要一些规则和制度，最大限度降低交易成

---

[1] 苏力. 变法、法治建设及其本土资源[J]. 中外法学, 1995 (5): 1-9.

本，推动交换发生和发展，推动财富配置的最优化，这些规则和制度除了法律之外，还包括大量法律无法替代的习惯。正因为习惯对社会具有法律无法比拟的功效，许多法律通常会对社会生活中通行的习惯进行认可，通过这些实践中行之有效又被广泛接受的习惯，增强法律的可接受性，使法律得到切实有效的执行。广泛移植西方法律制度建立起来的法治，即便它认可了西方社会的习惯，但是由于它们与中国人的习惯相背离而不被人们接受认可，法律因此被规避导致普遍无效。

法治建设应当从本土资源演化创造，而非移植西方法律建立起来的重要性，在于知识的地方性和有限理性。一个有效运作的法治社会所需要的知识多数是具体的，具有地方性，难以在全世界普遍适用，外国经验在中国不一定行得通，更不能取代中国经验，加之文化和语言因素使我们难以准确描述外国法治的真实面貌，表明我们要成功移植西方法律实属不易。法治建设应当立足于本土资源，包括从历史典籍文献挖掘出来的传统和习惯，还包括在社会生活中正在形成或萌发的非正式制度，对传统和习惯进行扬弃，促使法治建设拥有坚实的社会基础，加强法律对社会的适应性，不用依靠太多强制力，法律就可以得到顺利实施。❶

受苏力教授"本土资源论"的影响，生态人类学家杨庭硕教授等提出"本土生态知识"，揭示其对协调生态系统和人类社会之间的关系具有不容忽视的价值。之后又发表一些论文，指出民族本土生态知识对生态文明建设具有无可替代的价值，要依靠民族传统的本土生态知识，建设生态文明。"本土生态知识是指特定民族或特定地域社群对所处自然与生态系统做出文化适应的知识总汇"❷，是社会成员能动适应生态环境，凭借世代积累的经验，摸索创造出来的一整套地方性知识体系，包括环境保护习惯，促进本民族自身繁衍生息，所处的生态环境资源可持续发展。本土生态知识最大特色在于利用自然和维护自然互相兼容，相得益彰，引导社会成员生态行为，不仅要享有权利，更要承担责任，在正确利用自然的同时，承担起维护生态安全的责任和义务，具有一定的科学性和合理性，是人类共享的精神财富，在生态文明建设中发挥着重要作用。本土生态知识具有超长价值性，在历史上，有的本土生态知识被淘汰出局，不是其生态价值不大，而是其与大范围

---

❶ 苏力. 变法、法治建设及其本土资源 [J]. 中外法学，1995 (5)：1-9.
❷ 杨庭硕，田红. 本土生态知识引论 [M]. 北京：民族出版社，2010：3.

的社会需要不相吻合。优秀的农业文化遗产，在"前工业文明"时代，都在生态系统能够承受的范围之内，进行生产和发展。受到当代工业文明负效应的强制影响，其生产超出生态系统承受的范围，形成负作用。只要转变不合理利用资源的手段，就可以实现生态环境资源可持续发展。虽然本土生态知识适用范围具有地域性与时代性，但是其蕴藏着人与自然和谐共荣关系的可持续潜力，是生态文明建设所需要的精神财产。当今的生态文明建设拥有较为强大的可兼容能力，可以有效地利用本土生态知识，造福全人类。应当充分挖掘利用本土生态知识，推进它与现代科学技术的接轨，有效解决生态环境问题，促进生态文明建设获得一定的成效。❶

由此可见，无论是苏力教授从法社会学角度，还是杨庭硕教授等从生态人类学角度，都说明本土资源对我国生态文明建设发展和完善的重要性，应当发掘、利用本土资源，立足于本土资源，超越本土资源，为生态文明建设服务。

（二）传统论

当代美国著名社会学家爱德华·希尔斯（Edward Shils）著有《论传统》一书，系统地阐述传统的力量，深刻探讨传统的不可或缺性、传统与现代化、传统与创造性关系等内容。传统，最基本的意思，是指延传三代以上到现在的事物。它是代代相传下来的人类行为、思想和想象的产物，"包括物质实体，包括人们对各种事物的信仰，关于人和事件的形象，也包括惯例和制度"❷。从某种意义上来说，传统包含的范围非常广，"是人类创造的、赋有象征意义的所有产品的复合整体"❸。

无论是以往社会还是当代社会乃至现代，传统的持久性，使其成为社会中不可或缺的内容。传统十分确定，它可以使生活按照既定的方式进行，并凭借过去的经验进行预测，美妙地把预测到的事物转换成不可避免的，把不可避免的事物转换成为可接受的。传统具有方便性。各种传统是通过许多代人的试验、检验与挑选而积聚下来的长期经验的沉淀，是被证明合理有效的事物。遵从传统，可以令人受益。人们创设新的行动方式需要深思熟虑和众

---

❶ 杨庭硕，孙庆忠. 生态人类学与本土生态知识研究：杨庭硕教授访谈录 [J]. 中国农业大学学报（社会科学版），2016（1）.

❷ 爱德华·希尔斯. 论传统 [M]. 傅铿，吕乐，译. 上海：上海人民出版社，2014：12.

❸ 爱德华·希尔斯. 论传统 [M]. 傅铿，吕乐，译. 上海：上海人民出版社，2014：译序 2.

多努力，如若按照既定的办事方式行事，根本不需要任何的深思和努力。传统作为一种达到某种目的的明显有效的手段，由于它产生的结果合乎人们的愿望，满足人们的需求，而被人们继续使用，并发挥作用。当越来越多的人按照传统行事，就不断加强传统的威力和有效性，致使人们不假思索地接受他人行为中有目共睹的模式。❶

传统还长期受到人们的敬重和依恋，对人的行为拥有较强的规范作用和道德感召力，其原因在于传统具有一种神圣感召力或超自然的力量。除那些被认为具有超凡特质的权威，如某个传统的创始人或创始事件，拥有神圣的感召力，其他一些传统，如习惯、制度、思想观念和客观物质等，也和"终极的""决定秩序的"超凡力量相联系，或多或少拥有令人敬畏和遵从的神圣超自然力量，由此，传统长期存在，并历来为人们所信奉。

一个社会内许多种类的传统不可避免地进行交汇，形成增添、融合和吸收的结果。增添是保持原来传统的基础上又增添某些新的东西。融合是把几种传统融合为一体，成为一个新的东西。吸收是指某个传统的内容被另一个传统吸收，必然全部或部分抛弃原有的传统。传统通过衍生而发展，伟大的理性化运动，以及与之密切相关的个人解放运动和社会外部环境发生变化都会使传统发生变迁，传统被解体、削弱乃至某个传统的消亡。但是，无论如何，传统的确定性、方便性和人们对传统的依赖性，都使得传统在任何社会中都是客观存在的，是现存的过去，同时又是现在的一部分。无论何时，我们都会发现，有些过去留存下来的东西到现在依旧没有发生变化，现在看起来是新奇的东西实际上是过去的一种延伸和变种❷，由此可见，传统和现代相互依存，相互印证。传统衍生、蜕变出现代，现代遗留着传统的基因。❸

传统是一个社会的文化遗产，促进代与代之间、一个历史阶段与另一个历史阶段之间维持着某种延续性与一致性，组成一个社会创造和再创造自己的文化密码，为人类生存提供秩序和意义。崇尚传统，如敬重权威、崇尚过去的成就和智慧、尊崇蕴含传统的制度，是人类原始心理倾向的流露，只有

---

❶ 爱德华·希尔斯. 论传统 [M]. 傅铿，吕乐，译. 上海：上海人民出版社，2014：211，216-219.

❷ 爱德华·希尔斯. 论传统 [M]. 傅铿，吕乐，译. 上海：上海人民出版社，2014：294-307.

❸ 汪太贤. 论中国法治的人文基础重构 [J]. 中外法学，2001（4）.

传统继续存在，才能够满足人类作为社会动物的原始心理需求，多数人天生就此需要传统。按照传统行事能给人们带来一种精神安慰和情感上的欢快，致使人们无法离开传统。加之，要彻底废除一种传统，必须要由一个比传统更好、更具有神圣感召力或超自然力量的新事物完全地取而代之，否则，传统就会卷土重来。然而，创建一个比传统更好、更具有神圣感召力或超自然力量的新事物要比废除传统困难得多，因此，一个社会不可能彻底废除其传统，全部重新开始，而只能立足于传统，对传统实行创造性的改造。❶

无论是"本土资源论"还是"传统论"，都说明环境保护习惯作为本土资源和传统的一个组成部分，它所积累的经验知识对当前生态文明建设具有重要的价值，能够为生态文明建设作出一定的贡献。

二、对生态文明建设支持促进作用的逻辑证成

环境保护习惯对生态文明建设的支持促进作用，不仅具有坚实的理论基础，还有深厚的逻辑基础。

（一）为生态文明建设提供生态理念

环境保护习惯包括观念层面环境保护习惯、行为层面环境保护习惯和制度层面环境保护习惯。观念层面环境保护习惯是人们在原始生产实践中依靠自然而形成的。在历史上，丽水市、恩施州和黔东南州的民众曾长期实行刀耕火种的生产方式，决定了他们对自然具有较强的依赖性，这种较强依赖自然的特性直接造就他们具有尊崇"万物有灵"的思想，认为自己是大自然的一分子，与大自然密不可分，还将自然万物神化，形成对自然万物的崇拜和关爱之情，这就是观念层面环境保护习惯，由尊崇自然和关爱生命两部分组成。在多样尊崇自然的内容中，天地由于孕育了万物，而备受崇拜。丽水一些民众在每年除夕下午，在天井上置放一张桌子，在桌上放置香炉和供品，在香炉中燃香祭拜天神。❷ 黔东南一些民众基于对天的敬畏要举行"喊天节"求雨活动，恩施一些民众要举办祭祀太阳和月亮的活动。人们非常崇尚土地，视土地为神灵，祈求它造福乡里，保护农业。在浸谷种、插秧等一系列的农事活动中，都要置办供品，焚香叩拜，祭祀土地神。丽水和恩施

---

❶ 爱德华·希尔斯. 论传统 [M]. 傅铿，吕乐，译. 上海：上海人民出版社，2014：译序 2-5.
❷ 雷伟红. 畲族生态伦理的意蕴初探 [J]. 前沿，2014 (4).

在农历二月初二土地公生日，黔东南在六月十五日，举行祭祀土地神，祈求土地神保佑五谷丰登、人畜平安的活动。火对山区的人民十分重要，可以用来刀耕火种、取暖、御兽、除虫，因而得到他们的崇拜。古树和竹子因具有旺盛的生命力，受到人们的崇拜和祭拜，祈求它们保佑家中子女能够健康成长。山区的生活环境，使得当地人以狩猎业为生，并与动物有着密切的联系。他们对动物既依赖又恐惧，形成对蛇、猫、牛、鸟等动物的崇拜和关爱之心，其中特别崇拜龙、麒麟、凤凰、白虎和金鸡，并把它们视为图腾，加以保护和崇拜，还产生保护动物、善待生命的禁忌。

人们怀着敬畏自然万物之情，感谢自然万物的养育之恩，在改造和利用自然的过程中，深刻意识到不能对自然万物无节制地占用、任意挥霍和破坏，而要合理地开发利用自然，从而形成行为层面环境保护习惯。山区人民在长期的生产实践中，不断总结经验，形成与当地自然环境相协同的生产方式。人们在进行刀耕火种时，砍伐一片森林或灌木林，放火烧掉林木，在开垦出来的土地上种植农作物，两年或三年之后就撂荒，让这块耕地自行休闲，任由马尾松等树木种子随风吹落在地上生长，最终地力和森林得到恢复，生态平衡得以维系。人们还在丘陵地带开山劈岭，经刀耕火种后，在有水源的坡地上开发成一片梯田。梯田的开辟，解决刀耕火种带来的各种弊端，梯田设置的一条堤埂，不仅有效地防止水土流失，还固定耕地面积，在梯田里种植水稻，因环境对其侵扰要小，可以提升作物产量的稳定性。他们利用林地放养猪、牛、羊等家禽家畜，林地为家禽家畜提供优质的植物饲料，家禽家畜粪便又为林地提供有机肥，实现资源利用的互助互利。在狩猎生产中，合理地捕获动物。春季禁止打猎，晚上既不打鸟，也不捕鸟，不杀不捕捉逃入屋内的野兽，不打身患疾病、怀孕的动物和正在交配、哺乳的动物，正因为人们合理开发利用自然，千百年刀耕火种和狩猎生产并未使森林和动物灭绝，也未打破生态系统的平衡。

人们怀着敬畏自然万物之情，感谢自然万物的养育之恩，除了合理利用自然外，还制定保护环境的规定和一些禁止行为，并对违规者实施处罚，形成制度层面环境保护习惯。为了加强油茶籽采摘的管理和秩序，明确规定采摘时间，一旦提前采摘油茶籽，就被视为偷盗，对偷盗者要予以罚款。规定奖励措施，举报偷盗者，经核查属实，对举报者给予奖励。颁布封山育林公约，禁止乱砍滥伐林木、乱捕乱猎野兽、乱采乱挖药材等行为，还规定惩罚手段。

环境保护习惯三个部分内容相互联系，相辅相成。在崇拜自然、关爱生命的观念层面环境保护习惯的指导下，合理开发利用自然和制定为保护环境的惩戒措施，使行为层面环境保护习惯和制度层面环境保护习惯得以产生。随着行为层面环境保护习惯和制度层面环境保护习惯的实施，又进一步强化观念层面环境保护习惯。环境保护习惯的三要素相互促进，相辅相成，逐渐产生爱护环境，尊重、顺应及保护自然的生态观，形成人与自然和谐共生、协调发展的生态理念，这是人们与其所处的自然环境不断调适而得出的经验总结。这种人与自然和谐共生协调发展的理念契合生态文明建设的核心内涵。对人类而言，关键要处理好三种关系，即人与自然、人与人以及人自身内在的平衡关系。在这三种关系中，最重要的是要处理好人与自然的关系❶，因此，在生态文明的人与人、人与自然及人与社会三种和谐共生观中，人与自然的和谐共生共荣是生态文明最根本的内涵。正因为环境保护习惯所蕴藏的生态理念与生态文明的根本内涵相一致，所以，只要继承提升环境保护习惯蕴藏的人与自然和谐共生的生态理念，培养崇尚生态文明理念风尚，就可以为建设以生态价值观为准则的生态文化体系发挥作用，由此可见，环境保护习惯为生态文明建设提供人与自然和谐共生的生态理念。

（二）为生态文明建设提供生态经济

习惯普遍存在于一切生活环境中，无论过去、现在还是将来，通过塑造信念，支配情绪与认知，影响动机与行为的方式，渗透经济与社会的互动。❷ 环境保护习惯为生态文明建设提供物质基础，表现在环境保护习惯可以为生态经济体系建设提供有机农业、无公害茶叶等特色生态产业、生态旅游等生态经济，为生态经济发展和壮大提供有效的资源。

1. 为生态经济体系建设提供特色生态产业

环境保护习惯可以为生态经济发展提供特色生态产业。在特色生态产业的发展中，由于居住在山区的人们有着悠久丰富的茶叶习惯及文化，在当前，茶叶产业又是当地人种植时间最长、规模越来越大、惠及面愈来愈广、效益越来越显著而且发展潜力愈来愈大的经济产业，于是，发展茶叶产业，

---

❶ 季羡林．走向天人合一：《人与自然丛书》总序［M］//余谋昌．文化新世纪：生态文化的理论阐释．哈尔滨：东北林业大学出版社，1996：总序 3.

❷ 埃克哈特·施里特．习俗与经济［M］．秦海，杨煜东，张晓，译．长春：长春出版社，2005：导言 1.

就成为山区人民践行"两山"理念的特色产业。浙江丽水是"两山"理念的先行实践地,在新时代,始终不忘初心,牢记习近平总书记于2006年提出的"尤为如此"嘱托❶,于2019年7月27日向世界发布《丽水宣言》,共同致力于促进生态绿色发展,以"丽水之干"担纲"丽水之赞",努力探索丽水高质量绿色发展的实践路径。❷ 特别是位于丽水市辖区的景宁畲族自治县的惠明茶产业,是当地人依靠传统资源禀赋,发展起来的特色生态产业。因此,这里就以环境保护习惯及文化为当地提供特色生态产业为例,来说明特色生态产业的发展要建立在环境保护习惯及文化的基础上。

景宁畲族自治县敕木山村在经济发展过程中,曾有过发展高山蔬菜基地的失败经历,但是发展惠明茶叶产业成功了,这源于环境保护习惯是村民行动中的"活法",支配着民众的行为❸,因此,环境保护习惯在很大程度上影响当今经济的发展模式。特别是惠明茶习惯,包括惠明茶的种植、管理、采摘、加工、销售和消费习惯,为特色产业的发展提供了文化基础。

村民种茶、制茶习惯为其发展惠明茶叶产业奠定了基础。习惯种植菜园茶,在菜园地外侧边缘或在田埂上种植茶树。菜园里的蔬菜、大豆等作物为茶树提供绿肥养料,边缘的茶树可阻止水土流失。村民还摸索出一套独特的制茶方法。鲜叶采摘回来后,放在锅里拌炒。拌时,要摊匀茶叶,好让茶受热而挥发出的水汽及时散发,而后,起锅略行辗转搓挪,放入焙笼上烘燥,制作出的茶叶色绿,表面上有白毫。❹ 敕木山村民在继承传统的基础上,发展出精致化的炒茶技艺,生产出色香形味俱佳的优质的惠明茶。

村民用茶、饮茶习惯为发展惠明茶叶产业夯实基础。正如"畲家礼俗不离茶"所云,村民拥有用茶、饮茶习惯。在恋爱婚姻中有以茶为媒、以茶为聘礼、喝宝塔茶、新娘喝卵茶并以茶包致谢等茶俗。产妇生下孩子后的第三天,要用茶水洗小孩子的头。还有用茶祭灶神和祭祖的习俗。❺ 在"祭

---

❶ 2006年7月29日,习近平总书记第七次到丽水调研,殷切叮嘱:"绿水青山就是金山银山,对丽水来说尤为如此。"转引自:昨天,我们向世界发出了《丽水宣言》[N].丽水日报,2019-07-28.

❷ 昨天,我们向世界发出了《丽水宣言》[N].丽水日报,2019-07-28.

❸ 欧根·埃利希.法社会学原理[M].舒国滢,译.北京:中国大百科全书出版社,2009:545,550-552.

❹ 王建林.叶桐先生留下的《惠明寺茶叶史》手稿[M]//景宁畲族自治县政协科教文卫体和文史资料委员会,茶文化研究会.金奖惠明茶.北京:中国文史出版社,2015:55.

❺ 梅松华.畲族饮食文化[M].北京:学苑出版社,2010:194-198.

动身""宣娘家"的丧葬仪式中要用茶,还要以茶随葬。逢年过节要喝"做年茶""出行茶""清明茶"与"祭灶茶"。❶ 春节到正月十五期间举行的舞狮子活动中,舞狮者还会表演"狮子献茶"这个高难度的动作。村民饮茶存在客来奉茶、起身回礼、续茶换茶、捂盏谢茶的规矩,有"头碗苦、二碗补、三碗洗洗肚"的饮茶观念,有忌讳泡茶时用手抓茶、给客人冲满茶、客人拒绝茶和倒茶、忌讳喝猛茶和隔夜茶等禁忌。❷

经济行为乃是理性和非理性的有机统一,经济行为同时发源于不假思索和深思熟虑。❸ 一方面,由于惠明茶习惯已经渗入村民生产生活的方方面面,潜移默化深入民众的血脉,变得根深蒂固,常常以非常自然的方式支配性地影响人们的行为。习惯作为人们在长期实践活动中所产生的习性和取向,往往在行为者从事经济活动作出决策时发挥作用,致使行为者不假思索按照某种传统惯例行事,而难以考虑其他行为方式、思索新的方式,原因在于习惯使行为者拥有种种靠得住的预期而对其明显地具有偏好,有效地避免因行为上的变化造成认知失谐而引发心理紧张的问题。❹ 从主观过程来看,行动多数都是受习惯使然。❺ 另一方面,发展惠明茶又是村民深思熟虑的结果。敕木山村民曾于1984年在县农业局支持下种植过高山蔬菜,但因为两方面原因以惨遭失败而告终。一是蔬菜外观、质量高要求导致种植技术难度大;二是自然环境适宜性不佳,敕木山村的水土不符合蔬菜种植需水量大、土质要软的要求。❻ 与发展高山蔬菜基地相比,发展惠明茶的自然环境适宜和技术条件优势更显著。作为惠明茶原产地和主产地的敕木山村,土壤是酸性砂质黄壤土和香灰土,土质肥沃,有利于茶树根深深扎入土地与根枝繁茂;冬暖夏凉、平均气温15.2℃,雨水充沛❼,所处的亚热带湿润季风气

---

❶ 雷伟红,陈寿灿. 畲族伦理的镜像与史话[M]. 杭州:浙江工商大学出版社,2015:33.

❷ 梅松华. 畲族饮食文化[M]. 北京:学苑出版社,2010:170-175.

❸ 张雄. 习俗与市场:从康芒斯等人对市场习俗的分析谈起[J]. 中国社会科学,1996(5).

❹ 认知失谐指一个人对同样的情况作出两种行为,即恰当行为和不恰当行为,个人并不知道哪个行为是不恰当的而引发不安。参见:埃克哈特·施里特. 习俗与经济[M]. 秦海,杨煜东,张晓,译. 长春:长春出版社,2005:5.

❺ 马克斯·韦伯. 经济与社会(第一卷)[M]. 阎克文,译. 上海:上海人民出版社,2019:140.

❻ 王逍. 走向市场:一个浙南畲族村落的经济变迁图像[M]. 北京:中国社会科学出版社,2010:274-275.

❼ 梁立新. 超越外生与内生:民族地区发展的战略转型——以景宁畲族自治县两个村庄为例[J]. 浙江社会科学,2015(7).

候适合茶芽生育,有助于茶叶中氮等营养成分的合成,600~800米的海拔、由西南向东北倾斜的地势和云雾缭绕是茶树生长的最佳生态,表明敕木山村的土壤、气候适合惠明茶的生长,为惠明茶叶产业发展提供了坚实的自然环境基础。加之人们有着丰富的种植、管理、加工惠明茶习惯,出产的惠明茶品质上乘。惠明茶在明清时期成为朝廷贡品。1915年,邻近惠明寺村的雷承女制作的惠明茶在巴拿马万国博览会上与西湖龙井等获得金奖,因此,自20世纪70年代,与龙井茶相媲美的金奖惠明茶历史被挖掘出来后,发展惠明茶的价值和效益更大,惠明茶走上复兴和发展道路。1982年,惠明茶还被评为全国名茶。村民大规模种植惠明茶,敕木山村成为惠明茶的重点产区。在理性选择中,村民将习惯作为一种重要的因素加以考量,可见,无论是非理性还是理性,都足以说明习惯为经济提供了恰当的基础。❶

2. 为生态经济体系建设提供有机农业

黔东南从江县和黎平县一带民众在长期的农业生产实践中形成与当地自然环境和谐相处的耕种习惯,就是稻鱼鸭共生习惯。从生态学角度而言,它是在同一耕种地带上构建一个稻、鱼、鸭共生而不相克的和谐生态系统,是典型的生态农业。在稻鱼鸭生态系统中,稻、鱼、鸭等多个不同的物种,生活在同一个生境中,相互之间发生作用,其中一方的存在对他方有利,使各方形成一种互惠关系,构建互利共生机制。这里的稻,主要指当地特定的糯稻品种,与普通水稻大不同,属于高秆型耐水淹的糯稻。鱼是专门驯化的鲤鱼,捕食浮游的动植物,不会伤害稻根与稻秧。鸭子具有个体小、食性杂等特性,个体小的鸭子可以自由在糯稻夹缝之间穿行觅食,不会对糯稻的植株与根系造成伤害。❷

稻、鱼、鸭互利共生关系表现在两方面:一方面,糯稻对鱼、鸭的有利作用,在于高秆型耐水淹的糯稻为鱼鸭提供较大的生存空间、食物及安全保障。高秆型糯稻出土秆的高度要在1.5米以上,最高可达2米以上❸,稻田

---

❶ 埃克哈特·施里特. 习俗与经济 [M]. 秦海,杨煜东,张晓,译. 长春:长春出版社,2005:3.

❷ 罗康智,罗康隆. 传统文化中的生计策略:以侗族为例案 [M]. 北京:民族出版社,2009:70-71.

❸ 罗康隆,杨庭硕. 传统稻作农业在稳定中国南方淡水资源的价值 [J]. 农业考古,2008 (1).

水位在 30 厘米以上，最高达 50 厘米[1]，这样的稻田为鱼鸭等生物增加生存空间。与一般稻田相比，空间大，可以在每亩稻田里多放养一些鱼，鱼的重量也会增加，鸭子也不会为争夺生存空间而伤害鱼，从而提高单位产量。它还为鱼、鸭提供较为丰裕的食物。高秆型耐水淹的糯稻有助于鸭子每天穿行于稻秆之间，不伤害糯稻、鱼的同时又找到食物。鸭子游动碰到稻秆，稻秆上的害虫跌入水中，变成鱼鸭的食物，鸭子有充足的食物之后，为争夺食物而伤害鱼的概率变小。糯稻返青、郁蔽快，在插秧结束半个月后，稻田水面就会被稻秧遮蔽，可以为田中的鱼鸭提供一个免受鸟类伤害、安全生长的环境。[2]

另一方面，鱼鸭对糯稻存在两个好处。一是帮助糯稻控制病虫草害。由于糯稻本身具有较强的抗虫害能力，普通水稻中常见的害虫，唯有卷叶虫会对秆高秆硬的糯稻造成危害。鸭子在稻田中自由地游动，碰撞稻秆，使卷叶虫坠落并使之成为食物，帮助糯稻消灭卷叶虫。[3] 鱼和鸭子吃掉一些滋生在稻田里的杂草，使杂草密度低于一般稻田，为水稻扫除与之争夺水分等各种养分的杂草。鱼鸭为稻田扫除虫害杂草，降低乃至杜绝农药的使用，有效地避免农药对水稻带来的危害。二是增强土壤肥力，为糯稻提供有机肥料。鱼鸭游动，搅动水层，通过加大水中氧气含量来提升土壤的溶氧量，改进土壤的通气条件，又翻动土壤，为稻田松土，加大土壤的孔隙度，有助于肥料进入土壤深层，提高肥料的效用。鱼鸭捕食各种动植物，经消化吸收变成粪便还田，被微生物分解掉，形成有机肥料，而无须通过化肥的使用来增强土壤肥力，提升水稻的口感和品质。[4] 鱼鸭对糯稻的有利作用也得到实验研究的证实。[5]

与此同时，当地人高明地利用稻鱼鸭各自的生长规律，特别是生长季的时间差，精心把控三个物种进入生态系统的时间，形成种稻、投鱼、放鸭习

---

[1] 李艳. 稻鱼鸭共生系统在水土资源保护中的应用价值探析：以从江县侗族村寨调查为例 [J]. 原生态民族文化学刊, 2016 (2).

[2] 罗康智, 罗康隆. 传统文化中的生计策略：以侗族为例案 [M]. 北京：民族出版社, 2009：66-67.

[3] 罗康智, 罗康隆. 传统文化中的生计策略：以侗族为例案 [M]. 北京：民族出版社, 2009：69.

[4] 吕慎, 吴德军. 稻花香里有鱼鸭：贵州从江稻鱼鸭共生的水乡智慧 [N]. 光明日报, 2017-03-21 (05).

[5] 许芳. 稻+鱼+鸭生产模式的经济效益和生态效益研究 [J]. 畜禽业, 2010 (8).

惯，有效地避免三方相克，达到三方共生的目的。农历三月初稻田播种水稻、下谷种之前，在稻田里放养雏鸭。下谷种后，禁止放鸭。下谷种后的半个月，放养刚孵化的鱼苗，到插秧时候，鱼的个体还小，没有能力扰动稻秧。稻秧插秧返青后，当田中的鱼体长度超过一寸半，拥有逃避雏鸭能力时，放养雏鸭，稻、鱼与鸭共存。稻秧郁蔽后，鱼体长超过二寸半，放养成鸭，让鱼鸭除虫除草，为水稻中耕。水稻收割时，为防止鸭子干扰收割，禁放成鸭。水稻收割、田鱼捕获结束后，稻田向鸭子开放。❶

更为重要的是稻鱼鸭生态系统不需要借助外部化学物质，依靠内部力量就能够维护自身生态平衡。在这个生态系统中，不同生物拥有不同生态位，生产者是水稻、杂草等植物，消费者是鱼类、昆虫、鸭子及泥鳅、黄鳝等各类水生动物，分解者是细菌与真菌等微生物。稻鱼鸭共生系统采用鱼鸭吞食动植物、鱼鸭粪肥田为水稻提供有机肥料方式，产生一个稳定的内循环生态系统，无须化肥农药，就能维持系统正常循环，保证资源最大化利用，维护农田生态平衡。可见，稻鱼鸭共生系统是一种无须化肥农药，尊重、顺应自然，不给生态环境带来危害的有机农业，具有低投入、高循环、高效率为特色的生态农业。它为黔东南州生态经济体系建设提供了有机农业。

3. 为生态经济体系建设提供生态旅游经济

环境保护习惯为当地生态旅游经济发展提供坚实基础。

（1）环境保护习惯为发展旅游经济提供优良生态环境。优良生态环境是发展旅游经济的前提，环境保护习惯讲究村落环境绿化。在丽水的一些村寨，村民特别注重"风水"的营造，把房子建在向阳有水源的地方，村口种上枫树，屋边种植果树，屋后山上种植松树、毛竹，在小溪、河沟边种植柳树，使整个村庄掩映在青山绿林之中。由于村口树木能够阻挡风沙，屋后山上树林能够增添泉水流量，村庄空气清新怡人，这就是人们心目中所谓的"风水"。❷ 在恩施的一些村寨，村民善于美化居住环境。在房屋边和村寨岩墙栽种五加皮等藤科植物，房屋四周种上果树、竹子，道路两旁、凉亭、村寨风口等处种植能够挡风御寒、遮阳避暑的常绿树木，使村寨掩映在翠竹绿

---

❶ 罗康智，罗康隆. 传统文化中的生计策略：以侗族为例案 [M]. 北京：民族出版社，2009：71-72.

❷ 雷伟红. 畲族生态伦理的意蕴初探 [J]. 前沿，2014 (4).

树丛中。黔东南州一些村落环境讲究山与水配置、和谐,村民具有较强的风水观念,依山傍水而居,村寨前面溪水流淌,建一座风雨桥,封住财源以防止被流水带走,隘口穿风而过,建造凉亭,堵住风口。村寨后面靠山,要在山上多积蓄古树箐竹,作为风水林,以祈福祉。❶ 环境保护习惯营造良好的村落环境,为村庄发展旅游经济提供可持续发展的生态环境。

(2)环境保护习惯传播和发展传统文化,为发展旅游经济提供文化资源。环境保护习惯文化底蕴深厚,景宁有祭祀祖先、崇拜谷神的"三月三",有崇拜凤凰的"凤凰装",有享誉国内的惠明茶文化,有取之自然的饮食文化,有独特的山歌、舞蹈,有与当地自然和谐的民居文化等。黔东南州有蕴含着大自然浪漫气息的多声部侗族大歌;有吊脚楼、鼓楼、风雨桥等材料来自自然的干栏式建筑;有在祭祀祖先和丰收庆典时跳的芦笙踩堂舞,有艳丽多彩的服饰文化;有饭稻羹鱼、以糯饭为主食、"食不离酸"的饮食文化等。恩施州有许多独具特色的歌曲,如"挖土锣鼓歌"(集体劳动互相帮助所唱之歌)、"采茶情歌"、"船工号子"(船工拖船行驶时唱的曲调);有过春节吃大坨肉和大糍粑、嗜好酸辣、饮"四道茶"❷ 等饮食文化,这些都为旅游经济的发展提供了坚实的人文环境。作为传统文化的主要载体,环境保护习惯在其历史发展过程中,为形成、继承和发展悠久的历史文化发挥了重要作用。在当前,要深入挖掘、传承与创新发展环境保护习惯文化,推进旅游经济发展,振兴乡村经济。

(3)环境保护习惯提供安定有序的社会秩序,保证发展旅游经济所需的优良社会环境。社会安定有序是旅游经济发展的前提和基础。环境保护习惯规范农业、狩猎和林业行为。为不误农时,在刀耕火种生产中形成互帮互助、轮流换工习惯,确保生产顺利进行。狩猎生产实行集体围猎,平均分配猎物。除枪手和发现动物足迹的人因对野兽的捕获贡献大给予双份或分得特殊部位外,其余参与人员平均分配。❸ 黔东南一些民众在分配猎物的时候,

---

❶ 陈幸良,邓敏文.中国侗族生态文化研究[M].北京:中国林业出版社,2014:221.

❷ 鄂西土家族地区有"四道茶",即"亲亲热热"(沸水云雾)、"香香喷喷"(茶中放腊肉)、"甜甜蜜蜜"(米籽糖水)、"圆圆满满"(鸡蛋茶),文化含义最浓。参见:彭英明.土家族文化通志新编[M].北京:民族出版社,2001:10.

❸ 柏贵喜,等.土家族传统知识的现代利用与保护研究[M].北京:中国社会科学出版社,2015:69.

将兽头分给击中猎物的枪手，剩下的兽肉按人数平均分配，猎狗也可以分到一份。❶ 有趣的是在猎物分配中还实行"见者有份"习惯，在猎物分配之前，不参与打猎的人只要见到猎物，就有权分得一份。这些分配习惯都被严格遵守，如有违规者，一般不允许其参加今后的打猎活动以示惩戒。❷ 林业生产实行封山育林，对偷盗、滥伐林木行为进行处罚，维护集体和个人财产所有权，确保林业生产和发展。民事纠纷大多通过调解方式得到圆满解决，使被破坏的社会秩序得以修复。黔东南州一些村寨的刑事纠纷一般由族长、寨老、款首在相应会议，如寨老会议上实行公开审理，按照习惯规范来实施惩戒，假若案情特别复杂无法判定是非，就采用神判方法加以解决。环境保护习惯的规范作用和纠纷解决机制，是村庄社会秩序良好、路不拾遗、夜不闭户的关键缘由所在。

（三）为生态文明建设提供环境保护的原生规范

人类社会发展史，就是人类与自然环境的关系史。人们时刻通过调节人与自然的关系，来不断地调整自己的行为，形成环境保护习惯。在历史上，环境保护习惯维护生态环境具有较强的实效性，为生态文明制度体系建设提供环境保护的原生规范。

1. 维护生态平衡和稳定

环境保护习惯的首要功能是维护生态平衡和稳定，这可以从刀耕火种的生产方式中得到很好的说明。人类在利用、改造自然环境时，必然会破坏原有的生态平衡，之后，积极地通过生态系统的再生能力，利用生态系统的调节功能，恢复原有的生态平衡，或者重新建立生态平衡，以此来延续和发展文明。刀耕火种与森林生态系统的平衡之间存在相互依存的关系，刀耕火种农业良性发展，促进森林生态系统的平衡；反之，森林生态系统失衡，会使刀耕火种农业生态系统招致崩溃。❸

人们长期与森林打交道，熟练地将对森林与生态系统之间、自然生态系统与农业生态系统之间的生态链关系认识，运用到生产实践。刀耕火种是一

---

❶ 吴大华，等．侗族习惯法研究［M］．北京：北京大学出版社，2012：28．
❷ 吴大华，等．侗族习惯法研究［M］．北京：北京大学出版社，2012：28．
❸ 尹绍亭．一个充满争议的文化生态体系：云南刀耕火种研究［M］．昆明：云南人民出版社，1991：119．

种将山上的树林砍倒,并用火烧光砍倒的树木,然后种植作物的农业。这种"砍"和"烧"两道工序势必破坏森林资源,刀耕火种能否延续关键在于人类是否尽到保护自然的义务。倘若一片森林被砍伐、烧毁后,连续不断耕种,直到地力耗尽,方才停止,日积月累,森林资源必然被破坏殆尽。人们为了生存和发展,不惜一切,待将仅剩的村寨神林或"风水林"也进行刀耕火种时,就会危害整个森林生态系统,进而使刀耕火种文明受到损害,难以为继,因此,刀耕火种农业的实施,必定导致森林生态系统受到损害,刀耕火种农业要维系,受损的森林生态系统必定要恢复或重新建立,这意味着在刀耕火种农业中存在人类需求和自然需求的对立统一关系❶,人们深深地体会到了这一点,采取有效方式解决人类需求和自然需求的矛盾。采用刀耕火种—抛荒—迁徙他处再刀耕火种的方式,让森林生态系统自行恢复。丽水一些民众开辟出来的火田,最多种植三年,第四年草木灰和土地的肥力已然耗尽,必须要开辟新的火田。史料记载"畲民……耕山而食,率二三岁一徙","随山迁徙……无定居"❷。人们在刀耕火种农业生产过程中,随着农业生产的发展,能动性地适应自然,建立了一套人与自然协调发展制度,实行有序的轮歇循环制度。他们对自己所拥有的森林资源进行规划,依据森林更换与复原所需要的时限,把林地分为许多片,每年仅砍伐烧毁种植一片,视耕种土质的情况,耕种一到二年不等后抛荒,再转移耕种其他片林地,待已经抛荒的土地恢复肥力和植被后,再回来耕作,这种方式循环往复,从而保持整个区域生态系统的平衡。黔东南州从江县民众对荒草坡、灌丛林地作出规划,采用轮流封山、用火烧耕种方式来利用土地。每次用火烧后,当年种植小米等作物,不再耕种,三年后再来开垦。❸

根据生态学者研究,刀耕火种农业,土壤肥力在土壤刚被烧荒时是增加的。一旦被抛荒丢弃后,土壤肥力快速下降,到第五年从最低点开始逐步恢复。土壤表层的植被从初始的次生植被转变为原生植被。抛荒丢弃15年后,土壤肥力和森林植被恢复状态极佳,达到热带雨林状态。❹ 根据美国哲学家里夫金(Rifkin)的研究,当生态系统内熵的产生与输入系统的负熵相等时,生态系统稳定在有序的水平上。当前者大于后者时,生态系统从有序转

---

❶ 廖国强. 云南少数民族刀耕火种农业中的生态文化 [J]. 广西民族研究, 2001 (2).
❷ 雷弯山. 刀耕火种:"畲"字文化与畲族确认 [J]. 龙岩师专学报, 1999 (4).
❸ 吴佺新. 从江侗族地区刀耕火种存在之原因 [J]. 农业考古, 1986 (2).
❹ 张萍. 刀耕火种对土壤微生物和土壤肥力的影响 [J]. 生态学杂志, 1996 (3).

为无序。当前者小于后者时，生态系统从无序转为有序。在刀耕火种时，砍伐和焚烧森林带来熵的增长，致使生态系统转向无序化。当休闲年限超过5年，负熵增加超过正熵，生态系统转向有序化。到第十五年时，系统内的正负熵相等，生态平衡得以恢复。刀耕火种休闲期达到或超过植被的恢复期，土壤里的各种养分得到恢复，生态也随之恢复平衡。❶ 轮歇时间短则5年，长达20年，生态系统向有序化发展，乃至已经恢复平衡。从江县的轮歇时间虽然为3年，但是从江县气候酷热，雨量充足，草木生长快，荒草坡和灌木林被火烧作地来种一次农作物后，就不再耕种，剩下炭灰用来养草。一次耕种后，土壤蓬松了，树种随风吹落后，就容易在地上生长，待到第三年草木茂繁如前❷，因此，人们遵照循坏轮歇的原则，依照顺序启用轮歇地，在资源获取方面实行"用养结合"，保障森林资源的可持续利用。

人们还采用植树造林方式，维系刀耕火种文明。随着时间的推移，人均占有的轮歇地随着人口的增加而日益减少，休闲期也将日益缩短。生态系统无法在短暂的休闲期内自行恢复平衡，致使刀耕火种农业无法继续。为解决这一矛盾，丽水一些民众做出自己的改变，在山上通过刀耕火种开辟出一块田地，在种植粮食的同时套种树木，三四年之后，待山地的肥力殆尽，不能种植粮食时候，树木已经长成一片碧绿的山林。或者在火种开垦地种粮三年后，再种植竹子。通过人工栽种树木或竹子的方式，培养良好的植被，弥补休闲期缩短带来的缺陷，使生态系统平衡得以快速恢复。可见，在农业文明内部，有一套调整"人的需求"与"生态系统需求"的可持续发展制度，维护生态平衡和稳定，也使刀耕火种文明得以发展和维系。

2. 维护物种的多样性

丽水市、恩施州和黔东南州世居在山区的民众信奉万物有灵，将自然万物奉若神灵而加以崇拜，崇拜天地日月，尊崇风雨雷火，崇拜大山石头水井，崇拜植物，关爱猪、牛、蛇、猫等与他们相伴的动物。他们不仅具有一定的崇拜仪式，还存在许多禁忌。丽水存在禁止在立夏日、夏至日和冬至日这三天用牛耕作和劳动，禁止吃猫肉，忌讳用牛肉做祭品，不准赶走来家筑巢的燕子的禁忌。恩施拥有逢六忌杀猪，腊月二十六忌杀年猪，以防今后养

---

❶ 廖国强. 云南少数民族刀耕火种农业中的生态文化 [J]. 广西民族研究，2001（2）.

❷ 吴佺新. 从江侗族地区刀耕火种存在之原因 [J]. 农业考古，1986（2）.

猪不利，禁止用五爪肉和其他非宰杀的肉祭神的禁忌。❶黔东南有着禁止伤害蜘蛛和鸟类，禁止抓捕燕子、食用燕子肉，忌讳用猎枪射击喜鹊，忌讳捕食青蛙的禁忌。❷恩施存在严禁砍伐古树，即便是被雷劈的古树也不准拿回家做柴火或做建材的禁忌。❸黔东南拥有着禁止家庭用古树建造房子、做家具，更不能将古树当作做饭烧菜的柴火的禁忌。即便是自然倾倒的古树，也只能用来建造公共设施。❹丽水一些民众崇拜古树，经常在村庄的入口处种植樟树、枫树或松树，形成风水林，还在小溪上建造风雨桥，溪边种植树木，并禁止砍伐这些树木。这些对自然的崇拜和禁忌约束人们的行为，致使森林、动物等自然万物受到人们一定程度保护的同时，也被人们合理地加以利用。山区的一些民众采伐树木遵行"四砍四留"习惯，砍伐竹子遵行"五砍五不砍"习惯。这些环境保护习惯都非常有力地维护了当地物种的多样性。

3. 保护生态环境

环境保护习惯有力地保护当地的生态环境。一方面，通过观念层面环境保护习惯的信仰和禁忌来规范人们的思想意识，形成保护生态环境的内在自律性。人们对自然万物给予自己的栖身之所和食物来源，始终充满感恩图报之情，为了表达这种感恩图报之情形成了对自然的崇拜信仰和禁忌。这种对自然的崇拜信仰和禁忌就使观念层面环境保护习惯自然而然地拥有一种超自然力量的意识，凭借这种意识对人们实行从内心到外部行为的控制。在一定程度上，这种以超自然力量制约人的方法，由于其更能影响人的思维意识，使其在制约人的行为方面具有较强的威力和效果。如清朝末年，黔东南州黎平县岩洞镇吴某因剥取神树皮来染布，被认为得罪了这棵神树而受到处罚，他身患重病，后来家里杀牛祭树，才使他的病情得以好转。从这以后，人们都对这棵神树非常崇拜，任其在山上自然干枯腐烂，也没人去实施任何伤害或砍伐神树的行为。❺

同时，超自然力量所具有的较为强大的威慑力，使神意裁判发挥着判定是非的作用。神意裁判为环境纠纷解决发挥着较大的作用。当遇到案情较为

---

❶ 冉春桃，蓝寿荣. 土家族习惯法研究［M］. 北京：民族出版社，2003：141, 144.
❷ 闵庆文，张丹. 侗族禁忌文化的生态学解读［J］. 地理研究，2008（6）.
❸ 冉春桃，蓝寿荣. 土家族习惯法研究［M］. 北京：民族出版社，2003：141.
❹ 陈幸良，邓敏文. 中国侗族生态文化研究［M］. 北京：中国林业出版社，2014：76.
❺ 陈幸良，邓敏文. 中国侗族生态文化研究［M］. 北京：中国林业出版社，2014：75.

复杂或特别复杂，难以明辨是非时，巫师（祭师）或其他判案人就采用一种超自然的力量，即神的意志，去辨别真伪，作出裁判，这种方式也称为神判。神判对违规嫌疑人或当事人实施较为残酷，甚至会令其丧失性命的方式来断定是非。假若违规嫌疑人或当事人经受住严酷的考验，就证明其深受神灵的护佑而纯属清白无辜，反之，倘若其未能经受住考验，就证明是神灵判定其有过或有罪，要接受惩罚甚至遭到神灵的报应。对神判的结果，无论准确与否，当事人都应该无条件地服从，倘若不接受，就会受到社会舆论的强烈谴责，遭到神灵严厉的惩戒。❶ 黔东南一些村寨的神判方式有"捞油锅"，将一把斧头放入一锅煮沸的油中，当事人或违规嫌疑人被命令徒手从滚烫的油锅中取出斧头，以被烫伤与否，来判定是否作案输理或有无罪过。此外还有"起誓神判"。1946 年，黔东南州黎平县岩洞镇岩洞村农民吴某业与吴某标因土地归属问题发生纠纷，因为案情比较复杂，在当地寨老和祭师共同主持下，当事人在四洲庙举行"起誓神判"，请求各路神灵做证。双方当事人先后在神像面前砍鸡头、喝鸡血，接着起誓："如果我不讲理，房头死，全家绝。"神判仪式结束后，当事人各自回家。之后不到三年的时间，当事人吴某标全家灭绝，表明神灵判定其有过。人们对神判更加坚信不疑❷，更加深信观念层面环境保护习惯对自然和神灵信仰的力量和作用。

　　社会上任意捕杀动物等行为屡禁不止的原因，在于人们缺乏某种信仰和生态道德意识。信仰的缺失，致使人们内心世界缺乏让其敬畏和忌惮的"神"，无法阻止他们实施随意捕杀动物等破坏生态环境的行为，即使事后也没有任何悔罪的心理。与此相反，信仰令人心有所向往，丽水、恩施和黔东南许多民众心存信仰，敬畏和尊重自然万物，凡是破坏自然的行为，都认为是在冒犯神灵，会受到神灵的惩罚。这种恶的、可耻的行为，还会遭到严厉的报应和民众舆论的谴责。环境保护习惯把崇拜自然的信仰和禁忌作为自己的组成部分，并且被人们作为永不侵犯的法则，从而对之发自内心地自觉信仰，使得这种超自然力量的约束力更强，效果更好。

　　另一方面，通过行为层面环境保护习惯和制度层面环境保护习惯来规范人们的行为，形成保护生态环境的外在强有力的他律性。行为层面环境保护习惯在物质生产行为中保障人们合理地利用自然，否则会遭到收成减少或引

---

❶ 夏之乾．神意裁判［M］．北京：团结出版社，1993：2.
❷ 吴大华，等．侗族习惯法研究［M］．北京：北京大学出版社，2012：200-201，222-223.

发自然灾害的不利后果。制度层面环境保护习惯通过规定惩戒措施来约束人们的行为。物质惩罚措施为财产罚，人身惩罚措施为人身罚，精神惩罚措施为声誉罚，这三种惩戒措施各自发挥作用的同时，又联合发挥作用。景宁民众有一套营林、养林和护林习惯。大均乡李宝村，每年在春季挖竹笋时节，有人在村中鸣锣警示，告诫人们，只有在清明时节才可以挖少量的竹笋，其余时间禁止挖笋。对在清明节外挖笋者，或者偷砍、盗伐林木者，受到的惩罚措施是，除了杀一头猪，请全村人吃饭，认错赔礼道歉，还要补植数量相当的苗木，使被砍的树木得以恢复，保证森林资源的可持续发展。❶ 恩施州一些民众秉持"山清水秀，地方兴旺"的观念，重视造林护林，制定《封山育林公约》，禁止在封山之内放牧牛羊、打柴割草和砍伐树木等行为，对违反规定者，给予鸣锣认错、罚款、罚栽树等惩戒措施。❷ 黔东南一些村寨环境保护习惯实行封山育林，制定禁约，规定的惩戒措施为罚款、赔偿损失、补栽，对严重者交官府究治，或按习惯给予严厉制裁。这种将财产罚与声誉罚相结合的惩罚方法，惩戒和威慑的力度大，教育警示作用明显。给予违规者罚款、赔偿损失、杀猪请吃饭等财产罚，远远超过行为者实施盗伐等违规行为所获得的收益，给予违规者严重的经济制裁，惩戒功能十分突出。实施鸣锣认错、请全村人吃饭、认错赔礼道歉等声誉罚，给予违规者较重的名誉损失，使其在同村人面前丢失面子，教育警示他人的同时，也修复被破坏的社会秩序。人身罚有涉及生命权的惩戒措施，如活埋、沉水，其严厉程度最强，威慑力最大。黔东南制度层面环境保护习惯对偷鱼、偷粮食、挖田埂等违规行为，情节严重的，如对屡教不改的惯偷，实施的惩戒措施为抄家和开除寨籍。这些惩戒措施不仅让其父母连坐，倾家荡产，而且让其家庭到外地安家落户，制裁极为严厉，震慑力极强。

　　从经验层面出发形成的行为层面环境保护习惯和制度层面环境保护习惯，他律性和权威性进一步增强，对人们行为的规范和约束作用更为强大。加之观念层面环境保护习惯所具有的强大超自然力量的约束力，致使其对人们行为的内在自律性更强。环境保护习惯让内在自律性和外在他律性同时发挥作用，促使人们对环境保护习惯内心拥护、真诚信仰、自觉遵行，环境保护习惯获得了真正权威，致使人们的生产生活实践很好地履行和落实环境保

---

❶ 朱伟. 林业习惯法初探［D］. 杭州：浙江农林大学，2011：10.
❷ 冉春桃，蓝寿荣. 土家族习惯法研究［M］. 北京：民族出版社，2003：56-58.

护习惯的规范和约束作用，有效地保障了当地的生态环境。可见，环境保护习惯成为保护生态的原生态规范。

综上所述，环境保护习惯是人们与自然协同进化，所形成的相互适应的社会制度，是一种可持续的人类社会系统与生态系统相互作用的产物。"本土资源论"和"传统论"有力地论证了环境保护习惯对生态文明建设的支持促进作用，环境保护习惯能够为生态文明建设提供生态理念、生态经济和环境保护的原生规范，对生态文明建设具有不可替代的价值。

一个社会是一种"跨时间"的现象。它不是由其瞬时间的存在构成的，而是历时地存在着。社会若与其过去割裂，犹如与其现今割裂一般，个人和社会的秩序都会荡然无存，因此，在当今生态文明建设过程中，环境保护习惯应当被当作有价值社会的必要构成部分，它可以促使个人和集体以更为渐进和无声的形式获得许多成就。[1] 联合国《里约环境与发展宣言》明确指出，应当承认土著居民传统习惯对环境管理和发展的重大作用，适当支持传统习惯有效地参与实现持久的社会发展。[2] 联合国《生物多样性公约》也明确指出："尊重、保护和维护原住和当地社区体现传统生活方式与生物多样性保护和持续利用相关的知识和做法，并促进其广泛应用"[3]，由此，对环境保护习惯进行创造性的改造，必然会促进生态文明建设获得一些较大的成就。

---

[1] 爱德华·希尔斯. 论传统 [M]. 傅铿，吕乐，译. 上海：上海人民出版社，2014：352-353.
[2] 《环境保护》编辑部. 里约环境与发展宣言 [J]. 环境保护，1992（8）.
[3] 《生物多样性》编辑部. 联合国《生物多样性公约》连载（1）[J]. 生物多样性，1995（1）.

第四章　环境保护习惯和生态文明建设的现状

虽然环境保护习惯对生态文明建设具有支持促进作用，但是随着社会的发展，环境保护习惯在当代发生了变迁。与此同时，当前我国的生态文明建设尽管取得了较大的成就，但仍面临一定的困境。

第一节　环境保护习惯的现状

任何制度都会随着社会的发展而发生变迁。社会的发展，促进传统环境保护习惯赖以生存的生产方式被新的生产方式取代，国家在乡村实行的"八五"普法也对传统环境保护习惯带来了强烈的影响。为适应经济文化环境的变化，传统环境保护习惯也要随之进行相应的调整，为适应而进行的调整过程是一种不平衡和不完全的状态。"变化可能在观念和关系体系的某一点上开始，并由此向外扩散，因此，文化中的某些观念或习惯完全改变了，而另一些仍然顽固地维持了下来"❶，可见，传统环境保护习惯在当代具有继承性和变异性的特点。

一、观念层面环境保护习惯的流失

在新中国成立之前，世居在丽水、恩施和黔东南州山区的民众十分崇尚自然，尊崇万物。在新中国成立以来的70多年里，人们受到追求短期经济利益，以及"人定胜天""征服自然"思想的强势影响下，原有的尊崇自然、关爱生命的观念日益淡漠、衰微，致使观念层面环境保护习惯日益流失。

丽水景宁畲族自治县敕木山一带村寨，包括东衕村、周湖村传统上盛行祖先崇拜和图腾崇拜，经常在祠堂里举行祭祀始祖活动。新中国成立前，每

---

❶ 阿瑟·刘易斯. 经济增长理论 [M]. 梁小民, 译. 上海：上海人民出版社、上海三联书店，1994：179.

年村民们聚集在祠堂，举行隆重的祭祀始祖活动。在祭祀过程中，悬挂祖图，树立祖杖，开启宗谱，唱《祭祀歌》，按辈分先后祭拜祖先。之后，人们瞻仰祖图，听讲始祖的英勇事迹。根据1953年的调查，丽水景宁畲族自治县东衢村，每年要在祠堂举行两次祭祖活动，分别在仲春二月十五、仲秋八月十五各举行一次。❶ 新中国成立以后，景宁县敕木山一带村寨都很少在祠堂里举行过祭祀祖先活动，也很少见到活动中必备的祖图和祖杖。20世纪90年代，有学者对敕木山村开展问卷调查，其中的一项内容是关于祖图和祖杖知识的回答，超过三分之二的人不知道祖图内容，超过一半的人没见过祖杖。❷

景宁敕木山一带的村民崇拜始祖，除了祭祀活动，还表现在村落流行始祖传说。20世纪90年代调查显示，敕木山村落仅有26.92%人经常听说始祖传说，42.31%的人偶然听到，30.77%人不知道始祖传说。❸ 村民还通过举行"传师学师"活动来祭祀祖先，表达崇拜始祖之情。"传师学师"活动在明清时期盛行，90%以上的村民举行过"传师学师"活动；一般在农闲时期，选择一个吉日，数人集体举行或单独进行。20世纪以来，由于"传师学师"活动费用较高，多数贫苦的人民承担不起较高的费用而不举行该项活动，只有景宁畲族自治县、丽水市、青田县等部分村落还保留该项活动。新中国成立后，丽水市莲都区有四户家庭举行过"传师学师"活动，如1985年3月，丽水市莲都区水阁镇山根行政村犁头尖自然村有一户家庭举行了三天三夜"传师学师"活动。❹ 20世纪90年代的问卷调查显示，景宁畲族自治县敕木山村知道"传师学师"内容的，只有12.96%的人，对其一知半解的有37.66%，不知道的却有近50%；61.12%人没见过"传师学师"，仅有14.18%的人见过。该村只有5.55%的人学过"传师学师"，高达88.89%的人没学过。❺ 2010年，景宁畲族自治县只有郑坑乡叶山头村和渤海镇上寮村还有班子延续"传师学师"活动。特别是上寮村三百多位村民中，学过师的有52人，占总人数的17%，其中最高年龄92岁，最

---

❶ 浙江景宁县东衢村畲民情况调查［M］//《中国少数民族社会历史调查资料丛刊》福建省编辑组，修订编辑委员会．畲族社会历史调查．北京：民族出版社，2009：12，15．

❷ 雷弯山．思维之光：畲族文化研究［M］．天津：天津人民出版社，1996：29-30．

❸ 雷弯山．思维之光：畲族文化研究［M］．天津：天津人民出版社，1996：29．

❹ 雷弯山．畲族风情［M］．福州：福建人民出版社，2002：151．

❺ 雷弯山．思维之光：畲族文化研究［M］．天津：天津人民出版社，1996：29．

低 29 岁。❶

景宁敕木山一带的村民传统上尊崇万物有灵，相信鬼神存在。20 世纪 90 年代，根据在敕木山村的问卷调查显示，只有 7.41% 的人相信鬼神存在，22.22% 的人半信半疑，高达 70.37% 的人不相信鬼神存在。❷ 这些都说明随着时间的推移，村民神灵信仰的观念在下降。

丽水云和县元和街道 SJ 村落崇拜自然和关爱生命的信仰日益淡薄。20 世纪 80 年代，村民主要从事农业生产，一年种植双季稻，养一些鸡和猪，农闲期间，打一些零工。由于依靠土地谋生，崇拜天地盛行。每年除夕下午，祭拜天地之后，再吃年夜饭，或在大年初一凌晨，到土地庙祭拜土地，祈求风调雨顺，农业丰收。21 世纪初，村民只种植单季稻，多数人从事玩具加工业，不养殖鸡和猪，农业生产在村民的收入中处于次要地位，天地崇拜只在老年人中盛行。近些年，村里只有少数人仅为家里能够吃上放心的米饭还种植单季稻，多数人将土地出租，从事玩具加工业或在工厂打工，祭拜天地仪式很少举行，大年初一到白龙山庙祭拜盛行，多数人祈求财运兴旺，家庭平安。可以说，村民从农业文明过渡到工业文明，对自然环境的依赖性逐渐降低，崇拜自然的观念层面环境保护习惯日益流失。❸

黔东南和恩施州观念层面环境保护习惯也日渐流失。黔东南州黎平县许多村寨传统上最崇拜天，认为世间万物和人均以天为根，天是富有情感和神力的神灵。它主宰着人世的祸福吉凶和一切自然现象，水灾、旱灾等各种灾祸，均是上天给予人类的警告或惩戒。"天"还是世上最能够明辨善恶和赏罚分明的神，人类的活动，不管是行善还是作恶，都在"天"的视线范围内，都会得到"天"的不同对待，行善之人会得到奖励，行恶之人会受到惩戒。在新中国成立之前，人们遇到纠纷时，都会请最公正的天神来明断是非。当事人焚香祷告，大声"喊天"，让天神对理亏之人施以惩罚。九龙寨村民遇到财产被盗而难以确定谁是盗贼时，往往通过"喊天"方式请求天神来裁决。失主在全寨人面前诅咒，咒骂盗贼被雷劈。若这时候有人应答，应答者为盗贼。❹ 21 世纪初，通过"喊天"来解

---

❶ 景宁畲族自治县民族宗教事务局. 景宁畲族风俗 [Z]. 丽水，2010：121.
❷ 雷弯山. 思维之光：畲族文化研究 [M]. 天津：天津人民出版社，1996：30.
❸ 2020 年 7 月笔者到浙江丽水云和县元和街道 SJ 村调研获得的资料。
❹ 刘锋，龙耀宏. 侗族：贵州黎平县九龙村调查 [M]. 昆明：云南大学出版社，2004：287.

决纠纷的方式早已不复存在，只有少数村寨还保留着"喊天"的祭天习惯。通过举行"喊天"祭天活动，祈求苍天怜悯，降雨于人间，缓解久旱的情况。❶ 黔东南和恩施州一些民众传统上崇拜蛇，禁忌吃蛇。黎平县许多村寨禁止打蛇和吃蛇肉，违反者易患大脖子病；忌讳遇到两蛇相交，据说遇见的人不死也生病。后来九龙寨村民改变了吃蛇肉的禁忌，人们可以在村外露天中煮食蛇肉，但是不允许在家中煮食蛇肉。2000年左右，人们对蛇已经没有任何忌讳，很多人上山抓捕蛇去卖，还经常在家中煮食蛇肉。❷ 恩施州和湘西州许多村寨村民传统上存在关于蛇的禁忌：遇到蛇，不准打也不准抓，否则会遭到蛇的报复。倘若遇见蛇交配，赶紧躲避，只准对树木说，树木枯萎，方能使人免灾，不准叫别人观看，否则倒霉。❸ 据2003年的调查，湘西州永顺县双凤村村民对蛇的禁忌已经不再当一回事。村民抓捕蛇，把蛇装进麻袋背到县城卖，一条蛇可以获利50元。还特别期待遇到两蛇相交，同时抓获两条蛇。❹

二、行为层面环境保护习惯的变迁与流失

绿色发展是生态文明时代经济发展要遵循的理念。20世纪90年代，学界开始探索绿色发展理念，到党的十八大，绿色发展首次被写入党代会报告，2015年10月，在党的十八届五中全会上，党中央提出创新、绿色等新发展理念，其中，绿色是永续发展的必要条件。何谓绿色发展？现在学界对绿色发展内涵的界定，把绿色和发展割裂开来，未将其作为一体来看待，这种用工业文明的思维模式认识与理解绿色发展的内涵，不具有合理性。我们现在进行的生态文明建设，是一种超越工业文明的新型文明形态的建设，是对工业文明的经济发展方式、思维模式与价值取向的否定与扬弃，特别是在思想观念上要彻底实行生态变革，废除工业文明的思想观念，摆脱用工业文明定势思维来认识与理解绿色发展。❺ 因为从人与自然发展的关系而言，工业文明主张人与自然的对立和冲突，是一种"黑色文明"，工业文明的发展

---

❶ 吴嵘. 贵州侗族民间信仰调查研究 [M]. 北京：人民出版社，2014：14.
❷ 刘锋，龙耀宏. 侗族：贵州黎平县九龙村调查 [M]. 昆明：云南大学出版社，2004：291-292.
❸ 龙湘平，陈丽霞. 土家族图腾艺术 [J]. 昌吉学院学报，2006（1）.
❹ 马翀炜，陆群. 土家族：湖南永顺县双凤村调查 [M]. 昆明：云南大学出版社，2004：188.
❺ 刘思华. 生态文明"价值中立"的神话应击碎 [J]. 毛泽东邓小平理论研究，2016（9）.

只能是黑色发展，而生态文明倡导人与自然和谐发展，是一种绿色文明，生态文明的发展才是绿色发展❶，因此，我们必须把自然、人、社会作为一个有机整体来考察分析绿色发展的科学内涵，将绿色发展界定为，在绿色创新的驱动下，把经济社会各个领域和全过程进行全面生态化，最终达到生态经济社会有机整体全面和谐协调可持续发展的目标。❷ 绿色发展必将使经济社会发展更加符合生态规律、经济规律和人自身的规律。

（一）惠明茶习惯的变迁

在绿色发展理念的主导下，景宁惠明茶习惯发生变化，出现不合理的问题，引发惠明茶产业绿色发展的生态、文化和经济危机。

1. 不合理的惠明茶种植管理习惯造成惠明茶产业绿色发展的生态危机

工业经济是以牺牲环境为代价而发展起来的经济，工业经济的发展造成惠明茶种植管理习惯的不合理，破坏生态环境。第一，茶园生物群落结构由多元变为单一，生物的多样性受到侵害。受经济利益的驱使，过度追求产量，景宁敕木山一带村民生产由多元到单一。历史上当地村民的生产以刀耕火种、租种田地的农业生产为主，辅之以狩猎和采集等副业生产。新中国成立后，以种稻为主，辅之以采集等副业生产，狩猎生产于20世纪90年代末基本停止。茶叶生产属于副业生产，一直以来处于辅助性的地位。出于习惯使然，人们自然而然地产生种茶会延误种粮，缺少粮食就会受饿，种茶比不上种稻的思想意识，这种观念随着惠明茶业的发展而改变。20世纪70—90年代末，在惠明茶业发展初期，景宁县十几个地方，如敕木山、惠明寺村村民用刀耕火种的方式开辟荒山，用石头垒筑成片的梯土茶园，惠明茶基地从起初的24亩增加到90年代初期的3000多亩。❸ 1999年，景宁县政府把发展惠明茶作为富民强县的支柱产业之后，惠明茶向产业化、规模化发展，惠明茶的种植规模日益扩大，人们调整农业结构，生产由种稻、茶、番薯、大豆等多样化向种茶的单一化发展。起初，种稻和种茶两不误，种稻吃饭，种茶挣钱。不仅在番薯地上种茶，把自留山开辟成

---

❶ 刘思华. 科学发展观视域中的绿色发展［J］. 当代经济研究, 2011（5）.
❷ 刘思华. 社会主义生态文明理论研究的创新与发展: 警惕"三个薄弱"与"五化"问题［J］. 毛泽东邓小平理论研究, 2014（2）.
❸ 王逍. 走向市场: 一个浙南畲族村落的经济变迁图像［M］. 北京: 中国社会科学出版社, 2010: 162.

茶园，还把大部分农田种上茶叶，只留少部分的田地种稻吃饭；后来由于种茶的效益好于种稻，大多数人把用来种稻的少部分田地也用来种茶，甚至还把适合种茶的地方都开发完毕，少数人还到外村租地种茶，成为茶叶种植专业户。由于惠明茶的效益显著，近年来，因过度地追求产量，出现不合适、不该种茶的地方也用来种茶，把坡度大的杂树地带也开发成茶园，砍伐风水林地来种茶❶，生态环境遭到破坏。适宜种植茶叶的坡度要在25度以下，若在25度以上的杂树地带种茶，因坡度太陡，不仅水土冲刷加大，而且茶叶的产量无法提高。风水林，属于被保护的"神林"，有的人将一些风水林砍伐，改种惠明茶，由于新种的茶树扎根浅，蓄水性、固土性比风水林差，不利于水土保持。❷ 生产的日益单一化带来集中成片的茶园，多达上千亩。本来可以在茶园内通过开展套种间作等生态种养模式来维护生物的多样性，但是人们并没有在茶园内套种绿肥作物，没有种植行道树，仅有少数人在山边田、幼林茶园里套种玉米、大豆、蔬菜等农作物❸，生物的多样性受到侵害。缺少对茶树有利的生物，如遮阴的树木，防寒风侵袭的防护林，提供各种养料的蔬菜，损耗茶树大量能量和养料，水土流失严重，致使茶叶的产量低，还损害生态环境。

第二，化肥、农药的不合理使用，造成土壤酸化，降低茶树的抗性。合理科学使用肥料、农药是保障茶叶安全生产、保护生态环境的有效措施。20世纪七八十年代，惠明茶主要使用菜籽饼、农家肥施肥，人们还单独建造一间面积为十几平方米的草灰房，专门用来储存农家肥。随着化肥工业的发展，由于化肥的使用能够增加产量，于是，人们施用农家肥的同时也使用化肥；后来，随着生产力水平的提高及城镇化进程逐步深入，大量人员外出打工，从事农业的人员逐渐减少，加之由于在农村开展美丽乡村建设，对厕所进行改造以及对农村环境开展整治工作，家里多用煤气而较少用柴灶烧饭做菜，致使村里猪、牛等牲畜的养殖日益减少，引发农家肥的数量日益缩小甚至为零。同时过分追求产量而过度依赖和使用化肥，在施肥中形成三个问

---

❶ 方清云. 经济人类学视野下的民族特色产业规模化发展的反思 [J]. 云南民族大学学报（哲学社会科学版），2019 (4).

❷ 方清云. 经济人类学视野下的民族特色产业规模化发展的反思 [J]. 云南民族大学学报（哲学社会科学版），2019 (4).

❸ 吴启法，陈丽燕，雷海芬，等. 关于景宁县无公害茶叶发展对策探讨 [J]. 绿色科技，2016 (7).

题。一是重化肥，轻有机肥，多数人用的肥料主要是化肥，仅少数人使用有机肥。二是重氮肥，轻中微量元素的肥料。氮肥的使用量占比平均为85.17%，幅度为50%~100%，很少有人施用中微量元素的肥料。❶ 茶树的生长发育需要氮、磷、钾、钙、镁等大量元素和铝等微量元素。根据生态学的耐受性定律，任何一个生态因子无论在数量上还是在质量上过少抑或过多，当它达到某种生物的耐受限度时，会导致生物生存不下去或使其机体发生衰弱。❷ 尽管氮肥对茶叶的增产效果最好，但长期过量地施用氮肥，易使土壤中各种营养元素的比例失衡，严重时会造成某种微量元素的缺失，导致土壤酸化。虽然茶树生长发育对微量元素的需求量小，但又缺一不可；少了任何一种元素，都会使茶树体内的代谢作用无法进行；磷能够促进茶树的生长发育，如果磷含量过低，茶树的生长受到抑制，茶叶的产量与品质就会下降；钾有助于茶树的抗旱、抗寒、抗病能力的提升，缺钾，茶树的抗性会降低；镁、铝能够促使茶树对磷的吸收和利用。❸ 三是施肥的季节分配不一。据调查，施冬肥的农户占72.5%，施春肥的农户占18.5%，施冬、春肥的农户仅占1.3%，施春、夏、秋、冬四季肥的农户占1.3%❹，这导致养分因季节分配不均，肥料的利用率不高，不利于茶树的稳步生长。滥用化肥，加上茶园生物种类单一，生态系统失衡，使动植物生物链受到破坏，有益的生物种群日渐减少，害虫增多，在防治害虫方面，又大量使用简便、快捷、高效的农药。多数用户使用有机磷、菊酯类农药等，使用草甘膦等灭杀性除草剂来除草，个别使用乐果、敌敌畏等国家禁用的农药。❺ 农药的使用，增大茶叶农药残留量的风险，使农药残留量成为当前茶叶生产中最大的安全问题，还降低茶树的抗性。正因为惠明茶种植管理习惯不合理，造成生态环境受到破坏。

---

❶ 吴启法，陈丽燕，雷海芬，等．关于景宁县无公害茶叶发展对策探讨［J］．绿色科技，2016（7）．
❷ 周长发，屈彦福，李宏，等．生态学精要［M］．2版．北京：科学出版社，2017：15．
❸ 李玉胜，秦旭．绿色茶园现代栽培技术［M］．北京：化学工业出版社，2016：59-60．
❹ 吴启法，陈丽燕，雷海芬，等．关于景宁县无公害茶叶发展对策探讨［J］．绿色科技，2016（7）．
❺ 吴启法，陈丽燕，雷海芬，等．关于景宁县无公害茶叶发展对策探讨［J］．绿色科技，2016（7）．

2. 不合理的采摘加工销售习惯导致惠明茶产业绿色发展的经济危机

惠明茶采摘、加工、销售习惯的不合理致使惠明茶叶资源未得到充分利用，不利于惠明茶经济效益的提高。（1）春茶采摘不充分。由于春茶采摘时间短、量大，大量的人员外出务工导致人手少，造成春茶采摘不充分。鹤溪镇等集中产区，春茶采摘量大一些，为可采摘量的75%~85%；大部分小面积种植区，因请人采摘鲜叶、加工茶叶的花费较大，采摘量较小一些，仅为可采摘量的35%~50%；个别散户采摘量最少，只采摘自用部分，其余的都不采，这些都造成资源浪费，收益减少。❶（2）没有发展夏秋茶。当地村民主要从事惠明茶春茶的生产，在历史上曾经有过短暂时期生产夏秋茶，那是在20世纪60年代到80年代初，在国家统购统销茶叶时期，生产过春夏秋三季茶，之后，就没有发展夏秋茶，有三方面的原因。第一，传统采茶方法使然。1990年以后，社会主义市场经济体制确立，基本上结束了计划经济时期对茶叶的统购统销政策。与大宗茶❷相比，名优茶具有品质好、价格高，加工工艺简单等优点备受市场的青睐而大量兴起，致使茶叶产品结构优化，形成以名优茶为主导的格局。❸ 名优茶的生产主要以春茶采摘为主，村民沿用传统只采春茶的留顶养标的采茶方法，遵循"头茶采、二茶采、三茶不采"等传统的养茶观念，认为采摘夏秋茶会对来年春茶的质量和数量带来不利影响。第二，成本收益原因。敕木山村和惠明寺村坐落于敕木山的半山腰，交通不便，少有外来打工者，人口密度不高，人均地少，田地分散，剩余农时较少，劳动力资源稀缺，故请人采茶的工资成本高，村民担心请不到采茶的人员，更重要的是与春茶相比，用夏秋茶制作的茶叶价格低，与茶叶采摘加工制作的辛劳和成本相比，获取的利润较少。鲜叶收购的价格很低，村民觉得不划算，而不愿意采摘。第三，春茶生产存在经销困难。这源于当地人的商业习惯滞后。根据敕木山村蓝姓家族家谱记载，其先祖于1698年迁到敕木山村居住，靠租种地主的山田谋生。1929年，村民依旧租地谋生，在收获的庄稼产量小但要缴纳一半收成的佃租和比较重税额的情况

---

❶ 吴启法，陈丽燕，雷海芬，等．关于景宁县无公害茶叶发展对策探讨［J］．绿色科技，2016（7）．

❷ 大宗茶指生产、加工和消费具有大宗化特点，其中最关键的特点是采摘大宗化和加工规模化，其价格低廉。参见：许咏梅．中国茶叶价格形成的理论与实证研究［M］．北京：中国农业出版社，2016：22．

❸ 许咏梅．中国茶叶价格形成的理论与实证研究［M］．北京：中国农业出版社，2016：20-22．

下，只能通过出售箬竹、蔬菜、茶叶等物品来换取自己所需的衣料、盐和小杂货，这种买卖方式原始、简单，是以货易货进行微弱的交换。❶ 这种状况在新中国成立以后也没有得到多大的改观，1953 年起，国家实行统购统销政策之后，村民上交国家计划的稻谷收购任务，供销社收购部分茶叶。日常用品一律凭社员购买证到供销社采购，偶尔用鸡毛、鸭毛等物品从小商贩那里换取日用的小百货，偶尔上山砍柴，挑到县城去卖来换取家里紧缺的油盐，这一时期，敕木山村的商品交换形式依旧是简单被动的物物交换。农村实行家庭联产承包责任制后，制度得到革新，新技术被推广应用，敕木山村的水稻、黄豆等农作物获得丰收，村民原本可以主动到市场去销售更多的农产品，这些农产品却被进村的商贩收购，村民仍遵循着传统的被动交易，无须主动寻找市场。这种原始被动的商品交换习惯，使敕木山村村民经商意识淡薄，市场经销能力较弱，造成惠明茶叶经销困难。自从惠明茶成为县城主打的支柱产业后，惠明茶的耕种面积和产量日益增多，茶叶销售竞争愈加激烈。敕木山村只有两家茶叶公司和两个茶叶加工点，大多数人因种茶面积小，欠缺购买加工设备资金，缺少见识，外面的交际圈较窄，销售渠道难以扩大，而只能卖茶青（鲜叶），获取的利润较低。即便是茶叶公司，因其不拥有知名的企业商标，茶叶销售量不大、价格不高。惠明茶实行母子品牌，在惠明茶的包装上，除金奖惠明茶这个区域公共品牌（母品牌），还必须拥有企业商标这个子品牌，以便确定企业的责任、权利和义务。尽管有村民注册"敕峰蓝氏""蓝师傅"子商标，但是这两个商标既不是驰名商标，也不是著名商标，市场知名度不高。个体茶商虽然经过许可，可以有偿使用金奖惠明茶这个母商标，并依照惠明茶的等级来缴纳使用费，但这些做法无疑增加了茶农的生产成本，可见，由于惠明茶的主打产业、价格高的春茶销售较难，村民无力从事价格较低的夏秋茶的生产。

3. 惠明茶习惯发展和流失引发惠明茶产业绿色发展的文化传承危机

第一，激烈的茶叶市场竞争引发惠明茶生产加工习惯的变迁。我国是产茶大国。2017 年，全国 20 个省（直辖市、自治区）种植茶叶，拥有茶园面积 293.33 万余公顷，茶叶产量达 255 万吨。❷ 茶叶种类齐全，拥有遍布全世

---

❶ 史图博，李化民.浙江景宁敕木山畲民调查记［Z］.武汉：中南民族学院民族研究所，1984：97，25-30.

❷ 胡晓云，魏春丽，袁馨遥.2018 中国茶叶区域公用品牌价值评估研究报告［J］.中国茶叶，2018（5）.

界的绿茶、红茶、白茶、黄茶、黑茶及乌龙茶，还有茉莉花茶等各种花茶，以及诸如苦丁茶等茶叶替代品。茶叶产品庞杂，不仅茶叶品牌众多，有200多个茶叶区域公用品牌，有数不胜数的茶叶企业品牌，还有多如牛毛的以散茶方式出售的茶产品。❶ 产业兴旺是乡村振兴战略的物质基础，由于茶叶产业能够把生态、经济与文化这三大效益进行很好地结合，于是它就成为山区人民促进绿色发展、强县富民、脱贫攻坚的重要载体，以至于近年来，各地的茶叶种植规模逐年增大，产量与之俱增。随着共建"一带一路"建设的推进，中国茶叶国际市场将会进一步拓展，一些国际知名茶叶品牌也随之进入中国市场，而在茶叶的国内外消费需求增加难以与产量的增长成正比的情形下，茶叶的国内外市场竞争将日益激烈。为了顺应茶叶产业发展规律与消费需求趋势，满足市场的需求，需要创新发展惠明茶的品种繁育、加工制作方法，如繁育出白茶品种的惠明茶。1985年，自从惠明寺村寺院后的千年古白茶被发现后，村民就采用移栽、籽播等方法对其进行繁育扩种，但都没有成功；直到2002—2003年，通过开展技术攻关活动，采用新创造的"劈接法"、罩袋增湿法，才攻克产业化生产技术，破解白茶不能繁育的难题，开发、生产出"白玉仙茶"，增加惠明茶的品种。❷ 加工制作引进科技手段，进行一系列的创新。先是开发出一些新产品，惠明茶的传统茶形为卷曲形，该形状与龙井茶相比有较大的差距，尽管惠明茶的内质很好，但外形不佳阻碍了其销售价格的提高，经过艰苦研究，陆续开发出扁形茶、针形茶、螺形茶等许多外形内质俱佳的新产品，而后，在茶叶企业中，机械化生产取代手工制作。由于传统手工制茶存在品质无法统一、用人较多，效率较低的问题，难以满足市场的需求，因此，加工制作引进机械化生产，创造独特工艺流程。❸

第二，大量的年轻人外出务工造成惠明茶习惯的流失。景宁"九山半水半分田"。由于人均土地少，随着生产力的提高和城镇化的建设，越来越多的人，特别是年轻人外出打工，形成一定规模的"三小经济"，创造了较

---

❶ 浙江大学CARD农业品牌研究中心，中国茶叶区域公用品牌价值评估课题组.2015中国茶叶区域公用品牌价值评估报告［J］.中国茶叶，2015（6）.

❷ 刘慧平."白玉仙茶"命名的由来［M］//景宁畲族自治县政协科教文卫体和文史资料委员会，茶文化研究会.金奖惠明茶.北京：中国文史出版社，2015：77.

❸ 刘金美.惠明茶的制作技术创新与发展［M］//景宁畲族自治县政协科教文卫体和文史资料委员会，茶文化研究会.金奖惠明茶.北京：中国文史出版社，2015：68-70.

高的收入。2009年,近5万景宁人外出创业就业,主要在西部从事"小水电"开发,在京津及中部城市创办超市等。❶ 据统计,"全县近三分之一人口(6.8万)外出创业,创办以'小超市'、'小水电'、'小宾馆'为主的经济实体7500多家,年营业额400多亿元"❷,对外劳务经济已经成为县域经济的最重要的补充形式。景宁县共有254个村庄,其中151个高山村,包括敕木山村和惠明寺村,海拔都在600米以上,占全县村庄的59.4%。由于城市(城镇)有收入更高的工作、更方便的生活以及更好的教育,吸引着更多的人外出打工,致使高山村空心化、老龄化尤为突出,这些村人口密度低,大约有70%村庄,每村70%以上的人口外出,常年住在村里的人,数目最多的达百人,最少的不足10人❸,仅268人的敕木山村,就有60多位年轻人,外出、长期到杭州打工,因此,在家从事茶叶生产和管理的,主要是中老年人,这就造成惠明茶的生产加工制作及其文化传承面临后继无人的情况。在茶叶企业,传统手工制茶需用人手多,由于大量的人员外出务工,劳动力紧缺,造成人手不足而难以采用手工制茶,只好改用机械化生产。现在市场上出售的惠明茶,大多采用机械化生产,只有少部分的惠明茶,或在市场流通的散茶,由于自用,而采用手工制作,生产出自用的惠明茶。长此以往,手工制茶的技艺因无用武之地,而难以代代相传。即使是在家从事惠明茶业生产和销售的少数几位本科毕业的"80后",也从未学过手工制茶技艺,出于家庭分工的需要,家中老人从事自己擅长的惠明茶管理、加工制作工作,将自己不擅长的销售工作交给年轻一代来负责。现在惠明茶大多采用机器生产,手工制茶面临失去其效用的局面。笔者询问两位从事惠明茶业生产销售的年轻一代"是否从事惠明茶的生产加工制作",他们表示:家中老人从事惠明茶管理、加工制作,他们只负责惠明茶的销售。甚至还表示,只要销售上去,要更多的茶叶,都没有问题。❹ 老人更希望子女在自己不擅长的销售方面,能独当一面。人员大量外出,民族通婚日益普遍化,改变了古老婚礼仪式,造成婚恋茶叶习惯日益消失。惠明茶习惯的流失制约惠明茶叶产业的传承和发展壮大,为惠明茶产业

---

❶ 余晓军. 科学发展重在发挥畲乡优势 [J]. 浙江经济, 2009 (8).
❷ 景宁畲族自治县概况 [R/OL]. (2024-04-02) [2024-10-04]. http://www.jingning.gov.cn/col/col1376099/index.html.
❸ 沈晶晶,施佳琦,陈伊言. 高山上的"景宁600计划" [N]. 浙江日报, 2017-11-21.
❹ 2019年8月20—21日笔者在浙江丽水景宁调研时对雷某和蓝某的访谈。

绿色发展带来文化传承危机。

（二）稻鱼鸭共生习惯流失

随着社会的发展，特别是工业化的进程，城镇化的发展，大量劳动力从农业中解放出来，到城市务工，这些都对稻鱼鸭共生习惯的传承和发展带来极大的挑战。稻鱼鸭共生习惯要在同一耕种地带上达到稻、鱼、鸭共生而不相克的和谐局面，就要对稻、鱼、鸭有特定的要求。鱼是专门捕食浮游动植物并经过专门驯化的鲤鱼，鸭子是觅食动植物并具有个体小、食性杂特性的特种鸭，水稻是仅在当地独有的糯稻。黔东南一些村落村民居住在丘陵地带，依据当地的地形筑造梯田，受光、温度、水、海拔等因素的影响，稻田被分成冷水田、高榜田等多种类型，为保障每块地里的水稻都能够正常生长，当地人培育出红禾糯、黄岗糯等30多个糯稻品种，这些品种除了具有稻秆高不怕水淹、耐阴性、抗逆性、抗病虫害能力强的共性，还具有自己的特性，如具有耐低温特性的糯稻适合在深山丛林中的稻田生长，因而能适应当地各种类型的稻田❶，这就产生糯稻品种的培育习惯。培育新品种，由老人来进行，为了育种和保种，在村社内，老人单独种植小块土地，把多个品种的糯稻在同一地块里混合种植，在种植过程中，不同品种之间通过异花授粉出现新的变种，老人负责把自然杂交的变种驯化为新品种，其他人为老人育种提供各种服务；新品种培育出来后，为报答老人的辛勤劳动，新品种的署名权归老人，村民送给老人等量的糯谷禾；新品种种植后若获得丰收，村民们通过为老人做家务、修建房屋等方式回报传种的老人。❷ 新中国成立后，在黔东南乡村农业生产中推行"糯改黏"和"黏改杂"政策。"糯改黏"要求，必须种植黏稻，直接造成糯稻种植面积减少，后来又推广产量较高的杂交稻。随着生产力水平的提高，大量劳动力从农业中解放出来，城市又提供了大量工作，比从事农业获得的经济效益要高，因此，多数村民为了能腾出更多的时间外出打工，大面积种植杂交稻，种植杂交稻省事，劳力和精力投入较少，待插完秧后，多数人可外出，只留下老人在家从事农业，加剧了糯稻种植面积的萎缩，给糯稻种子的保存、培育习惯及耕种习惯的传

---

❶ 罗康智，罗康隆. 传统文化中的生计策略：以侗族为例案 [M]. 北京：民族出版社，2009：66-69.

❷ 罗康隆. 文化特化与生态环境的适应：以贵州省黎平县黄岗侗族社区糯稻品种的特化为例 [J]. 云南社会科学，2014（2）.

承和发展带来危机。（1）因为糯稻种子的保存仅仅依靠收藏稻种是不够的，要每年种植，如若做不到，至少也要隔年种植，才能够保障糯种不失传。❶种植糯稻面积的减少导致有些品种得不到隔年种植甚至长期不种植，造成大量糯稻种子的流失，据统计，黔东南乡村种植的香禾糯品种，从1981年的363个降到2000—2015年的102个，流失品种达261个。❷黎平县双江镇黄岗村的香禾糯品种，从原有的30~40个到现存的13个，品种流失17~27个。❸每一种糯稻品种具有自己的特性，该品种的种植、管护、收割的各项技术及技能也与众不同，它们将随着糯稻品种的失传而消失。（2）少种糯稻甚至不种糯稻，导致糯稻种植的需求减少，使得糯稻新品种的培育丧失动力和源泉，加之糯稻新品种的培育者是老人，随着掌握育种知识老人的离世，年轻人又外出打工，糯稻新品种的培育将后继无人，糯稻新品种的培育习惯日益流失，新品种也无从产生。稻鱼鸭共生系统是一个生态系统，主要由糯稻、鲤鱼和鸭子组成，这三个部分缺一不可。作为一个整体，假若某一部分受到损害，必然影响到其他部分，最终整体也受到损害。糯稻老品种失传、新品种无法开发，糯稻这个组成部分受到损害，必然会使得稻鱼鸭共生系统整体受到损害，而难以为继。

三、制度层面环境保护习惯的发展

与观念层面环境保护习惯和行为层面环境保护习惯相比，制度层面环境保护习惯无论在形式上还是在内容上都得到了进一步的发展。

（一）在形式上以村规民约来扬弃固有习惯

随着社会的发展，特别是国家对乡村治理模式的变迁，促使全国各地乡村的组织与管理形式发生变迁，制度层面环境保护习惯的表达方式也随之从非成文向成文方向转变。

从唐宋时期到清代改土归流之前，中央对黔东南和恩施州等地实行羁縻土司制度，委任土官，让当地民族的酋长因俗而治。改土归流后，清政府尽管派出流官管理民族地区，但是行政权力只到达县一级，在黔东南乡

---

❶ 罗康智，罗康隆. 传统文化中的生计策略：以侗族为例案[M]. 北京：民族出版社，2009：75.

❷ 李杰，郑晓峰，黄刚，等. 贵州黔东南地方稻种香禾糯的研究进展[J]. 中国稻米，2019（2）.

❸ 周江波，吴舒奕，陈米，等. 贵州侗族香禾糯及其演化[J]. 中国稻米，2019（4）.

村设置里下辖寨，在丽水和恩施乡村设置保甲，实行保甲（或里寨）制度，任用当地头人实行乡村自治。民国时期，行政权力虽然下沉到乡镇，但在丽水、恩施和黔东南地区村寨仍然沿袭清代制度，推行保甲制度，任命当地民族首领担任保长，实现对村寨社会的控制。1932年，浙江景宁畲族自治县东衕村实行保甲制，任命村落自然领袖蓝登成为保长。东衕村保甲制只是对原有的宗族制度带来一定的影响，它在一定程度上降低了蓝德瑛族长的权力和作用，保长和族长形成一定的分工，族长对内管理宗族事务，保长则联络附近各个村寨村民，组织自卫保安队，抵御土匪的敲诈勒索。❶ 从20世纪50年代对丽水、恩施和黔东南州的调查来看，民国时期对三个地区推行的保甲制度，基本上传承了传统的因族而治和因俗而治的策略，三个地区结合时代要求，革除一些恶俗，促进当地家法族规和款约内容的发展。

新中国成立后，国家对村级治理体制从地方政权机关向基层群众自治组织转变。1950—1954年，村级基层组织是地方的行政机关。1954—1958年，村成为乡政府的下属机构，行使一定的行政管理职权。人民公社时期，实行政社合一体制，村级组织改为生产大队，成为集体经济和基层政权兼顾的双重组织。1975年《宪法》和1978年《宪法》都规定，集体所有制经济实行以队为基础的三级所有。十一届三中全会后，农村实行家庭联产承包责任制。1982年，中国首个村民委员会在广西宜山县三岔公社合寨大队诞生。1982年《宪法》以根本法方式确立村委会是农村基层的重要组织形式。它规定村委会的性质，是基层群众性自治组织，还规定村委会的组成及其职责。1987年，《村委会组织法（试行）》的出台实施，标志着村民自治制度正式确立。经过十年试行之后，1998年《村委会组织法》正式颁布，意味着村民自治走向制度化和规范化。该法授权村民会议作为最高的权力机关，有权通过村民自治章程、村规民约这两个法定方式，对本区域内的自治事务进行自我管理和自我规范。其中，村民自治章程被视为基础性、综合性的自治规范，村规民约则为某一方面的具体性自治规范。❷ 在丽水、恩施和黔东南州村落，国家对村级治理模式的变革，使得村委会组织取代传统的宗

---

❶ 浙江景宁县东衕村畲民情况调查［M］//《中国少数民族社会历史调查资料丛刊》福建省编辑组，修订编辑委员会．畲族社会历史调查．北京：民族出版社，2009：12-13.

❷ 于语和．村民自治法律制度研究［M］．天津：天津社会科学院出版社，2006：163.

族或款组织，促使民众将固有的习惯规范通过村规民约这个新的载体加以传承与发展。由于全体村民共处于同一地域，共享村落内的自然环境和资源，村规民约就成为调和村内各种利益的最有效方式。

在表现形式上，环境制定法以成文化的规范形式著称，与其相比，制度层面传统环境保护习惯具有局限性。虽然它表现形式多样，以禁忌、标识、口碑文学、家法族规等方式，但是以不成文方式为主，内含于人们的意识观念中，内容不太明确，规范性明显不足，难以获得公众的统一认识，特别是在发生争议之后，往往缺乏权威的说服力，因此，在当代，制度层面环境保护习惯也要与时俱进作调整，弥补其局限，吸收制定法的优势，增强其自身的规范化，以成文方式表现出来，更加突出明确性。《村委会组织法》第8条规定村委会的职责，是依法"引导村民合理利用自然资源，保护和改善生态环境"。在现代法治建设过程中，村规民约是制度层面传统环境保护习惯转化的合法方式，是对良善的制度层面传统环境保护习惯加以规范化和明确化，延续、弘扬传统，继续发挥传统的作用。

在村规民约的议定、修改过程中，秉持尊重、选择原则，尊重传统习惯，注重历史传统，挖掘和保护固有习惯资源，在此基础上，依据现行的法律、法规和政策，对传统习惯进行分析和甄别，选择性加以确认和吸纳。[1] 以是否符合现代农村发展和现代法治精神为标准，将传统习惯分为良善习惯和非良善习惯。当代村规民约摒弃非良善习惯，如制度层面传统环境保护习惯规定的惩罚措施，特别是涉及生命健康权的惩戒措施，如"杖笞""打死""沉潭"或吊磨盘沉河、"丢入火场烧死"和"坠崖"，这些刑事制裁措施，违反刑法的规定，超出村民自治范畴，涉及司法机关的权力，由于超越权限而使得这些规定不具有法律效力。吸收良善习惯，包含民主机制、爱护公物、禁止偷盗、诚实守信等内容的规范，由此可见，村规民约已经成为固有习惯的当代表现形式。无论是实体规范还是程序规范，都承继和扩展了固有习惯的主要规范和基本精神，"反映了规范的历史连续性，体现了传统的现代价值"，在村民自治和乡村振兴战略的实施中发挥着重要作用。[2]

---

[1] 高其才. 延续法统：村规民约对固有习惯法的传承——以贵州省锦屏县平秋镇魁胆村为考察对象［J］. 法学杂志，2017（9）.

[2] 高其才. 村规民约传承固有习惯法研究：以广西金秀瑶族为对象［M］. 湘潭：湘潭大学出版社，2018：244-245.

（二）当代制度层面环境保护习惯内容较为丰富

当今成文的制度层面环境保护习惯内容比较丰富。许多村寨，结合本村的实际情况，因地制宜，制定相应的制度层面环境保护习惯。内容主要有以下几个方面：

一是水资源保护习惯。其主要内容是保护水井、防止饮用水污染。黔东南州从江县城关丙妹镇俞家湾制定《大井冲水井规约》，规定在井旁边严禁下列行为：洗衣，清洗各种蔬菜、水果，洗涮各种物件；冲凉；加工各种食品；宰杀及清洗家禽家畜；倾倒各种杂物及大小便；用脏瓢脏桶打井水；损坏水井的设施（如井上盖板、墙壁等）及井边树木；捕捞井内的鱼。❶ 恩施州一些村落为保持水井里的水干净，规定人们不得在井里洗手，不许在水井邻近处建猪圈、牛栏等污染水源。❷ 浙江景宁鹤溪街道东弄村为了保护河水清洁，村规民约规定，全面清理河道废弃物和沿岸垃圾，做到河面清洁。

二是封山护林习惯。黔东南州黎平县九龙村村规民约规定，毁林和破坏退耕还林的，处以罚款，情节严重的交林业部门处理。严禁在他人自留山、责任山砍柴，违者给予罚款。对偷盗林木者，处以罚款、赔偿损失并退还赃物。❸ 浙江景宁张后山村对本村的山林和毛竹做出封山育林的规定：村民上山砍柴一律要到自己的责任山内砍伐，不得进入别人的山林，如发现有人进入集体山林或别人山场内乱砍滥伐，每偷伐一次罚猪肉100斤。❹

三是农田保护习惯。山区土地资源有限，当地村民十分重视对土地的保护，规定保护农田的习惯。黔东南州黎平县登岑村寨存在"上四下三"的田埂管理习惯。为解决田埂旁生长的林木遮挡耕地的光照，导致作物减产的问题，登岑村寨规定耕地周围上面四丈、下面三丈的田埂和土地归耕地主人所有，主人可以自行处理田埂上的林木。❺

四是环境卫生习惯。浙江景宁双后岗村为优化本村人居环境，改善村容

---

❶ 徐晓光. 清水江流域传统林业规则的生态人类学解读 [M]. 北京：知识产权出版社，2014：152-153.
❷ 彭英明. 土家族文化通志新编 [M]. 北京：民族出版社，2001：381.
❸ 刘锋，龙耀宏. 侗族：贵州黎平县九龙村调查 [M]. 昆明：云南大学出版社，2004：320.
❹ 雷伟红. 畲族习惯法研究：以新农村建设为视野 [M]. 杭州：浙江大学出版社，2016：363.
❺ 袁涓文，等. 侗族村寨土地资源管理研究 [M]. 北京：中国社会科学出版社，2018：45.

村貌,更好规范村民环境卫生行为,专门出台《村民环境卫生公约》。内容为:"(1)坚持以讲卫生为荣,不讲卫生为耻。(2)树新风,展新貌,经常做好家庭环境卫生保洁。(3)室外保持整洁,房前屋后无杂草、无乱堆乱放,畜禽圈舍、厕所安排得当、粪便垃圾入池、门前用具摆放整齐,墙体无乱写乱画,乱钉乱挂。(4)室内经常打扫,清洁明亮,家具干净,摆放有序。(5)停车场、文化广场、篮球场、过路过道禁止乱堆、乱放、乱晒,家禽不得放入公共场所,否则做无主处理。(6)坚决执行'五水共治'行动,不乱扔不乱倒垃圾、严禁向河道倒垃圾,保持村庄河道干净整洁。(7)搞好四旁植树,绿化、美化家园。(8)争先创优,努力争当星级卫生文明户。(9)自觉接受社会监督和邻里监督,对不守社会公德,阻挠村庄环境整治的家庭户,一律提交村民代表大会讨论决定,实施相应的追究和处罚。"❶黔东南州黎平县东郎村村规民约规定环境卫生习惯,内容为:"(1)实行门前三包责任制(包卫生、包绿化、包秩序),各户要自觉搞好家居卫生……(2)对家禽家畜要实行集中圈养,养狗必须实行拴养,死禽死畜要深埋处理。村民建房要实行围挡作业,确保安全,建筑材料不得乱堆乱放,建筑垃圾要及时清运、妥善处理,不得乱倒。(3)确保村内道路畅通,道路两旁不得搭建违章建筑,不得堆放废土、粪渣、砂石、杂物,保持河道、沟渠、山塘、水库等水域清洁干净……(4)积极参与绿化美化工程,协助上级林业部门完成山体绿化、庭院绿化、道路绿化、河流绿化以及对古树名木的保护。(5)污水治理,安排专人负责对污水处理设施进行管理、登记与日常维护,各户不得任意排放生活污水、粪水等……"❷

第二节 生态文明建设的基本情况

明了环境保护习惯的当代变迁后,也要把握我国生态文明建设的现实情况,包括已经取得的成效和当前面临的困境。

一、生态文明建设取得的成效

自从2012年党的十八大报告指出将生态文明建设纳入"五位一体"建

---

❶ 2020年7月25日笔者到浙江丽水景宁双后岗村调研时收集的资料。
❷ 2019年8月笔者到黔东南州黎平县东郎村调研时收集的资料。

设之后，党的十九大报告宣告进入生态文明建设新时代，2018年生态文明入宪，美丽中国目标将于2035年基本实现目标的确定，意味着我国生态文明建设步伐进一步加快。丽水、恩施和黔东南州的立法机关和政府部门采取一系列举措，加大生态文明建设，进一步强化生态经济体系和生态文明制度体系建设，生态文明建设取得丰硕成果。

（一）绿色发展促进生态经济的发展

实行绿色发展是生态文明建设的必由之路。对南方山区的资源禀赋和内生动力等主要因素进行综合考察，遵循可持续发展原则，山区经济发展最优模式选择是走生态保护和经济发展双丰收的生态经济道路，发展当地特色生态产业、有机农业和生态旅游经济。由此，绿色是山区经济发展的底色，山区推行绿色发展，促进当地生态经济的发展。

（1）绿色发展促进生态农业的进一步发展。景宁畲族自治县的"农业总产值从2010年6.9亿元增加到2015年10.3亿元，年均增长10.3%。建成鹤溪和大东景省级现代农业综合区，新建省级特色产业精品园4个、粮食生产功能区2.4万亩，成功创建省级农产品质量安全放心示范县，马坑、伏叶等观光农业试点效应日渐显现"❶。2016—2020年"十三五"期间，打造"景宁600"生态农产品区域公共品牌，以惠明茶、中药材、香榧、油茶等生态农产品为特色的现代农业体系基本成型。提升产业基地建设，实行生态农产品标准化生产，"标准化打造高山雪茭、深山野蜜系列产品110款，实现加盟企业55家，建成'景宁600'综合服务中心，品牌销售额达18.62亿元"❷。恩施州按照建基地、培主体、强龙头、创品牌的思路，❸ 因地制宜发展烟、茶、畜、菜、果、药等特色优势产业，特色产业种植面积达到675万亩❹，建成湖北省最大的烟叶、茶叶、高山蔬菜基地和全国重要的商品药

---

❶ 蓝伶俐.2016年景宁畲族自治县政府工作报告［R/OL］.(2016-05-04)［2024-10-17］.http://www.jingning.gov.cn/art/2016/5/4/art_1229438050_4188410.html.

❷ 钟海燕.2021年景宁畲族自治县政府工作报告［R/OL］.(2021-03-22)［2024-10-17］.http://www.jing ning.gov.cn/art/2021/3/22/art_1229438050_4566410.html.

❸ 刘芳震.恩施州人民政府2016年工作报告［EB/OL］.(2016-01-31)［2024-10-10］.http://www.enshi.gov.cn/zc/xxgkml/qtzdgknr/zfgzbg/201601/t20160131_415980.shtml.

❹ 冯仕文.2016年黔东南苗族侗族自治州人民政府工作报告［R/OL］.［2022-10-17］.http://www.qdn.gov.cn/zwgk_5871642/zdlyxxgk/fzgh_5872129/zfgzbg_5872133/202110/t20211008_70752256.html.

材基地❶。实施农业产业基地提升、农产品加工业提升、现代农业产业园创建、农产品品牌培育"四大行动",建立全域绿色化生产、农产品质量安全、农产品流通、重大动植物疫病防控"四大体系",推进特色农业产业标准化生产,提升产业附加值。❷"恩施硒茶""恩施硒土豆"等富硒农产品知名度、市场认可度大幅提高❸,硒食品精深加工业产值达到150亿元。❹

(2) 绿色发展促进丽水、恩施和黔东南州生态旅游经济的发展。"十二五"期间,浙江景宁"全县接待旅游总人数2236.29万人次,实现旅游总收入95.81亿元"❺。"十三五"期间,"创成省级旅游服务标准化试点县、省级全域旅游示范县和全省首批4A级景区城,旅游收入从42.3亿元增至67.5亿元"❻。恩施州2011—2015年"游客接待人数由1062万人次增加到3700万人次,年均增长28.3%;旅游综合收入由51亿元增加到250亿元,年均增长37.6%"❼。2019年"接待游客7117万人次,增长14.5%;实现旅游综合收入530亿元,增长16.5%"❽。黔东南州在2011—2015年("十二五"时期)"接待游客1.56亿人次,旅游总收入达1307亿元"❾。2017—2021年"镇远古城成功创建5A级景区,雷山成功创建国家全域旅游示范区,施秉列为全国森林旅游示范县,全州累计接待游客4.8亿人次,旅游总

---

❶ 刘芳震.恩施州人民政府2016年工作报告［EB/OL］.(2016-01-31)[2024-10-10].http://www.enshi.gov.cn/zc/xxgkml/qtzdgknr/zfgzbg/201601/t20160131_415980.shtml.

❷ 刘芳震.恩施州人民政府2020年工作报告［R/OL］.(2020-05-18)[2024-10-17].http://www.enshi.gov.cn/zc/xxgkml/qtzdgknr/zfgzbg/202005/t20200518_415994.shtml.

❸ 刘芳震.恩施州人民政府2020年工作报告［R/OL］.(2020-05-18)[2024-10-17].http://www.enshi.gov.cn/zc/xxgkml/qtzdgknr/zfgzbg/202005/t20200518_415994.shtml.

❹ 刘芳震.恩施州人民政府2021年工作报告［R/OL］.(2021-03-06)[2024-10-17].http://www.enshi.gov.cn/zc/xxgkml/qtzdgknr/zfgzbg/202103/t20210306_1106047.shtml.

❺ 蓝伶俐.2016年景宁畲族自治县政府工作报告［R/OL］.(2016-05-04)[2024-10-17].http://www.jingning.gov.cn/art/2016/5/4/art_1229438050_4188410.html.

❻ 钟海燕.2021年景宁畲族自治县政府工作报告［R/OL］.(2021-03-22)[2024-10-17].http://www.jingning.gov.cn/art/2021/3/22/art_1229438050_4566410.html.

❼ 刘芳震.恩施州人民政府2016年工作报告［R/OL］.(2016-01-31)[2024-10-17].http://www.enshi.gov.cn/zc/xxgkml/qtzdgknr/zfgzbg/201601/t20160131_415980.shtml.

❽ 刘芳震.恩施州人民政府2020年工作报告［R/OL］.(2020-05-18)[2024-10-17].http://www.enshi.gov.cn/zc/xxgkml/qtzdgknr/zfgzbg/202005/t20200518_415994.shtml.

❾ 冯仕文.2016年黔东南苗族侗族自治州人民政府工作报告［R/OL］.(2016-02-22)[2024-10-17].http://www.qdn.gov.cn/zwgk_5871642/zfgzbg_5872133/202110/t20211008_70752256.html.

收入 4200 亿元"❶。

（二）生态环境保护法律制度建设得到加强

立法机关为了牢固树立和执行生态优先和绿色发展理念，用法治力量保护生态环境，落实最严格的环境保护制度，进一步强化环境保护法律制度建设。恩施州、黔东南州和景宁畲族自治县的立法更侧重环境保护，三地的立法机关目前共出台 18 部环保地方性法规。

（1）出台一部综合性生态环境保护法规，提升环境质量，改善城乡环境，推进经济社会可持续发展。《黔东南苗族侗族自治州生态环境保护条例》实行保护优先与预防为主的环保理念，明确地方政府及其部门的保护环境责任，确定企事业、公众保护环境的义务。坚持经济社会发展方式合理和生态系统安全原则，建立健全生态环境补偿机制，建立生态保护红线制度，规定编制或调整各种资源的利用与保护规划，必须坚守生态保护红线，施行环境影响评价制度。实行高效利用资源，减少污染物排量，优化产业结构原则，全面规范自然资源的开发利用。按照损害担责原则，着力解决区域环境污染和工业污染防治问题，落实企业环境保护责任。严厉打击破坏生态环境违法行为，加大行政处罚力度。

（2）强化对水资源的立法保护。在环保立法中，水资源保护具有重要的地位，三个地方共出台 5 部法规，占比为 27.8%。《恩施土家族苗族自治州饮用水水源地保护条例》是一部饮用水水源地保护的专项立法，该法规明确规定饮用水水源地保护要遵循"科学规划、预防为主、系统治理、严格监管、损害担责"原则。建立饮用水水源地保护信息公开制度和生态补偿机制，实行科学规划、严格监管原则，确定饮用水水源保护区和保护范围，采取防治污染措施，开展日常巡查监管、水质监测、环境状况评估调查等工作。特别是创制性地规定分散式饮用水水源地的保护内容，保障农村饮水安全，维护公众生命健康权益。《景宁畲族自治县水资源管理条例》规定水资源秉持系统保护和综合利用原则，增强水资源保护，提高水资源利用率。强化水源源头保护，涵养水源。加快生态公益林建设，保护自然植被和湿地，禁止开垦湿地，防治水土流失，改善生态环境。增强对江河、水库等

---

❶ 2022 年黔东南苗族侗族自治州人民政府工作报告［R/OL］.（2022-01-19）［2024-10-17］. http://www.qdn.gov.cn/zwgk_5871642/zfgzbg_5872133/202201/t20220119_72346715.html.

水域的综合治水工作，实行河长制，防治水体污染。开发、利用水资源，首先满足城乡居民生活用水的同时，顾及农业、工业、生态环境用水以及航运等需要；应当符合水资源节约保护相关规定，符合开发利用总体规划要求，保持江河的合理流量，维护水库及地下水的合理水位，保护水体的自然净化能力，防止破坏生态环境。还施行取水许可制度和有偿使用制度。《黔东南苗族侗族自治州㵲阳河流域保护条例》规定对㵲阳河流域的管理保护施行保护优先原则。建立流域保护管理执法联动机制，设立日常监管巡查制度，施行动态监管。还坚持绿色发展及合理利用㵲阳河流域原则。在对生态基流实行保障，对该流域生态环境承载能力予以充分考虑的前提下，开发利用㵲阳河流域水资源。在㵲阳河水域开发各类旅游景观、水上活动等项目，必须合乎㵲阳河流域保护综合规划，履行相应行政审批手续，不得影响防洪安全，与㵲阳河的自然人文景观相契合。

（3）强化对自然保护区、喀斯特世界自然遗产及梯田的立法保护。《恩施土家族苗族自治州星斗山国家级自然保护区管理条例》和《黔东南苗族侗族自治州施秉喀斯特世界自然遗产保护条例》实行严格保护原则，在保护范围内不得擅自引进外来植物和动物物种，不得实施损害或破坏行为。采取分类保护管理，明确各自禁止行为，并对违法行为采取责令停止违法行为，恢复原状，处以罚款等惩戒措施。《黔东南苗族侗族自治州月亮山梯田保护条例》对月亮山地区世代传承并具有重要保护价值的集中连片梯田，及其生产、生态、文化体系进行系统性的保护。在梯田保护区域内实行分区管理，分别规定不同的禁止性行为，包括禁止实施弃耕抛耕等现今突出的危害行为，还预防性规范日后开发利用中存在危害扩大之虞的行为，并对危害行为实施处罚手段。该条例秉持以人为本的立法理念，注重保障村集体和农民的当前利益与长远利益，鼓励梯田保护区域的村集体组织、村民依法从事农事体验、特色餐饮住宿、乡村旅游等经营活动，利用梯田景观资源开展经营活动的单位、个人，应当与资源提供者建立收益分享机制。该条例为促进月亮山地区经济社会可持续发展奠定法治保障基础。

（4）强化对硒和惠明茶等特色资源的立法保护。恩施州和丽水市存在一些特色资源，如硒、惠明茶等，加强对这些特色资源的有效保护、合理利用及持续发展，成为当地环境保护立法的重点内容。硒资源是恩施州最大的特色资源和优势资源，为规范硒资源保护与利用，促进硒产业的绿色发展，我国首部硒资源的综合性法规颁布实施。《恩施土家族苗族自治州硒资源保护与利用条例》将硒资源分为硒矿床、硒土壤资源、硒水资源、聚硒植物、动物、微生物等类型，规定在硒资源分布区域内的禁止性行为和执法主体，体现硒资源分类保护原则，建立硒资源保护区，实施重点保护。规定"州、县（市）政府应当将发展硒产业作为长期战略，推进协同创新，延伸产业链条，促进产业融合发展"，发展壮大当地特色产业。为了更好地保护、传承当地的"金凤凰"，促进惠明茶产业的提质、高效、可持续发展，景宁县人大于2019年出台并实施《促进惠明茶产业发展条例》。该单行条例以问题为导向，通过立法来解决惠明茶产业发展中缺乏定位和资金、管理机制不顺、品牌创建难等问题，提升惠明茶产业发展水平，极大地发挥其兴县惠民作用。该条例最大特色在于"凸显茶产业主导地位、在保护中着眼发展、在发展中注重普惠"❶。它明确惠明茶产业发展定位，规定政府应当制定产业发展规划，推进惠明茶产业与其他产业的融合发展，使之成为自治县的主导产业；❷确定惠明茶保护和传承措施，加强优、特、珍、稀惠明茶树种质资源的收集和保护工作，建立茶树种质资源繁育基地，挖掘、整理、传播惠明茶传统文化，开设茶文化课程；设立惠明茶文化周，开展斗茶、茶艺表演、学术研讨、商贸合作、观光旅游、民俗展示等茶事活动；❸更注重发展保障措施，设立发展资金来解决发展中资金短缺的问题，理顺管理机制，确定政府及其各部门的职责，如规定县政府在产业发展中的职责，包括领导和协调职责，制定产业发展政策和措施，确定惠明茶产业的主管部门等，各部门要按照职能要求做好相应工作；还在生态栽培、标准化生产、加工经营、品牌建设、行业自律工作等作出相应的规定❹，为当地产业发展增添新动力，使之惠及当地百姓。

（三）环境保护执法力度逐渐增强

丽水、恩施和黔东南州深知生态是自身的最大优势，必须要坚持不懈地发挥这一优势，因此，在生态文明建设过程中，通过环境保护执法力度的不

---

❶ 刘淑芳，叶雯缤，杨欣．为一片叶子立一部法 "惠明" 怀着惠民初心再出发[N]．丽水日报，2019-08-01．

❷ 《景宁畲族自治县促进惠明茶产业发展条例》第4条。

❸ 《景宁畲族自治县促进惠明茶产业发展条例》第7条、第14条、第16条、第23条。

❹ 《景宁畲族自治县促进惠明茶产业发展条例》第3条、第4条、第5条、第8条、第9条、第11条、第12条、第13条、第20条、第23条。

断强化，生态环境质量得到稳步提升。

（1）加强污染防治执法手段。浙江景宁县生态环境分局深入推进治污水、防洪水、排涝水、保供水和抓节水五水共治工作，全面实施"河长制"，扎实做好河道整治工作，水环境整治成效显著，基本消灭Ⅲ类及以下水体，成功打造6条省级美丽河道、4个"污水零直排镇"，连续4年获评浙江省农村生活污水治理优秀县，五水共治满意度位居浙江省前列。❶ 黔东南州生态环境局统筹推进水资源保护、水环境防治、水生态修复的统一工作，"从严开展长江流域'十年禁渔'行动。成立长江流域重点水域禁捕和退捕渔民安置保障工作领导小组，建立黔东南州长江流域天然水域禁捕联动机制和长江流域禁捕水域网格化管理体系，人防与技防并重、专管与群管结合，系统开展各项执法活动，有效保护水生态环境的物种多样性。……纵深推进河湖长制，建立了州、县、乡、村四级河湖长制工作体系并向民间延伸，开展'检察长·河长'两长护河大巡查活动，统筹河流上下游、左右岸依法护河，河湖长制工作正在实现从单一河道治理向流域综合治理、从工程治理向生态治理、从阶段性治理向常态化治理、从政府治理向全民治理的全方位转变"❷。

（2）扎实推进森林保护工作。浙江景宁县"坚决筑牢生态屏障，深入开展'新增百万亩国土绿化行动'，松材线虫病疫情有效防控。林地面积增至246.68万亩，活立木蓄积量增至1245万立方米，森林覆盖率增至81.08%，创成草鱼塘国家级森林公园"❸。黔东南州政府为有效保护森林资源，严厉打击各类破坏森林资源违法活动，开展森林保护专项执法行动，牢牢守住林业生态红线。"森林蓄积量增加3000万立方米。2017—2021年黔东南州完成造林228万亩，治理石漠化262平方公里、水土流失1102平方公里。全面实行林长制，完善生态环境监测评价制度，执行生态环境损害终身责任追

---

❶ 蓝伶俐.2016年景宁畲族自治县政府工作报告［R/OL］.(2016-05-04)［2024-10-17］.http://www.jingning.gov.cn/art/2016/5/4/art_1229438050_4188410.html.

❷ 冯哲.生态环境部公布上半年全国城市水环境质量排名：黔东南州排名前三［N］.黔东南日报，2022-07-24(1,3).

❸ 钟海燕.2021年景宁畲族自治县政府工作报告［R/OL］.(2021-03-22)［2024-10-17］.http://www.jingning.gov.cn/art/2021/3/22/art_1229438050_4566410.html.

究制"❶。

（3）创新执法监管方式，优化执法服务意识。恩施州生态环境局采用非现场执法方式，充分利用重点污染源在线监控、视频监控、用电监控、无人机巡查和数据分析等非现场监管手段，运用科技手段，提高对违法问题发现率，减少对企业的干扰。对 31 家列入"正面清单"企业充分依托"湖北省污染源自动在线监控平台"和电话、微信等网络平台加强线上指导，帮助企业开展环境隐患排查，落实专人负责联系，做到"无事不扰""有呼必应"。❷

二、生态文明建设面临的困境

生态文明建设在取得一定成效的同时，也面临一些困境。

（一）尊重、顺应及保护自然的生态意识有待加强

人类来自自然，是自然界中的一分子。在生物圈中，人类及人类系统被更广泛的生命网络所包含。❸ 人类活动必然要遵循生态规律，倘若人类活动有悖于生态规律，引发生态系统的失衡，就容易产生生态问题。20 世纪 50 年代末，实行"以钢为纲"政策，大炼钢铁，山区任务是烧木炭，不足一年的时间，一些地区砍光了山上的森林，田地因无人种植而荒芜，非但没炼成钢铁，反而饿了肚子，人们受到经济和自然双重规律的严厉惩罚。70 年代，山区如同平坦地区一样，实行"以粮为纲"政策。粮食生产主要是种植水稻，山区山多田少，为了能够多种植粮食，采取毁林开荒、移山造田方式，致使森林被过度砍伐，水土流失严重，造成新开发出来的田地缺少水，原来"山陇田"也缺少水的状况，致使粮食产量下降，人们辛苦一年，到头来连吃饭问题都没有解决。❹

---

❶ 2022 年黔东南苗族侗族自治州人民政府工作报告［R/OL］.（2022 - 01 - 19）［2024 - 10 - 17］. http：//www. qdn. gov. cn/zwgk_5871642/zdlyxxgk/fzgh_5872129/zfgzbg_5872133/202201/t20220119_72346715. html.

❷ 恩施州"三个转变"交出 2021 年生态环境执法满意答卷［EB/OL］.（2022 - 01 - 20）［2024-10-18］. https：//sthjt. hubei. gov. cn/dtyw/dfdt_1/202201/t20220119_3972413. shtml.

❸ 查尔斯·哈珀. 环境与社会：环境问题中的人文视野［M］. 肖晨阳，晋军，郭建如，等译. 天津：天津人民出版社，1998：45-53.

❹ 雷弯山. 思维之光：畲族文化研究［M］. 天津：天津人民出版社，1996：92.

人类改造和利用自然，必然对生态环境造成影响。伴随着人类从原始文明、农业文明向工业文明的发展，特别是步入工业文明之后，科学技术的进一步发展，人类对自然环境的依赖性越来越弱，控制力却越来越强，对生物多样性和生态平衡的破坏性也越来越大，尊重自然、顺应自然及保护自然意识也日益降低，这可以从人们对资源利用方式的失当中得到例证。

第一种是对有用资源存在过度利用情况。受工业文明的影响，人们片面追求物质主义生存方式，为获取更多的经济收入，而忽视环境保护，对有用的自然资源存在过度索取情况，这在无形之间就破坏了生态环境。丽水市云和县元和街道梨庄村 WSK 自然村山多田少，该村是个远近闻名的云和雪梨专业村。由于雪梨的经济效益好，村民重点发展雪梨，为了扩大雪梨面积，少数的种梨大户把家里所有的田地种梨，甚至还将一片风大的山地开发出来种植梨树，为防止鸟儿啄食梨果，也为了阻止大风把梨果吹落，投资六七万元钱买材料在自家的梨树上方安装一个网罩，但事与愿违。❶ 我国对耕地保护采取耕地占补平衡制度，随着城镇化、工业化的推进，经济发展占用耕地与耕地保护之间的矛盾随之出现。为了解决这一矛盾，经济发达地区需要通过易地补充耕地指标，而后发达市县需要资金来开垦宜耕后备资源，因此，就产生了易地补充耕地指标交易。❷ 丽水市作为后发达地区，就与浙江省其他发达地区存在易地补充耕地指标交易。据笔者调查，在土地利用上，云和县为了补充耕地的后备资源，在元和街道某村所有的集体山林中，在半山腰中选择一片山林，砍伐几亩森林，将其开垦成旱地，并将这几亩旱地交易给省内缺耕地指标的经济发达地区。事实上，这几亩旱地不太适合种植农作物，纯粹是为了耕地指标交易，并从中获得交易费，在三五年内象征性地在旱地上种植一些作物。❸ 这些对自然资源掠夺式的利用方式，是一种"反生态"的行为。

第二种是对经济效益低的资源，搁置利用。山区有着丰富的竹林资源。据调查，浙江丽水云和县元和街道 SJ 村对竹林资源的利用效益低。村民雷某家里有个竹笋园，主要靠销售竹笋获取收益。五六年前，到县城市场卖春笋，春笋价格最高时十多元一斤，最低不到一元一斤，近年来春笋市场行情

---

❶ 2020 年 7 月笔者到浙江丽水云和县元和街道 WSK 村落的调研获得的资料。
❷ 杨绪红. 省域内易地补充耕地指标交易体系初探 [J]. 江西农业学报，2014（9）.
❸ 2020 年 2 月笔者到浙江丽水云和县元和街道 SK 村的调研获得的资料。

不好，市场竞争激烈，本地春笋在价格、品相上不如外地运进来的春笋，致使本地春笋在市场上没有优势。由于春笋经济效益不好，雷某不做竹笋生意，还把部分竹笋地开发成为养殖生态牛场地，其余的竹笋地，缺乏维护和管理，只在春季挖笋自用。源于毛竹的市场行情不好，其余村民也不发展竹子产业，对竹林，只挖一些竹笋，供自己食用，少数人将多余的春笋拿到市场销售，该村几乎无人用心管理竹林。❶ 恩施州宣恩县 PJ 寨山上的资源基本上没有利用。笔者在该村调研时，村民坦言自己因为自留山上的竹子、树木不值钱而无心打理，任其荒芜，基本上没有任何收入，现在自留山全部是高的大的树木杂草。❷ 源于竹林等资源获取的经济收入低，人们对山上的竹子、林木等资源放任自流，不去管护，竹林、林木的长势越来越差，人们从中得到的收益也越来越少，这种搁置利用也是一种不当的行为。

  第三种是对保护的资源禁止利用。20 世纪 80 年代之前，丽水市云和县元和街道 SJ 村村民全部用柴火烧饭做菜，上山砍柴是妇女的一项劳动。21 世纪初，随着生活水平的提高，村民转用电和煤气烧饭做菜，人们不再上山砍柴。随着对环境保护措施大力推行，禁止人们上山砍柴，村民自此以后无人上山砍柴❸，这种行为实质上是对森林的过度保护。南方地区在生态建设中，通过人工栽培各种竹类作物，禁止利用竹子的做法，造成这些竹林在几年或十几年后连片枯死，根本无法达到维护生态系统平衡的建设初心和目标。因为生态系统是个多物种复合并存系统，只种植竹子而不利用，这样建设的生态系统缺少消费环节，物质与能量的有序循环受到阻碍，再生产难以为继；人们利用竹子，把过密的竹子砍伐，挖取一些竹笋，促进物质循环和能量流动，反而更有利于实现竹林的稳定延续。无论是对自然资源的搁置利用还是禁止利用，都是一种不利于生态建设的行为；人类与自然万物之间在漫长的岁月中，已经形成相互依存和支持的协同进化关系，谁也离不开谁，因此，在人为的生态系统中开展生态建设，缺少人类活动，生态系统的平衡和稳定难以得到有效的维持；人类对自然资源的利用是必需的，只存在利用方式适当与否的问题，只有正确地利用，才能实现维护生态的价值。❹

---

 ❶ 2020 年 7 月笔者对浙江丽水云和县元和街道 SJ 村的调研获得的资料。
 ❷ 2019 年 7 月笔者到湖北恩施州宣恩县 PJ 寨的调研获得的资料。
 ❸ 2021 年 7 月笔者对浙江丽水云和县元和街道 SJ 村的调研获得的资料。
 ❹ 杨庭硕，耿中耀. 杨庭硕教授谈当代生态建设的转型与创新问题 [J]. 原生态民族文化学刊，2017（3）.

(二) 生态经济发展规模不大、效益不高

尽管丽水、恩施和黔东南州的生态经济得到了发展，但是仍存在一定的局限性。

1. 特色生态产业的规模、产值有待扩大与提升

丽水、恩施和黔东南州生态环境为山区和多丘陵地带。浙江景宁畲族自治县拥有 11 万亩耕地与 100 多万亩山林，既是当地农耕文化的依托，更是当前经济发展、乡村振兴及构建绿色生产生活方式的基础。景宁依托传统农耕文明及文化，发展符合当地生态环境的产业，如中药材、茶叶、茭白等富有当地特色的生态产业，大力发展种植业、养殖业，在高山村实行产业化、标准化、现代化生产，形成一村一品，发展现代有机农产品，创建"景宁 600"农业区域公共品牌。❶ 由于当地的土壤和气候适合茶叶的种植，加之景宁惠明茶有"千年惠明，百年金奖"的美誉。种植茶叶是实现生态保护和经济发展双赢效果的最佳途径，景宁把惠明茶作为主导产业来发展，虽然取得一定的成绩，但是惠明茶的种植规模和效益仍有待提升。

从中国茶叶区域公用品牌价值评估课题组❷于 2015~2020 年对我国茶叶区域公用品牌价值评估结果的数据来看，惠明茶的品牌价值从 2015 年的 11.6 亿元增长到 2020 年的 15.8 亿元（见表 2），6 年间增长 4.2 亿元，年平均增长 0.7 亿元，其品牌价值增长缓慢。❸

表 2 的数据显示，每年惠明茶品牌价值都不到平均值，差距从 2015 年的 1.9 亿元增长到 2020 年的 4.31 亿元。在全国茶叶品牌中，5 年来，惠明茶品牌价值在所有参评品牌中平均处于 53.2%，位于中等偏下。2020 年，与品牌价值位居第一的西湖龙井（70.76 亿元）、第二的普洱茶（70.35 亿元）相比，惠明茶品牌价值分别是西湖龙井的 22.32%、普洱茶的

---

❶ 沈晶晶，施佳琦，陈伊言. 高山上的"景宁 600 计划" [N]. 浙江日报，2017-11-21.

❷ 2010 年 1 月，浙江大学 CARD 农业品牌研究中心和《中国茶叶》杂志联合组建课题组，开展"中国茶叶区域公用品牌价值评估"研究。参见：中国茶叶区域公用品牌价值评估课题组. 2010 中国茶叶区域公用品牌价值评估报告 [J]. 中国广告，2010（7）. 该项研究历年公布的"中国茶叶区域公用品牌价值评估结果"为业界所公认。

❸ 浙江大学 CARD 农业品牌研究中心，中国茶叶区域公用品牌价值评估课题组. 2015 中国茶叶区域公用品牌价值评估报告 [J]. 中国茶叶，2015（6）. 胡晓云，李闯，魏春丽. 2020 中国茶叶区域公用品牌价值评估报告 [J]. 中国茶叶，2020（5）.

22.45%。❶ 品牌价值由品牌收益、品牌强度乘数以及品牌忠诚度这三个因子的相乘所得,品牌价值高,则意味着品牌收益这个因子的指标也高,品牌收益综合体现产品销售的质量与数量。❷ 中等偏下的惠明茶品牌价值说明其销售的质量与数量都有很大的提升空间。在浙江茶叶中,2020 年,位居第五的大佛龙井、第六安吉白茶品牌价值分别为 45.15 亿元、41.64 亿元,惠明茶品牌价值是大佛龙井、安吉白茶的 34.99%、37.94%。❸ 2018 年,浙江茶叶面积近 300 万亩,产值 170 多亿❹,而惠明茶只有 6.825 万多亩,茶叶产值超过 4 亿元❺,茶叶面积、产值方面分别占浙江省的 2.3%、2.4%,有很大的提升空间。

表 2　2015—2020 年惠明茶的品牌价值

年份	惠明茶品牌价值/亿元	惠明茶品牌排名	参评品牌均价及与惠明茶的差距/亿元	第一名品牌的价值/亿元
2015	11.60	42/94	13.50（-1.9）	58.27（安溪铁观音）
2016	12.09	49/92	14.54（-2.45）	60.04（安溪铁观音）
2017	12.41	51/92	14.80（-2.46）	60（普洱）
2018	13.20	53/98	16.30（-3.11）	64.10（普洱）
2019	13.65	58/107	17.75（-4.1）	67.40（西湖龙井）
2020	15.80	56/98	20.11（-4.31）	70.76（西湖龙井）

资料来源:浙江大学 CARD 农业品牌研究中心,中国茶叶区域公用品牌价值评估课题组.2015 中国茶叶区域公用品牌价值评估报告[J].中国茶叶,2015(6);胡晓云,魏春丽,张琪菲.2016 中国茶叶区域公用品牌价值评估报告[J].中国茶叶,2016(5);胡晓云,魏春丽,蒋燕婷.2017 中国茶叶区域公用品牌价值评估研究报告[J].中国茶叶,2017(5);胡晓云,魏春丽,袁馨遥.2018 中国茶叶区域公用品牌价值评估研究报告[J].中国茶叶,2018(5);胡晓云,魏春丽,许多,等.2019 中国茶叶区域公用品牌价值评估报告[J].中国茶叶,2019(6);胡晓云,李闯,魏春丽.2020 中国茶叶区域公用品牌价值评估报告[J].中国茶叶,2020(5);胡晓云,李闯,魏春丽,等.2021 中国茶叶区域公用品牌价值评估报告[J].中国茶叶,2021(5).景宁惠明茶没有参与评估。

❶ 胡晓云,李闯,魏春丽.2020 中国茶叶区域公用品牌价值评估报告[J].中国茶叶,2020(5).
❷ 中国茶叶区域公用品牌价值评估课题组.2010 中国茶叶区域公用品牌价值评估报告[J].中国广告,2010(7).
❸ 胡晓云,魏春丽,许多,等.2019 中国茶叶区域公用品牌价值评估报告[J].中国茶叶,2019(6).
❹ 刘月姣,李锦华,蒋钊,等.一片茶叶,一杯茶水,让世界人民感情更浓:本社记者李锦华访浙江省农业厅厅长林健东[J].农产品市场周刊,2018(20).
❺ 沈隽,柳彩华,吴卫萍,等.畲乡景宁:为一片叶子立一部法[N].丽水日报,2019-7-11.

从表3可知,在浙西南的茶叶品牌中,与它相邻的松阳银猴品牌价值2015—2020年在所有参评品牌中平均处于24.1%,名列前三分之一。2020年,松阳银猴品牌价值为24.7亿元,在98个品牌中位列34位,比惠明茶多出8.9亿元,排名靠前22位,其品牌价值是惠明茶的1.56倍。松阳县拥有茶园面积12.85万亩,茶叶全产业链价值超过百亿元❶,惠明茶与之相比,在品牌价值、种茶面积、产值等方面都存在较大的差距,这在某种程度上意味着惠明茶发展的空间较大。

表3 2015—2020年惠明茶品牌价值与松阳银猴品牌价值比较

年份	惠明茶 品牌的价值/亿元	惠明茶品牌 的排名	松阳银猴 品牌的价值/亿元	松阳银猴 品牌的排名
2015	11.60	42/94	17.39	18/94
2016	12.09	49/92	19.52	17/92
2017	12.41	51/92	20.75	18/92
2018	13.20	53/98	22.70	21/98
2019	13.65	58/107	22.96	32/107
2020	15.80	56/98	24.70	34/98
平均	13.125	53.2%	21.34	24.1%

数据来源:浙江大学CARD农业品牌研究中心,中国茶叶区域公用品牌价值评估课题组.2015中国茶叶区域公用品牌价值评估报告[J].中国茶叶,2015(6);胡晓云,魏春丽,张琪菲.2016中国茶叶区域公用品牌价值评估报告[J].中国茶叶,2016(5);胡晓云,魏春丽,蒋燕婷.2017中国茶叶区域公用品牌价值评估研究报告[J].中国茶叶,2017(5);胡晓云,魏春丽,袁馨遥.2018中国茶叶区域公用品牌价值评估研究报告[J].中国茶叶,2018(5);胡晓云,魏春丽,许多,等.2019中国茶叶区域公用品牌价值评估报告[J].中国茶叶,2019(6);胡晓云,李闯,魏春丽.2020中国茶叶区域公用品牌价值评估报告[J].中国茶叶,2020(5).

2. 有机农业的规模和效益较低

南方山区人民有效利用环境,开辟梯田,因地制宜地创建有机农业,其中最著名的要数贵州黔东南从江的稻鱼鸭共生系统,该系统于2011年被认定为世界农业文化遗产。与从江稻鱼鸭共生系统相比,丽水青田稻鱼共生系统于2005年6月被联合国粮农组织获批,成为中国首个世界农业文化遗产。

---

❶ 傅静之,阙仙梅.景美茶香乡韵浓,全域旅游迈入新境界[N].浙江日报,2019-09-02(27).

据笔者调查，丽水地区，除青田外，如景宁、云和等地海拔较高的部分村落也零星开展过稻田养鱼，但普及率非常低。笔者曾于2015年8月在云和县"中国最美梯田"核心景区所在地的XY自然村调研，一位村民在自家三块田地（面积不到1亩）开展稻田养鱼，但纯粹是自给自足，没有形成规模化，更没有产业化和市场化。从村民的普及率来看，从江稻鱼鸭共生系统更高，更具有代表性。

从江的稻鱼鸭产业，作为传统的有机农业，其规模和效益仍有待提高。在稻鱼鸭产业中，稻以香禾糯占据主导地位，从香禾糯的种植面积就可窥见一斑。香禾糯由于具有气味香醇、糯而不腻和口感好等特点而备受从江县及其邻近消费者的喜爱，售价比一般糯米高，每亩可为种植户带来2600~2800元的收益❶，而成为炙手可热的糯稻品种，成为从江县重点打造的特色农产品。据学者研究，香禾糯（糯稻）的种植面积，清朝时期占比60%，但到2010年只占7%。❷ 有"糯禾之乡"称誉的黎平、从江两县种植面积，新中国成立初期的比例分别为80%、82%，但到2015年比例减少到2%、6%。❸ "1980年，黎平、榕江、从江县种植面积11300公顷，占稻田总面积26.7%，从江最多，占稻田面积54.6%，平均产量3675~3975千克/公顷；2000年3县种植面积约4000公顷，占稻田面积的9.4%；2016年种植面积约5870公顷，占10.09%。"❹ 2017年从江县种植业增加值8.85亿元，比2016年增长5%❺，2018年从江县种植业增加值为9.36亿元，比2017年增长5.8%；但是，粮食作物种植面积为23071公顷，比2017年下降11.4%。❻ 从江县结合县域土地、林地资源、气候条件、群众意愿、市场前景等要素精准选择产业，狠抓短、平、快项目，注重近期的经济效益，重点

---

❶ 夏华，梁永松. 高增乡：精准扶贫送化肥，产业发展助攻坚 [EB/OL]. （2019-08-13）[2024-10-17]. https：//baijiahao.baidu.com/s?id=1641717118125464886.

❷ 雷启义，周江菊，罗静，等. 贵州侗族地区香禾糯品种多样性的变化 [J]. 生物多样性，2017（9）.

❸ 李杰，郑晓峰，黄刚，等. 贵州黔东南地方稻种香禾糯的研究进展 [J]. 中国稻米，2019（2）.

❹ 吴培谋，潘宗东. 黔东南地区特色稻产业化现状及发展建议 [J]. 农业科技通讯，2018（7）.

❺ 从江县2017年国民经济和社会发展统计公报 [R/OL]. （2018-03-29）[2024-10-17]. https：//www.congjiang.gov.cn/zwgk/zfsj/tjxx/tjgb/201804/t20180402_80444818.html.

❻ 从江县2018年国民经济和社会发展统计公报 [R/OL]. （2019-03-11）[2024-10-17]. https：//www.congjiang.gov.cn/zwgk/zfsj/tjxx/tjgb/201903/t20190311_80444817.html.

抓好林下养鸡、食用菌、百香果、蔬菜四大产业❶，因为"从江香禾糯"产业不属于短、平、快的产业而未能成为政府主抓的产业，致使从江县糯稻的种植面积日渐减少，而且存在群众意愿的因素。在从江县乡村，当地人还是按照传统自给自足的模式来种植，并未将稻鱼鸭共生系统作为一个产业来发展。这源于20世纪50年代，我国农业生产在"以粮为纲"政策的号召下，在从江乡村强制推行"糯改籼"运动；80年代后，又推行改种高产的杂交水稻工作。出于政策的压力，当地人起初是被迫接受，拿政府补贴，大面积地种植杂交水稻，从不担心水稻的产量，而后是为了能够腾出更多的时间外出打工而大面积地种植杂交水稻。与种植糯稻相比，种植杂交水稻比较省事，插完秧，精壮的劳动力就可以外出打工，剩下的事情就交给家里的老人看管，既可以免去不种田而要受罚的风险，又可以获得一部分粮食收入，因此，当地人草率地种田❷，大面积种植杂交稻，小面积种植糯稻。虽然政府农技部门引进杂交籼稻稻田养鱼技术，当地农民也逐渐掌握该项技术，发展非糯稻的稻田养鱼，但是稻田养鱼面积的扩大还受制于水源等其他因素，源于有充足水源的田地才适合稻田养鱼。据统计，2008年，某个村庄，以稻田养鱼为生的家庭不超过6%。❸ 同时，在从江乡村，与稻田养鱼相比，稻田养鸭的普及程度更低，这不仅因为稻田养鸭在当地农户经济生活中不够重要，而且因为养鸭还要受制于田块集中程度与大小等要素❹，由此可见，稻鱼鸭产业的规模化程度低。

3. 生态旅游经济收入有待提高

生态旅游经济收入仍有待提高，可以从从江县和景宁畲族自治县生态旅游经济收入的发展情况来说明。

从江县生态旅游经济收入有待提高。从江县生态环境优良，2020年"生态优势持续巩固，县城空气质量优良天数比例达100%，县城及乡镇千人以上集中式饮用水源地水质达标率100%，都柳江出境断面水质优良率稳

---

❶ 从江县多举措扎实推进"四大产业" [EB/OL].[2020-02-08]. http：//www.congjiang.gov.cn/xwpd/bmdt/201911/t20191116_28908119.html.

❷ 罗康智，罗康隆. 传统文化中的生计策略：以侗族为例案 [M]. 北京：民族出版社，2009：87.

❸ 侯玉婷. 基于SWOT分析的贵州从江稻鱼鸭共生系统保护发展对策 [J]. 农业考古，2018 (6).

❹ 顾永忠. 从江县稻鱼鸭共生系统保护与传统农业发展对策 [J]. 耕作与栽培，2009 (5).

定在100%，森林覆盖率提高到69.39%，生态环境质量指数稳居全省前列"❶。地方特色文化深厚，旅游资源丰富，特色鲜明，具有"原生性、多元性、独特性、组合性和规模性五大特点"❷。从江县是全球重要农业文化遗产保护试点县、中国侗族大歌之乡、中国民间文化艺术之乡。县内在全国享有盛誉的景点和民族村寨有：以侗族大歌闻名的小黄村寨、以生育文化闻名的占里村寨、以农耕文化闻名的加榜梯田和以枪手部落出名的岜沙苗寨等。2017年，积极参与中央电视台"魅力中国城"竞演活动，从江知名度和美誉度不断提升。❸据表4所示，2014—2019年，从江县的旅游收入呈上升趋势。2019年的旅游收入33.2亿元，比2014年的8.09亿元增加3倍多，平均每年增加5.022亿元。❹2020年，受疫情影响，旅游业收入下降，为29.85亿元，比2019年降低10%。❺

发展生态旅游，是从江县政府2018—2021年经济发展的重要内容。2018年提出推进大旅游战略行动，着力打造国内外知名民族文化养心胜地和中国民族乡村旅游"醉"美县的目标，并围绕该目标提出推动旅游业发展的五大措施。2020年"文化旅游蓬勃发展，全省第十三届、全州第七届旅游产业发展大会在从江成功举办，岜沙苗寨创建为国家4A级旅游景区，七星侗寨、四联、高华瑶浴谷创建为国家3A级旅游景区，卧松云、萧从烩、两花、创和等一批文旅企业逐步成长"❻。在2021年从江县政府工作报告中，2021年政府重点要抓好的第四项工作，就是"全力发展现代服务业，推动旅游产业化大提质。围绕'旅游活县'向'旅游强县'转变，着力提升旅游产业化水平。今年要确保通过创建国家全域旅游示范区省级验收，力

---

❶ 从江县2021年政府工作报告［R/OL］.（2021-06-24）［2024-10-17］. https：//www.congjiang.gov.cn/zwgk/zfgzbg/202311/t20231109_83059065.html.

❷ 徐琬莹，王震洪.基于生态足迹的从江县可持续发展定量分析［J］.生态经济，2009（1）.

❸ 从江县2018年政府工作报告［R/OL］.（2018-03-22）［2024-10-17］. https：//www.congjiang.gov.cn/zwgk/zfgzbg/201902/t20190218_80438978.html.

❹ 从江县2014年国民经济和社会发展统计公报［R/OL］.（2015-08-07）［2024-10-17］. https：//www.congjiang.gov.cn/zwgk/zfsj/tjxx/tjgb/201708/t20170817_80444821.html；从江县2019年国民经济和社会发展统计公报［R/OL］.（2020-06-03）［2024-10-17］. https：//www.congjiang.gov.cn/zwgk/zfsj/tjxx/tjgb/202006/t20200603_80444815.html.

❺ 从江县2020年国民经济和社会发展统计公报［R/OL］.（2021-06-11）［2024-10-17］. https：//www.congjiang.gov.cn/zwgk/zfsj/tjxx/tjgb/202106/t20210611_80444813.html.

❻ 从江县2020年政府工作报告［R/OL］.（2020-05-27）［2024-10-17］. https：//www.congjiang.gov.cn/zwgk/zfgzbg/202005/t20200527_80438976.html.

争实现接待游客460万人次，同比增长20%；旅游综合收入突破36亿元，同比增长20%"，并为完成这个目标而采取着力完善旅游产业体系、着力推进旅游项目建设及着力提升旅游服务质量三大措施❶，由此可见，未来几年，从江县的生态旅游经济收入将会有一定的提升。

表4 2014—2020年从江县旅游业发展情况统计表

年份	旅游总人数（万人次）	比上年增长率（%）	旅游总收入（亿元）	比上年增长率（%）
2014	109.65	24.2	8.09	29.33
2015	130.27	24.2	8.99	25.7
2016	206.39	35.5	13.39	48.9
2017	272	31.8	20	49.4
2018	360	32.3	27.2	35
2019	447	26	33.2	30
2020	390.48	-12	29.85	-10

数据来源：从江县人民政府网提供的该县2014—2020年国民经济和社会发展统计公报。

与从江县生态旅游经济一样，景宁畲族自治县旅游经济的收入也有待提高。景宁县旅游资源丰富，不仅生态环境优良，而且民族文化丰富。打造历史文化古村落28个，入选第五批国家传统村落名录47个村庄，数量居全省第一。拥有云中大漈、中国畲乡之窗2个国家4A级景区。民族传统文化和马仙、汤夫人、菇民等地域特色文化显著。❷民族服饰馆、民族革命历史展览馆和传师学师馆陆续开馆，文化保护弘扬更具成效，再度获评"中国民间文化艺术之乡"和"浙江省民间文化艺术之乡"。文化走出去的战略深入实施，"民族+好畲系列""非遗+旅游"等做法分别入选国家民委、文化和旅游部专题培训班典型案例。❸如表5所示，2014—2019年，景宁县的旅游

---

❶ 从江县2021年政府工作报告［R/OL］.（2021-06-24）［2024-10-17］.https://www.congjiang.gov.cn/zwgk/zfgzbg/202311/t20231109_83059065.html.

❷ 钟海燕.2019年景宁畲族自治县政府工作报告［R/OL］.（2019-03-05）［2024-10-27］.http：//www.jingning.gov.cn/art/2019/3/5/art_1229438050_4188415.html.

❸ 钟海燕.2020年景宁畲族自治县政府工作报告［R/OL］.（2020-04-30）［2024-10-27］.http：//www.jingning.gov.cn/art/2020/4/30/art_1229438050_4188417.html.

收入呈上升趋势。2019 年旅游收入为 79.3 亿元，比 2014 年的 23.7 亿元将近增加 3.35 倍，平均每年增加 9.27 亿元❶。2020 年，受疫情影响，旅游业收入下降，为 67.46 亿元，比 2019 年降低 14.9%。❷

表 5 2014—2020 年景宁县旅游业发展情况统计

年份	旅游总人数（万人次）	比上年增长率（%）	旅游总收入（亿元）	比上年增长率（%）
2014	556.5	28.5	23.7	30.0
2015	692.0	24.4	30.6	29.1
2016	/	/	42.3	37.8
2017	901.7	15.5	54.1	28.1
2018	/	/	65.74	21.6
2019	/	/	79.3	20.6
2020	/	/	67.46	-14.9

数据来源：景宁畲族自治县人民政府网提供的该县 2014—2020 年国民经济和社会发展统计公报。

2017 年以来，景宁进入旅游经济的升级版，启动处处是景的"全域旅游"发展模式，打开"两山"新通道，打造"诗画畲乡，和美景宁"。2020 年，"把全域旅游确定为战略支柱产业，实施百亿旅游产业计划。聚力畲寨复兴，洞宫畲王寨开工建设，畲寨东弄建成全省首个山地地区田园综合体。打造引领性地标，惠明禅茶文化产业园启动建设，千年山哈宫加快推进，那云·天空之城初具规模。五年安排涉旅大项目 55 个，完成涉旅投资 95.2 亿元。整合畲乡特色，集成打造'一乡一品'、'四季景宁'系列文化节事，以'畲家十大碗'、'畲乡十小碟'、'畲乡十药膳'为代表的特色产品广受欢迎。推出'畲山居'品牌，新增民宿农家乐 146 家，以如隐·小佐居、清泉石上居、宿叶为代表的民宿游客络绎不绝。持续升级中国畲乡之窗、云中大漈景区，打造 4A 级景区镇 5 个、A 级景区村庄 89 个。创成省级旅游服

---

❶ 景宁畲族自治县 2014 年国民经济和社会发展统计公报 [R/OL]. (2021-08-03) [2024-10-27]. http：//www. jingning. gov. cn/art/2021/8/3/art_1229746277_59024327. html；景宁畲族自治县 2019 年国民经济和社会发展统计公报 [R/OL]. (2021-08-03) [2024-10-27]. http：//www. jingning. gov. cn/art/2021/8/3/art_1229746277_59024332. html.

❷ 景宁畲族自治县 2020 年国民经济和社会发展统计公报 [R/OL]. (2021-08-17) [2024-10-27]. http：//www. jingning. gov. cn/art/2021/8/17/art_1229746277_59023363. html.

务标准化试点县、省级全域旅游示范县和全省首批4A级景区城"❶。可以预见，在努力开拓新时代畲乡全域旅游发展新形势下，景宁县的旅游经济收入还会有较大的增长空间。

(三) 生态法治的实效不佳

1. 环境立法有待改善

环境立法有待改善，主要是指未采用流域立法和综合性立法模式，无法解决环境保护问题。水资源环境保护包括环境保护和资源开发利用，涉及治理、开发、保护和管理，但是我国对其立法采取分割方式的单项立法。中央立法层面，在治理方面出台《水污染防治法》《水土保持法》和《防洪法》，利用方面出台《航道法》和《水法》，管理方面出台《河道管理条例》等，这些法律法规只体现各流域共性内容，是对以往水事经验的总结，原则与抽象性较强，可操作性不足。由于它们仅仅注重某一方面的功能，而忽略其他功能，故无法做到使水资源的各种功能相互协调，违背水资源的自然及功能的统一性。这种单项和局部立法，无法解决整个流域特殊性问题以及社会发展之后出现的新情况和新问题。我国也出台了流域方面的行政法规，如《太湖流域管理条例》涉及水资源的防护、生活生产生态用水安全的保障和太湖流域生态环境的改进❷，而《淮河流域水污染防治暂行条例》侧重水污染的防治功能，其他的功能却被忽略。虽然我国已经意识到水资源立法中存在的问题，并着手解决这一问题，全国人大常委会于2020年12月26日通过首部流域立法《中华人民共和国长江保护法》，并于2021年3月1日起施行，但是流域立法仍然有待加强。地方立法方面，2002年出台的《恩施土家族苗族自治州清江保护条例》侧重多元功能的保障，包括防治污染，维护与改善生态环境，推动经济社会可持续发展。清江流域涉及恩施州7个县市和宜昌市3个县市的行政区域，各个区域的经济发展并不平衡，但囿于行政区域的限制，恩施州出台的《恩施土家族苗族自治州清江保护条例》，仅涉及恩施州范围内的开发保护，无法全面解决整个清江流域的环保和经济发展问题。贵州潕阳河流域涉及黔南布依族苗族自治州、黔东南州、

---

❶ 钟海燕.2021年景宁畲族自治县政府工作报告［R/OL］.(2021-03-22)［2024-10-17］.http://www.jingning.gov.cn/art/2021/3/22/art_1229438050_4566410.html.

❷ 《太湖流域管理条例》第1条。

铜仁市9个县市，《黔东南苗族侗族自治州㵲阳河流域保护条例》仅规范黔东南州境内的㵲阳河流域的保护和利用行为，难以全面解决整个㵲阳河流域的环境破坏问题。《恩施土家族苗族自治州酉水河保护条例》也是如此，尽管恩施州和湘西州开展了区域合作立法，但是酉水河流域经过鄂、湘、渝二省一市的9个县域，仅凭两州的区域合作立法，无法对整个流域进行保护立法，因此，两州的区域合作立法也只得改变对整个流域实行保护的立法目标初衷，将其另行调整为对酉水河的保护。❶

2. 环境行政执法效果不强

虽然我国对《环境保护法》进行了修改，将它打造成史上最严厉的环保法，但是，环境行政执法效果并未相应地得到增强，这由两方面的原因造成。

一方面，环境行政执法权的配置不合理，权责不明。由于行政执法的质量和效果取决于行政执法权的配置状况❷，因此，行政执法权只有得到有效合理的配置，才能够提高行政执法的质量和效果，然而我国在环境行政执法权的配置中，横向配置和纵向配置都存在问题。横向配置存在执法权力过于分散，形成"九龙治水"多部门执法体制的问题。我国环境保护分散立法模式造成生态系统的各个构成要素，被不同的法律法规所规范，并由不同的部门执行。《恩施土家族苗族自治州清江保护条例》第5条明文列举州县市的水利、林业、交通等9个政府部门，在各自职责范围内执行对清江保护和水污染防治实施监督管理。《黔东南苗族侗族自治州生态环境保护条例》第5条明文列举州县市的环境保护部门、林业、农业、水利、国土、建设、规划、工信等8个部门在各自的职责范围内，负责生态环境保护的有关工作。多部门执法体制极易出现多头执法和重复执法，造成执法密集地带，出现过度执法的现象。

由于现行多部门执法，存在执法权限分散、执法主体众多和执法权责不明的缺陷，阻碍执法效率的提高。为了解决这些问题，提高执法效率，降低执法成本，在行政执法体制上，推行综合行政执法改革制度。综合行政执法最早是从1997年开始，国务院授权82个城市进行集中处罚权的试点工作，

---

❶ 戴小明，冉艳辉. 区域立法合作的有益探索与思考：基于《酉水河保护条例》的实证研究[J]. 中共中央党校学报，2017（2）.

❷ 蔡恒. 我国行政执法组织创新与行政体制改革协同性研究[J]. 江苏社会科学，2004（3）.

特别是城管综合行政执法制度，经过20多年的改革实践，获得显著效果。2021年修正后的《行政处罚法》第18条将行政处罚主体综合性改革成果，从规范性文件上升为法律条文规定，首次在立法上确认"综合行政执法"制度，赋予综合行政执法机构行政处罚主体的资格。它不仅扩大了集中调配权主体的范围，涉及所有的省级政府，而且进一步扩大综合执法的行政领域，涉及生态环境等7个领域。《行政处罚法》规定由省级政府来决定行政处罚的集中调配权，将具有关联性的行政处罚职权，除限制人身自由的行政处罚权外，统一调配给一个行政机关来行使。综合行政执法制度是将行政处罚的权责实行横向转移，将原先分散的行政处罚权进行集中，由若干个行政机关转移到一个行政机关来集中行使。❶ 与《行政处罚法》相比，环保综合行政执法改革实践走在前列。2018年12月4日，中共中央办公厅、国务院办公厅印发的《关于深化生态环境保护综合行政执法改革的指导意见》，明确整合执法职责，组建执法队伍，并授权各地积极探索更大范围的综合行政执法制度。2020—2021年，浙江、贵州和湖北省政府及其生态环境厅相继出台关于本省《环境保护综合行政执法事项目录》，分别确定执法事项225项、179项和257项，尽力破解"多头管"和"三不管"问题。❷ 但是无论是环境保护综合行政执法制度的法律规定还是其实践，都是一场行政自我改革，仍然按照部门主管领域配置执法权，行政执法权配置归属没有发生根本性的改变，其本质上仍然属于机构改革的范畴❸，还不能从根本上解决多部门执法带来的弊端。加之在多部门执法体制中，执法主体众多，执法协调成本巨大，难以形成整体合力，更何况有的流域涉及不同的省份和地区，不同地区的经济发展不平衡，容易引发地方利益、部门利益恶性竞争，从而对整体利益、长远利益带来不利的影响。

---

❶ 江必新，夏道虎. 中华人民共和国行政处罚法条文解读和法律适用［M］. 北京：中国法制出版社，2021：54-60.

❷ 浙江省生态环境厅. 浙江省生态环境保护综合行政执法事项目录（2020年版）的政策解读［EB/OL］.（2020-12-31）［2024-10-04］. http://sthjt.zj.gov.cn/art/2020/12/31/art_1229263473_2219583.html；贵州省生态环境厅. 贵州出台《贵州省生态环境保护综合行政执法事项指导目录（2020年版）》［EB/OL］.（2020-10-15）［2024-10-17］. https://www.guizhou.gov.cn/home/gzyw/202109/t20210913_70367610.html. 湖北省生态环境厅. 省生态环境厅关于印发《湖北省生态环境保护综合行政执法事项指导目录（2020年版）》［EB/OL］.［2024-10-23］. http://www.tongshan.gov.cn/zc/xxgkml/gysyjs/hjbh/202104/t20210425_2307652.shtml.

❸ 王青斌. 公共治理背景下的行政执法权配置：以控烟执法为例［J］. 当代法学，2014（4）.

纵向配置存在乡镇执法权缺位而带来执法空白地带问题。根据《环境保护法》《行政处罚法》等法律及恩施州、黔东南州法规规定，环境行政执法主体为县级以上政府的各个部门，乡镇执法权的缺位，致使乡镇辖区内的违法行为没有得到应有的处罚和制裁。2019年8月笔者到贵州黔东南州黎平县某村寨调研时，发现居住在山中的村民，受制于有限的山地，为建造新房而不得不砍伐村中的古树，造成人与树争夺有限土地的局面。因无人举报，加之该村离县城较远，村民的违法行为没有被县林业局发现，而得不到制裁。正是因为执法权的配置不符合执法实践的需求，致使乡镇成为执法力量的脆弱地域❶，出现"有权的管不到、无权的管不了"的异化治理现象。

　　另一方面，按日连续处罚这种有效环境执法方式及其力度有待优化和加强。2014年《环境保护法》对环境违法行为不仅采取常用的刚性处罚手段，如罚款、限产停产、移送行政拘留等行政处罚与查封扣押等行政强制措施，还加大处罚力度，对排污企业"屡罚屡犯"的环境违法行为实行重拳出击，规定按日连续处罚方式，并使之成为环保历史上最严厉的环境治理手段。逐日累积的罚款数额提高违法成本，在一定程度上改变了违法成本与污染防治成本之间严重失衡的状况。2015年1月1日，国家环境保护部门为规范按日连续处罚的实施，出台《实施按日连续处罚办法》，在适用范围、计罚方式、实施程序等方面作出细化的规定。各地立法机关为进一步贯彻落实《环境保护法》的规定，因地制宜地相继出台环保方面的地方性法规。据笔者在北大法宝法律法规数据库检索统计，从2016年起，各地出台或修订148部涉及按日连续处罚方式的环保地方性法规，这些规定为按日连续处罚的实施提供了执法依据。自从按日连续处罚方式建立及其实施以来，在环保实践中已经取得了较好的效果。据统计，在2015—2019年的环境执法实践中，各级生态环境部门共实施按日连续处罚案件4042件，罚款数额总计超过41.42亿元，改变了现行罚款方式对持续性环境违法行为制裁不力的状况，按日连续处罚为生态环境部门提供了严惩违法排污行为的有力武器。2015—2019年，全国按日连续处罚案件数量，2015年715件，到2017年达到最高值，为1165件，之后开始下降，到2019年的391件。在所有环境行政处罚案件中，其占比也在下降。从2015年的0.74%升到2016年0.82%，

---

❶　卢护锋. 行政执法权重心下移的制度逻辑及其理论展开［J］. 行政法学研究，2020（5）.

之后一直在下降，到 2019 年的 0.24%❶，更为重要的是再次违法率依次降低，排污者首次被处按日连续处罚之后，第二次实施违法排污行为而受到的处罚或被行政强制的比例在下降，从 2015 年的 15.79% 到 2017 年的 3.23%❷，这些数据在一定程度上说明它不仅对排污者的排污行为进行了严厉的惩戒，还有效地制止了排污者的持续排污行为，对违法者的威慑力也进一步增强。虽然按日连续处罚方式实施效果较好，《环境保护法》《湖北省水污染防治条例》《贵州省水污染防治条例》和《贵州省大气污染防治条例》等上位法都确立了按日连续处罚方式，但是作为下位法的恩施州和黔东南州的环保立法，包括《黔东南州生态环境保护条例》都未设立按日连续处罚方式，并且现行按日连续处罚方式在适用中存在一些问题，如适用条件"违法排放污染物""拒不改正"内涵界定不清，法律性质到底是行政处罚抑或执行罚还是两者兼顾，尚不明确；按原处罚数额罚款不够合理，适用次数无限制不妥当，制约了按日连续处罚方式功效的发挥，有待进一步加以解决和完善。

3. 合宜高效的环境资源审判工作机制有待建立

浙江省、湖北省和贵州省各级法院致力于探索生态文明建设的司法保障机制，创新和增强环境资源审判工作制度，其中浙江省各级法院走在前列。浙江省各级法院积极探索环境资源审判专门化建设，湖州法院从 2015 年开始明确规划环境资源审判专门化建设工作，并着手进行建设，到 2016 年 5 月，湖州两级法院被批准设立环境资源审判专门机构，还在全市生态重点区域设立 5 个环境资源巡回法庭，多次开展巡回审判。明确涉环境资源刑事、民事和行政案件的受案范围，实行"三合一"审理模式，推行审判队伍专门化，组建了一支专业的审判队伍，还选任 17 名专家陪审员，聘任 21 名咨询专家，充分发挥专家在疑难复杂案件中的理论支持和认定技术事实等方面的特有作用。以此为基础，浙江各地法院推进环境资源审判的专业化建设，环境资源审判工作取得一定成效。❸ 据统计，"2016 年 1 月至 2019 年 4 月，

---

❶ 严厚福. "比例原则"视野下我国环境执法按日连续处罚制度的完善 [J]. 中国环境管理，2021（1）.

❷ 竺效. 新《环境保护法》四个配套办法实施与适用评估报告（2015—2017 年）[M]. 北京：中国人民大学出版社，2018：152.

❸ 浙江法院打好污染防治攻坚战 [EB/OL].（2019-06-06）[2024-10-18]. https：//www.zjsfgkw.gov.cn/art/2019/6/6/art_451_14564.html.

全省审结环境资源一审刑事案件3821件，判处罪犯6483人，严厉惩治污染环境、破坏生态等犯罪行为；审结环境资源行政案件5392件，支持和监督行政机关依法履行职责；审结环境资源民事案件3690件，保障人民群众环境权益；审结社会组织提起的环境民事公益诉讼案件7件，审结检察机关提起的环境民事、行政公益诉讼案件108件，审结1件生态环境损害达成赔偿协议申请司法确认案件"❶。为充分发挥环境资源审判职能作用，服务和保障生态文明建设，浙江省高级人民法院于2019年5月29日出台《关于充分发挥环境资源审判职能作用为美丽浙江建设提供司法服务和保障的意见》。该"意见"由四部分组成，共17条。内容为积极探索管辖制度改革、归口审理模式改革，推进环境资源案件由专门审判机构审理，依据环境资源刑事案件、民事案件及行政案件各自的特色，提出各自要遵循的审判原则，改善环境公益诉讼及生态环境损害赔偿案件审理机制，建立健全以环境恢复补偿为价值取向的环境执行工作机制，加强大花园核心区建设等重点区域领域生态环境司法保护力度，依法审理各种环境污染案件，保障人民群众在良好生态环境中生活的权利。❷该"意见"的出台实施，为环境资源审判机制的改革和完善提供指引和方向，指明浙江各级法院今后的工作重心在于，在生态文明建设的新时代，如何通过司法守护，筑牢生态安全屏障，换言之，各级法院如何密切联系环境资源审判工作实际，坚持问题导向，开拓创新，构建最严格也是十分合宜高效的司法保障制度，进一步改善环境资源审判工作机制，努力提高司法实效，为生态文明建设提供坚实的司法保障。

4. 尚未充分发挥制度层面环境保护习惯保护环境的实效

现代国家法治理论在对待习惯和制定法的关系上，存在"进化论"和"分离论"的观点。"进化论"认为法的产生经历了习惯—习惯法—成文法的过程，以此为基础，形成一种将习惯作为制定法进化的工具认识，这种工具论认为，习惯作为一种具有模糊性和不确定性的地方性规则，明显与现代市场经济和民主政治所具有的确定性和精确性不相契合，习惯作为一种熟人规则，也与陌生人社会交往的需要不相符合。遵循"进化论"，习惯和制定法从最初的混为一体逐渐走向分离，由此形成"分离论"，这种理论认为在

---

❶ 钱祎，宋朵云，王华卫. 打好高质量污染防治攻坚战［N］. 浙江日报，2019-06-05（2）.
❷ 浙江法院打好污染防治攻坚战［EB/OL］.（2019-06-06）［2024-10-18］. https：//www.zjsfgkw.gov.cn/art/2019/6/6/art_451_14564.html.

现代国家形成一种由习惯和制定法两个规则组成，两者适用不同的领域，并且互不干涉的二元规制理念。习惯采用道德、习俗、舆论等手段，对人们的日常行为与内心世界起着规范作用，与习惯不同的是，制定法则运用契约、国家强制力等手段，对人们的重大行为与外部世界起着规范作用；习惯只有被"法典化"和"司法化"之后，才具有国家强制效力，这些都表明习惯明显不同于制定法而要对其加以区别对待，致使习惯在现代社会成为改造的对象。受到现代国家法治理论的影响，国家机关对待习惯的态度，出于"改造""利用"的目的，体现的是一种"工具主义"价值。❶ 有的学者考察了1949年10月至1998年3月的2500件制定法中习惯的情况，指出在中国现代化进程中，习惯由于更多是同落后相联系而成为制定法改造的对象。❷ 随着对习惯的认识不断深入，我们已经意识到现代国家法治理论对待习惯的认识存在偏差，需要检讨和修正。社会法学、制度经济学和法律人类学的研究认为，习惯不仅在现代社会存在，还成为市场经济、民主和法治的基础。美国学者埃里克森明确指出在现代社会仍然存在习惯❸，制度经济学家施里特主张习惯为经济制度提供基础❹，法社会学家埃利希认为，活法（指习惯）是法律制度的主体❺，英国社会法学家哈耶克认为内部规则的习惯优先于外部规则的制定法，是整个法律秩序的基础。❻ 正因为我们认识到习惯对现代社会的重要性，我国制定法的立法理念也已经从"为立法而立法"转向"为生活而立法"，积极主动地"认可习惯"，尊重习惯，重视习惯的作用❼，因此，2020年《民法典》涉及习惯共有54处，特别是第10条规定法律没有规定的，可以适用符合公序良俗原则的习惯，从而确定符合公

---

❶ 李可.习惯如何进入国法：对当代中国习惯处置理念之追问［J］.清华法学，2012（2）.

❷ 苏力.当代中国法律中的习惯：一个制定法的透视［J］.法学评论，2001（3）.

❸ 罗伯特·C.埃里克森.无需法律的秩序：邻人如何解决纠纷［M］.苏力，译.北京：中国政法大学出版社，2003：185.

❹ 埃克哈特·施里特.习俗与经济［M］.秦海，杨煜东，张晓，译.长春：长春出版社，2005：3.

❺ 尤根·埃利希.法律社会学基本原理［M］.叶名怡，袁震，译.北京：九州出版社，2007：351.

❻ 弗里德利希·冯·哈耶克.法律、立法与自由（第一卷）［M］.邓正来，张守东，李静冰，译.北京：中国大百科全书出版社，2000：189.

❼ 张哲，张宏扬.当代中国法律、行政法规中的习惯：基于"为生活立法"的思考［J］.清华法学，2012（2）.

序良俗原则的习惯作为制定法之补充的地位而存在。

　　大量的实践研究证明制度层面环境保护习惯由于对环境保护具有较大的实效，故对环境制定法具有补充的无可替代的价值。有学者指出它可以解决环境制定法"主治"的困境，为环境立法提供间接法源，为环境管理提供适应性规则，为环境纠纷的解决提供新机制。❶ 有学者分析它追求环保、经济与社会发展的相互协调价值，契合环境法的核心价值，指出它对环境法存在价值的根源。❷ 但是当前我们面临的一个迫切问题是，在立法、执法和司法上如何采取有效的措施充分挖掘和利用制度层面环境保护习惯对环境保护的实效？在立法上，除了《民法典》之外，《环境保护法》《水污染防治法》等法律没有明文涉及环境保护习惯，制度层面环境保护习惯对环境法有哪些借鉴？在恩施州和黔东南州15部环保法规中，虽然有7部法规采用原则性规定，倡导利用村（乡）规民约来保护环境，如何制定出台具有实效性的村规民约，促进其发挥良好作用？在执法中，如何让村规民约起到协作补充作用，甚至在乡村秩序中发挥主导作用？司法中，如何发挥制度层面环境保护习惯解决纠纷的作用？如何强化制度层面环境保护习惯的司法适用？这些问题仍有待进一步深入研究。

---

❶ 郭武，党惠娟. 环境习惯法及其现代价值展开［J］. 甘肃社会科学，2013（6）.
❷ 刘雁翎. 西南少数民族环境习惯法的生态文明价值［J］. 贵州民族研究，2015（5）.

第五章 观念层面与行为层面环境保护习惯促进生态文明建设路径

分析了环境保护习惯为何对生态文明建设具有支持促进作用，把握环境保护习惯和生态文明建设的现实情况之后，有必要明确环境保护习惯如何对生态文明建设发挥作用。通过研究，提出环境保护习惯对生态文明建设支持促进作用的三条实践路径：一是观念层面环境保护习惯促进生态文化体系建设中生态价值观培育路径；二是行为层面环境保护习惯促进生态经济体系建设路径；三是制度层面环境保护习惯与环境法协同促进生态文明制度体系建设路径。

第一节 观念层面环境保护习惯促进生态文化体系建设中生态价值观培育路径

观念层面环境保护习惯作为构建生态文明的文化资源，要充分发挥其在生态文明建设中的应有作用，必须对观念层面环境保护习惯进行扬弃，用生态文明理念来引领，继承和提升观念层面环境保护习惯，培育"生态—文化人"所需要的生态价值观，加强民众生态意识，提升民众生态素质，促进生态文化体系中生态价值观培育建设，为生态文明建设提供精神支柱。

一、生态文明具备的生态价值观

任何文明都具有相应的人格模式，生态文明也不例外。人格模式是文明的承担主体，由人的本质来决定。不论是渔猎文明的"自然人"，抑或农业文明的"政治人"，还是工业文明的"经济人"，都体现出不同文明有不同的人格模式，展现出人性的不同侧面，反映出人有多面性的特性。生态文明是由对工业文明扬弃的基础上发展而来，因此，生态文明的人格模式必然要消除工业文明"经济人"的弊端。"经济人"注重人的自利性，片面追求个人利益最大化，正是"经济人"的自利本性决定其在处理人与自然的关系中造成了生态危机。"经济人"以人类为中心，高扬人的主体性，贬低自然的地位和价值，把自然视为客体，背离自然规律，为人类利益，不惜采用掠夺方式攫取自然资源，给社会带来生态危机。"经济人"还为寻求个人或群体利益最大化，而忽视社会利益和生态利益，甚至将三者割裂，造成人性泯灭，引发社会危机。生态文明是人与自然、人与人、人与社会都达到高度和谐圆融，良性持存，以及人自身得到全面发展的文明，因此，生态文明的人格模式为"生态—文化人"。第一，从事生态文明建设的主体必然是"生态人"，他不仅具有生态理性，而且综合之前文明的人格模式，是"自然人""政治人"和"经济人"的有机统一体。"生态人"是"在自觉尊重生态规律的前提下，追求生态、经济和社会综合效益的个人或群体"❶。第二，由于生态文明与知识社会相辅相成，生态文明的人格模式也必然包含知识社会的人格模式即"文化人"，是"生态人"和"文化人"的有机统一。

"生态—文化人"必须遵循人与自然的可持续发展原则，具备以下生态价值观：第一，秉持自然—人—社会是一个有机的整体观。人与自然构成生态系统，人与自然作为系统的两个要素，相互作用、相互影响，形成复杂关系。人对生态系统具有永恒的依赖性，生态系统具有优先的地位。在生态系统内部，人与社会组成社会系统，是生态系统中的子系统，居于次要地位，要服从于生态系统。第二，人与自然和谐共生观。自然万物具有自身的价值和权利，理应得到人类的尊重和维护，人类具备尊重、顺应和保护自然生态观。人类从事一切活动，包括运用科学技术，都应当尊重生态规律，推动经济、社会与生态和谐发展，促进人与自然和谐共生；实行利用自然与保护自然相统一，促进生态价值效用的最大化，持有生态价值最优化的生态理性。讲究生态公正，不仅要注重代内公平，还要注重代际公平，注重全人类的利益，包括当代人和后代人的利益等。❷

二、继承和提升观念层面环境保护习惯，促进生态文化体系建设中生态价值观培育措施

观念层面环境保护习惯所倡导的内容与生态文明必备的生态价值观具有

---

❶ 陈广华，罗莹. 论工业社会向生态社会转型中"心态环境"之建构 [J]. 学术交流，2014 (8).
❷ 龚天平，何为芳. 生态—文化人：生态文明的人学基础 [J]. 郑州大学学报（哲学社会科学版），2013 (1).

共通性，可以为生态—文化人所需要的生态价值观的培育提供丰厚资源。鉴于观念层面环境保护习惯具有一定的局限性，需要对其进行提升和弘扬，促进生态文化体系中生态价值观的培育建设。

（一）促进观念层面环境保护习惯的科学化、理论化和系统化

观念层面环境保护习惯之所以具有尊崇自然和关爱生命的内容，是因为它蕴藏着尊重、顺应和保护自然的生态观。土地、大山、森林、动物等自然万物给人类提供栖身之所或作为许多食物的来源，人类非常感激自然万物给予的大恩德，通过崇拜、祭献等方式对自然万物表达感恩情怀，存在崇拜的仪式和保护自然万物的禁忌。人类还从长期的劳动实践中摸索出一套符合自然规律的经验，如农业生产必须遵从季节变化，才能获得好收成，假若违背农时，不合时令，则适得其反。遵从规律，顺应天时，是人类在长期劳动中，不断摸索出来的，与自然相处遵循的法则。只有这样，人类才能在与自然的交流中保持动态的生态平衡。从人与自然万物的关系而言，观念层面环境保护习惯具有自己的特色与局限。

1. 观念层面环境保护习惯的特色

在万物起源观念上，认为自然物繁衍出人类，有的认为"雾"创造人类，有的认为植物造人。丽水的神话故事《盘古神话》说的是盘古造好天地，将身上所有的东西变成了世界万物，先是日月星辰，而后是高山河川、田地草木，最后才是人。❶ 去除虚构的部分，当地的人们已经认识到是大自然创造了人类，这与现代人类进化论所提倡的"人是由自然进化而来的观点"具有某种共通之处。

丽水的神话故事《高辛帝创造日月和世间万物》描述了高辛帝创造自然万物的经过，恩施的神话传说《依罗娘娘造人》和黔东南古歌《人类起源》无不反映了当地先民认为人与自然万物同源共祖，融为一体。当地民众的图腾崇拜体现了他们将某种动物如凤凰、白虎和金鸡视作自己的祖先而加以崇拜，事实上，在图腾崇拜中，他们已经扩大道德对象的范围，将其从人类延伸到生态系统的其余成员，在人与生态系统的其余成员之间，建立起如同人类伦理的亲缘关系。神话故事还述说人与动物之间的亲缘关系，在丽水《青蛙中状元》《蛇郎娶亲》的神话故事中，青蛙与蛇分别成为人类的儿

---

❶ 邱国珍，姚周辉，赖施虬．畲族民间文化［M］．北京：商务印书馆，2006：319.

子与女婿，黔东南古歌《嘎登》描述了人与虎、熊等动物都是兄弟姐妹的关系，还有恩施的神话故事《虎儿娃》，这些都说明他们把与自己日常生活息息相关的动物当作亲人来对待。当地人具有较为发达的形象思维与类比思维，在他们的心目中，由于把自然万物作为自己的亲人朋友，于是，就把人与人之间的那一套伦理观适用于人与自然万物之间，古歌《嘎登》还描述"先造山林，再造人群……草木共山生，万物从地起"这种体现人类与自然万物共生共荣的景象❶，可见，在丽水、恩施和黔东南州的生态文化中，人们把自然中的万物视为亲人和伙伴，形成人与自然万物亲密为一体的观念。图腾崇拜和神话故事说明在人类与自然万物的关系上，人与自然万物共存于一个共同体中，他们之间存在亲情和伙伴意识，并且将这种相互依存的意识处处体现在生产生活中，形成生产、生活、生态三位一体的特性，反映出观念层面环境保护习惯的特色。

在人与自然万物的共同体中，人与其他在地球上有生命的物种一样，都是这个共同体中的成员，人类的地位不高于自然生物体，而是与它们处于同等地位，人和自然界的生物体是亲人与伙伴的关系，人类应该像对待亲人朋友一样对待自然生物体，体现了天地人相亲的自然生态观。这种人与自然万物是亲情和伙伴的意识，与西方的"生态中心主义"和"人类中心主义"相比，有自己独特的生态价值观。它从不以谁为中心，既不以"生态"也不以"人类"为中心，而是主张人与自然万物之间的平等合作、共生共荣关系。第一，不主张以"人类"为中心，认为人类不是自然万物的主宰者与凌驾者，最多是自然与人类共同体中的一位普通成员，与自然万物构成一个相互联系、彼此密不可分的共同体。从丽水、恩施和黔东南州的神话传说和古歌来看，人们都具有先有自然万物，再有人类的观念，认为一切自然生物体都拥有自己的生命价值，即使是低等动植物和微生物，也与其他被人类关爱的生物物种一样，享有生存与发展的权利，并且这些权利神圣不可侵犯，人类永远都毫无理由视自己为征服与支配自然的主人。他们还通过一些祭祀或崇拜仪式实现人与自然万物之间的沟通与对话。"族谱的长期传承以及仪式性的对话，具有非常有效的聚集功能，在诸多此类仪式中，一般认为

---

❶ 张泽忠，吴鹏毅，米舜. 侗族古俗文化的生态存在论研究［M］. 桂林：广西师范大学出版社，2011：88-89.

动植物的灵魂也以相互关联和相互依赖的方式参与其中。"❶ 第二，不主张以"生态"为中心。人们一直将自然万物作为亲人和伙伴来对待的同时，也认为人毕竟不同于一切动物，有认知，有主观能动性，人类既然从自然万物中获取了生存所需的原料，就得有责任，就要履行尊重、保护自然万物，维护人与自然万物之间组成生态系统的平衡和稳定的义务，这种主张符合现代环境伦理学所倡导的内容，就是人类作为地球的唯一道德代理人，要运用人类独特的理性和道德，自觉担负起维护生态平衡的责任❷，可见，人与自然万物是共同体的意识充分反映了人与自然万物之间的平等合作、共生共荣的关系，这种共同体意识是在人们长期与自然打交道的过程中磨合适应逐渐形成的，并将共同体意识贯彻落实于生产生活中，形成生产生活生态化，这是观念层面环境保护习惯的特色所在。

2. 观念层面环境保护习惯的局限

观念层面环境保护习惯虽然体现人与自然万物是共同体意识，但是它毕竟属于原始文明和农业文明时期的生态观。生态文明是超越原始文明和农业文明的一种文明，其性质和内涵明显不同于后两者，观念层面环境保护习惯理念与生态文明理念相比具有两个局限性。第一，缺少理性认识。新中国成立之前，丽水、恩施和黔东南地区的生产力较为落后，人们依靠直接生存的感知经验和倾向封闭的直觉体悟认识自然、利用自然，致使观念层面环境保护习惯理念具有朦胧性和直观性的特点，相比于现代社会的环境保护，缺少对自然生态的理性认识，具有不成熟性。第二，欠缺理论体系。正因为观念层面环境保护习惯理念缺少理性认识，致使其无法全面地说明人与自然的关系，更不能科学、理性地概括出自然规律。与现代生态伦理相比，它欠缺理论体系，具有非系统性。可见，观念层面环境保护习惯所体现的生态观是一种自在自发的，具有"自然而然"的特性。

3. 促进观念层面环境保护习惯的科学化、系统化和理论化

观念层面环境保护习惯理念与生态文明理念具有一致的内容，包括人与自然和谐相处、协调发展的生态理念，崇尚节俭，生活简朴，注重生产、生活方式与大自然融合，注重节制自己的贪欲，提倡适度消费等合理内容。但是，这种从经验总结中自发形成的理念，具有不成熟性和非系统性的缺点，

---

❶ 科马克·卡利南. 地球正义宣言：荒野法［M］. 郭武，译. 北京：商务印书馆，2017：94.

❷ 杨通进. 当代西方环境伦理学［M］. 北京：科学出版社，2017：248.

需要对其进行提升，使之科学化、理论化和系统化。换言之，人与自然和谐共生共荣，尽管是生态文明和观念层面环境保护习惯共同倡导的内容，但是生态文明"是人类运用生态科学的协同统一性原理维护人与自然能量交换平衡的科学的、自觉的文明"❶，因此，我们所建设的生态文明并非对后者所倡导理念的简单回归，而是要依据发达的生产力和巨大的科技进步，强化人类对自然规律的精准认识，建立在更加科学的基础上，真正实现人与自然双向可持续发展的高度统一，由此，对观念层面环境保护习惯所蕴藏生态价值观的提升更要注重理性认识，辅之以情感培养。要运用现代科学理论来理解、认识生态系统构造、功用以及各种复杂规律，用科学的生态理论来消除观念层面环境保护习惯中的局限性，使其改善自我，实现人与自然更高层次的协同进化，使人们从生态自发性走向生态自觉。

（二）弘扬生产生态化意识，培育绿色生产方式观

丽水、恩施和黔东南州居住在山区的人们，靠山吃山，只有遵循用山养山的理念，才能够可持续生产，因此，当地人们的生产具有生态化特点。源于生存环境的不可选择性，他们的生产必须依赖现实的自然条件，形成适应自然环境的生产耕作方式。黔东南州许多山区村寨的村民造好梯田后，建造引水工程，遇到附近有泉水，就引水进田，若附近无水源，就到很远的地方开凿溪沟把水引来，遇到沟渠要跨越河道，就架设用楠竹或杉木制作的水枧；❷ 抑或开辟出梯田，种植水稻，引进犁、耙等铁制工具，发展"牛耕助种"的农业生产。人们引进先进的生产技术和方法，结合实践，发展出具有地方特色的农作物种植技术规范。其一，传统间作套种技术规范。间作套种技术是指利用不同作物生长期的差异，在同一块土地上种植两种及其以上作物的生产技术。它自古有之，在西汉时期开始萌芽，在明清时期开始盛行。❸ 丽水云和县一些村寨实行"稻豆间作套种"技术，在水田里种植水稻，在田埂上种植黄豆。恩施州一些村寨普遍实行玉米和杂粮间作套种技术，实行辣椒套种茄子（或黄豆或番茄或白菜）和烟叶套种红薯（或土豆

---

❶ 刘希刚，韩璞庚. 人学视角下的生态文明趋势及生态反思与生态自觉：关于生态文明理念的哲学思考 [J]. 江汉论坛，2013（10）.

❷ 陈幸良，邓敏文. 中国侗族生态文化研究 [M]. 北京：中国林业出版社，2014：106-107.

❸ 徐旺生. 从间作套种到稻田养鱼、养鸭：中国环境历史演变过程中两个不计成本下的生态应对 [J]. 农业考古，2007（4）.

或黄豆或蔬菜等）等。❶ 不仅如此，还实行种植和养殖的套种，常见的方式有稻田养鱼、稻田养鸭乃至稻鱼鸭共生。稻田养鱼是对古代楚越之地的"饭稻羹鱼"传统的继承和创新，是为了在空间上寻求发展而进行的立体"套种"，是明清以来南方人民为了协调人地的紧张关系，节约土地而形成的一种新发明。❷ 其二，轮种技术规范。轮种是指在同一块土地上，收获一季作物之后，再继续种植其他作物的种植技术。油菜轮种玉米，在第一年的冬天种油菜，下足底肥，以供油菜收获后，玉米的种植所需要的肥料。到第二年三四月份，油菜收割完毕后，直接种植玉米。❸ 丽水一些村落实行水稻轮种油菜、水稻轮种草籽等。这种轮种技术优势在于充分利用土地，节约劳动时间，提高生产效率。

当今，丽水、恩施和黔东南州人民继续弘扬生产生态化意识，培育和发展绿色的生产方式观。丽水景宁畲族自治县继承和发展稻田养鱼、稻田养鸭等种植和养殖套种技术，2017 年积极探索稻鳖共生、茭鱼共生、茶园养羊等高效生态种养模式❹，2018 年完成稻鱼生态综合种养 1.05 万亩❺。还充分发挥"生态环境卓越，森林资源丰厚"的优势，大力推广先进适用技术和种植模式，促进林下经济规模化、产业化、品牌化发展，促进林业增效与林农增收，景宁县于 2018 年 3 月出台《关于扶持林下经济发展的实施意见》，鼓励林农利用香榧、板栗、油茶等经济林与竹林、用材林等内的空地，种植多花黄精、三叶青、七叶一枝花、掌叶覆盆子等重点发展的中草药材，并给予每亩 800~1500 元的一次性经济补助。通过林下经济发展扶持政策的实施，创新林下经济发展机制，丰富"景宁 600"品牌产品体系，培育农村经

---

❶ 柏贵喜，等.土家族传统知识的现代利用与保护研究 [M]. 北京：中国社会科学出版社，2015：100-102.

❷ 徐旺生. 从间作套种到稻田养鱼、养鸭：中国环境历史演变过程中两个不计成本下的生态应对 [J]. 农业考古，2007（4）.

❸ 柏贵喜，等.土家族传统知识的现代利用与保护研究 [M]. 北京：中国社会科学出版社，2015：102-104.

❹ 钟海燕. 2018 年景宁畲族自治县政府工作报告 [R/OL].（2018-04-02）[2024-10-27]. http：//www.jingning.gov.cn/art/2018/4/2/art_1229438050_4188413.html.

❺ 钟海燕. 2019 年景宁畲族自治县政府工作报告 [R/OL].（2019-03-05）[2024-10-27]. http：//www.jingning.gov.cn/art/2019/3/5/art_1229438050_4188415.html.

149

济新增长点。❶据统计，2018 年建成林下经济示范基地 5243 亩❷，2019 年建成"一亩山万元钱"林下经济基地 2120 亩、示范基地 5 个，❸ 2020 年新建中药材、香榧、油茶等生态基地 11.44 万亩。❹黔东南州坚持生态产业化、产业生态化，依托良好的生态环境优势，大力发展以天麻、黄精、铁皮石斛、草珊瑚、天冬为主的林下中药材种植、林下食用菌种植、林下养鸡、林下养蜂等新一批林下种养殖经济，截至 2020 年年底，林下经济种养面积突破 100 万亩，建成林下经济"百千万"工程基地 2628 个，全州林下经济产值突破 20 亿元。❺林下经济的发展，不仅使山区农民的人均收入增加，还盘活了闲置的林地资源，全面优化森林发展空间，增强森林发展动能，提供更多的无公害、绿色、有机产品，满足市场需求，促进了生态经济的发展。

（三）发扬生活生态化意识，培育绿色生活和消费观

丽水、恩施和黔东南州许多民众具有深厚的生活生态化意识，这种生活生态化意识是由于长期贯彻实行环境保护习惯，逐渐培育而成的。人们在生活中处处因地制宜、物尽其用。居住在山区人民，房屋依山而建，村落布局因地制宜，契合地利，根据不同的地势环境，形成风格不同的布局形式。居住在山势较陡峭地带的丽水人民，充分利用地形的落差，村落沿着等高线分层次布局。建房的地基因前后较狭窄，只能向左右延伸，房屋以横向多开间为主。受此影响，人们只能在山地间，沿着山势地形逐级升高，分层次建房。居住在缓丘坡麓的人们，村落由若干个团块组合而成，布局时，建筑尽量集中，房屋有左右横向多开间抑或带天井的三、五间两厢房等样式，外观

---

❶ 景宁县林业局. 景宁畲族自治县关于扶持林下经济发展的实施意见［R/OL］.（2018-05-15）［2024-10-27］. http：//www. jingning. gov. cn/art/2018/5/15/art_1376152_18112239. html.

❷ 钟海燕. 2019 年景宁畲族自治县政府工作报告［R/OL］.（2019-03-05）［2024-10-27］. http：//www. jingning. gov. cn/art/2019/3/5/art_1229438050_4188415. html.

❸ 钟海燕. 2020 年景宁畲族自治县政府工作报告［R/OL］.（2020-04-30）［2024-10-27］. http：//www. jingning. gov. cn/art/2020/4/30/art_1229438050_4188417. html.

❹ 钟海燕. 2021 年景宁畲族自治县政府工作报告［R/OL］.（2021-03-22）［2024-10-27］. http：//www. jingning. gov. cn/art/2021/3/22/art_1229438050_4566410. html.

❺ 黔东南州生态环境局. "十三五"期间黔东南州生态环境保护成效显著［EB/OL］.（2021-03-29）［2024-10-27］. http：//sthj. qdn. gov. cn/xwzx_0/hjyw_5818102/202103/t20210329_67608041. html.

规整，两座房子的前后、左右相互连接，尽量少占用耕地。居住在山脚平地的人们，村落沿山脚水平线呈带状布局，根据地形的不同有直线形、曲线形和不规则环形等形态，房屋主要由天井式三、五间两厢房和三间房组成，可见，人们将村落布局与自然环境实现有机结合。❶ 恩施州向来就有"八山一水一分田"之称，在耕地资源十分有限的条件下，既要节省出大量宝贵的耕地，又要建造自己的居所，必须"依山而建，分台而筑"。所建造的吊脚楼适应当地的地形变化，沿山、沿谷因地就势布局，形成独特的"山脊型"与"山谷型"布局模式，非但不破坏当地地貌，反而充分利用当地自然资源，就地就近取材于自然中的竹、木、土、石等，具有结构稳定和实用性的民居建筑，并与当地自然环境相协调。人们的穿着服饰和饮食生活不仅取之于自然，而且因地制宜、物尽其用。男女麻布服饰图案纹样来自自然界中的花鸟兽虫鱼，染料多取自本地山林生长的植物，山中的野生植物为人们提供丰富的食物和饮品，乃至民间故事、山歌的许多内容都是关于自然界中的万物，这些都说明他们的生活处处生态化，同时也体现消费方式的生态化。

丽水、恩施和黔东南州许多民众还具有节制欲望、适度消费的传统观念。在人与自然万物的共同体中，自然万物与人相同，都具有各自的需求。人的需求和自然万物的需求之间，时常会发生矛盾乃至于冲突，这种矛盾和冲突是不可避免的。人们面对这种矛盾和冲突，解决的办法是双方互利共赢，满足人类需求的同时又不损害自然。那种只顾人类自身的利益与权利，而忽视乃至损害自然万物权利和利益的做法，必然遭到自然万物的报复，最终造成人类与自然万物的"两败俱伤"，是得不偿失的，因此，人们在利用自然资源的过程中，节制自己的贪欲，自觉地限制自己利用的权利，仅仅是为了满足生存需求，而合理地利用自然资源，从来不会为了满足侈靡需求，而掠夺自然资源，在生活实践中，人们时刻实行节制、适度消费的优良传统。采集野生蔬菜，只采取嫩尖、叶等部位，从不把植物连根拔起。上山砍柴，除非遇到病虫害的树，一般情况下不会砍倒大树，只砍伐树枝或树杈。

著名生态人类学家杨庭硕教授指出，人与自然之所以发生断裂与冲突，并非有意为之酿成的苦果，而是人们长期的生活行为，背离了生态规律而累积起来，所造成的水滴石穿的生态灾难。传统村落之所以能够与其所处的生态环境和谐并行延续，原因在于村民生活中的一举一动，既利用自然，也在

---

❶ 蓝法勤. 浙西南畲族村落与居住文化 [J]. 文艺争鸣, 2011 (4).

保护自然，使得人和自然不仅各得所需，而且彼此没有受到伤害。当代的工业文明则不然，人们利用自然，追求个人利益，却没有人对环境负责。❶ 受到工业文明和经济利益至上的影响，当今人们保护环境的意识与以往相比在降低，因此，在生态文明时代，要继承和发扬人们生活生态化意识和节制欲望、适度消费的传统观念，转变不合理的生活和消费方式，培育和实行绿色生活和消费观。

1. 养成绿色生活观

丽水云和县村民素来热情好客，客人来做客，要泡茶招待客人，请客人吃饭，以往在招待客人时，用小碗泡茶和喝自己酿造的红曲酒，后来，由于纸杯或塑料杯比小碗更加卫生而改用一次性纸杯或塑料杯，一直延续到现在。由于纸杯或塑料杯的利用，浪费资源和破坏环境，因此，当地提倡用小碗或玻璃杯或陶瓷杯等可以重复利用的器具，减少白色污染和对木材的砍伐。村民素有在清明节前，采摘春菊草制作清明果的传统。每年春节后到清明节前，是采摘春菊草的时节，村民平常忙于在外打工等，只有到春节才有较长的假期。2021年正月初二，就有村民邀集七八人，早上10点开车到丽水碧湖去采摘春菊草，下午2点回家，只采集3个多小时，为了在短时间内采摘更多的春菊草，竟然连根拔起整株春菊草，而不是按传统采集枝叶，这种自私自利、罔顾后人利益的行为，是涸泽而渔的行为。❷ 人们在利用自然资源时，要怀着敬畏之心，抑制自己的欲望，依照传统，遵循可持续利用原则，才能取之不尽，用之不竭。人们恪守自然资源的永续利用原则，在采薇的时候，做到四不采：不采四寸半以下的幼苗，不采"猫耳"散开的老苗，不采细的，以及不采头呈圆球形的母苗。❸ 丽水市沙溪村村民沿袭传统，将山上的野生植物与食物搭配制作成药膳，创造出赫赫有名的美食"山哈十大碗"。药膳既富有"药借食力，食助药威"的功效，又符合大家"厌于药，喜于食"的秉性，是深受人们喜爱的民间美味食品。恩施州著名的传统药膳是社饭，社饭的主要原料是糯米、大米和蒿菜。蒿菜性苦寒，是预防与治愈伤、肿痛、痨、疟、痢等多种疾病的药材。每年春分前后吃社饭，有利于养生保健。黔东南许多村寨还保持传统民居，尽管多数村民外出打工，

---

❶ 杨庭硕. 生态建设之道从宏大到精准 [J]. 原生态民族文化丛刊，2016 (4).

❷ 2021年2月笔者在浙江丽水云和县元和街道SJ村调研获得的资料。

❸ 姜爱. 土家族传统生态知识及其现代传承研究 [M]. 北京：中国社会科学出版社，2017：102.

第五章　观念层面与行为层面环境保护习惯促进生态文明建设路径

赚钱回家盖房，但是村民新建的房屋依旧是木质建筑，仅在少数村寨零星可见一两栋水泥房子。景宁的一些传统村落，村民新建房屋也保持土木结构的建筑传统。

2. 倡导勤俭节约消费观

丽水、恩施和黔东南州许多民众向来崇尚节俭，注重"耕当勤俭为本"，强调克勤克俭，力戒奢侈。丽水钟氏家族认为奢侈之风会使家财殆尽，而勤劳可以生财，节俭可以节约财产，因此，勤俭就可以使衣食丰盈。❶ 后来，受享乐奢侈风的影响，在生活中有了铺张浪费、盲目攀比的风气，在结婚喜事中表现得更为突出。为改变操办结婚喜事中铺张浪费的不良习气，做到喜事新办，倡导文明、健康的生活方式，丽水、恩施和黔东南州许多村规民约对此作了规定。丽水云和县雾溪畲族乡《雾溪村村规民约》第15条规定："严格执行'五个不超'事项。即非亲人员随礼不超过100元；婚嫁双方合办婚宴的，宴席桌数不超过30桌，单方操办的，不超过20桌，其他喜事不超过5桌；……办婚车队不超过6辆。"❷《景宁县双后岗村村规民约》第14条还规定："除结婚嫁娶以外，不对外操办生儿育女、乔迁新居、落成开业、生日庆祝、升学入伍、庆典贺礼等事宜的酒席。……每餐不超过800元（烟酒除外），提倡用自产的酒。……迎亲车辆不超过5辆。"❸ 黔东南州黎平县《东郎村村规民约》规定："婚事新办，破除陈规旧俗，反对铺张浪费、反对大操大办。"为遏制村民频繁整酒的不良风气，还对除婚丧嫁娶以外的违规整酒行为规定了处罚措施，恩施州利川市谋道镇《鱼木村村规民约》规定："凡村民操办、参与婚丧嫁娶以外的'违规整酒'的三年内一律不得享受低保、扶贫搬迁、危房改造、学生寄宿补助等相关优惠政策；是党员的给予党纪处分，是村民代表的将依法罢免其代表资格"，并将"违规整酒的（除婚丧嫁娶外）"作为在评比表彰文明村民及卫生先进户时，可予以实行"一票否决"的情形。❹ 许多村寨还成立红白理事会群众性自治组织，制定章程来规范不文明行为。景宁县《双后岗村红白理事会章程》第2条规定："红白理事会的宗旨是：教育群众在操办婚庆喜事中，反对大操大办、铺张浪费、破除陋习、移风易俗"；第7条规定："红

---

❶ 建德航头《钟氏宗谱》，1932年修。
❷ 2020年7月笔者到浙江省云和县雾溪畲族乡雾溪村调研时收集的资料。
❸ 2020年7月笔者到浙江省景宁畲族自治县鹤溪街道双后岗村调研时收集的资料。
❹ 2019年7月笔者到湖北省恩施州利川市谋道镇鱼木村调研时收集的资料。

白理事会的职责和任务：……大力宣扬勤俭持家……等理念，主持或协助事主操办婚庆喜事，制止铺张浪费、盲目攀比……等不良风气"❶。恩施市芭蕉侗族乡《高拱桥村红白理事会章程》第 15 条规定："……提倡精简菜肴，正宴不超过 10 个菜，禁止铺张浪费，取消村宴和街道宴。（3）禁止燃放烟火、杜绝因燃放烟火造成空气污染。（4）不得聘请军乐队和盘鼓队等专业乐队。（5）禁止在主要街道起建舞台，搭建帐篷、大型花环等设施，不准堵塞交通。（6）婚嫁使用车辆严格控制在七辆以内。"❷

（四）牢固树立生态科技意识

人类改造客观世界，必须运用一定的工具和方法（技术手段），从这个意义上来讲，人类文明的起源和发展，从原始文明到工业文明，其实就是一部关于技术发明与技术进步的历史，工业文明与之前的文明相比，科学技术已经突飞猛进。依据工业技术水平的不同，将工业文明时代划分为四个时代，依次为机械设备制造时代（工业 1.0）—电气化与自动化时代（工业 2.0）—电子信息化时代（工业 3.0）—智能化时代（工业 4.0）。现在，人类将要或已经进入工业 4.0 智能化时代。❸ 尽管工业文明时代，科技进步显著，但是，科技作为第一生产力，是一把"双刃剑"，给人类带来高度现代文明的同时，也造成全球性的生态危机。我们必须认识到科技运用的好坏完全取决于人类自身，科学技术毕竟是人类改造自然的工具，本性是中性，没有善恶之分，是合理运用（善用）还是非理性运用（包括恶用或误用或滥用），科技使用的结果是给人类造福还是带来祸害，完全取决于人类这个利用者。❹ 工业文明时代，以人类为中心主义，以控制和征服自然的价值观为指导，缺乏生态价值维度而造成科技的异化❺，在超越工业文明的生态文明时代，必须纠正科技的异化。人类开发和应用新技术，通过对自然资源损耗的减少，对自然环境压力减缓的方式，达到产业升级和环境保护双赢的目

---

❶ 2020 年 7 月笔者到浙江省景宁畲族自治县鹤溪街道双后岗村调研时收集的资料。

❷ 湖北恩施市芭蕉侗族乡高拱桥村《红白理事会章程》，2019 年 7 月笔者到湖北恩施市芭蕉侗族乡高拱桥村调研时收集的资料。

❸ 汪信砚. 生态文明建设的价值论审思［J］. 武汉大学学报（哲学社会科学版），2020（3）.

❹ 张星海. 发展生态科技的对策研究［J］. 科技管理研究，2012（7）.

❺ 陶火生，缪开金. 绿色科技的善性品质及其实践生成［J］. 武汉理工大学学报（社会科学版），2008（4）.

标，换言之，要促使科学技术的正效益达到最大化，负效应达到最小化，达到科学技术与社会、环境的协调发展。要真正实现这个目标，必须发展尊重自然、以人与自然协同发展为中心的生态科技，发展生态科技，不仅改善了传统科技的发展模式，还是人与自然和谐发展的必由之路。❶ 生态科技就是用生态学整体观对待科学技术发展，在科技发展的目标、方法与性质中要始终贯彻生态学原则。❷ 丽水、恩施和黔东南州的产业发展，必须要以生态科技发展为驱动力，提升产业的发展水平，从两方面着手发展生态科技，提升民众的生态科技意识。

1. 普及生态科技知识

在全社会大力开展生态科技宣传工作，普及生态科技知识，强化社会的生态科技意识，提高生产技术规范。丽水云和县 WSK 村，在农业科技人员的指导下，村民们的雪梨生产技术已经从纯粹的经验时代走向全程标准化生产技术时代，生产技术规范得到很大的提升，该村成为丽水市现代农业科技示范基地、云和县老雪梨标准化栽培示范基地。村民们熟练掌握雪梨的种植管理技术和雪梨的 7 个物候期，依照雪梨的物候期，开展相应的生产操作规范。熟练掌握了梨树的常见病症，针对不同的病症进行科学的防治。对幼龄树和成年树施用以有机肥为主、氮肥为辅的肥料使用方法。在病虫害防治方面，按"预防为主，综合防治"原则，合理采用物理防治与生物防治办法，按照病虫害发生的经济阈值，适时开展化学防治。按照鲜梨的等级挑拣梨果，分装放入冷库储存。❸ 丽水景宁畲族自治县郑坑乡致力于提升家庭养猪技术水平，走环境保护和家庭养猪双赢的路子，发展生态散养家猪。养猪遵循"不影响村容村貌、不影响人居环境、不污染水源生态、不养饲料泔水猪"的"四不"原则。养猪实行数量限制，根据土地面积计算出适宜养猪的数量为每年最多 1000 头，每户养猪数量最多为 5 头。实行"移栏出村，集中圈养，污水统一处理"模式，优化区域布局，提高生态猪的规模养殖水平，在离村庄不远处统一建造干净整洁的"美丽栏舍"。"美丽栏舍"用水泥砌墙，屋顶用木瓦搭建，留有通风口，建有四格式化粪池、排污管道、感应饮水器等设施，方便村民养殖。郑坑乡发展生态年猪产业，实现生态保

---

❶ 张星海. 发展生态科技的对策研究 [J]. 科技管理研究, 2012 (7).
❷ 余谋昌. 生态哲学 [M]. 西安: 陕西人民教育出版社, 2000: 131.
❸ 2020 年 7 月笔者到浙江丽水云和县云和街道 WSK 村调研时收集的资料。

护与畜牧业良性共荣发展，打造"畲家生态年猪"品牌，使"生态猪"成为当地人的"致富猪"。❶

2. 促进生态科技成果的推广和运用

重点研究污染防治技术、循环利用技术等绿色技术，加强生态科技成果推广和运用，推进生态科技成果快速转化为产品，提高经济效益。丽水遂昌县三仁畲族乡，素以"浙江省农业特色优势产业竹木强乡"而闻名内外。坑口村某休闲旅游有限公司遵照竹林高效专家的指导，把竹文化与酒文化相结合，在2010年开发出一种具有"活化、生态、天然"特色的新产品"活竹酒"。"活竹酒"是在毛竹中注入白酒，白酒会随着毛竹的生长而发酵，致使其口味比一般的白酒要好。该公司还创新市场推广方式，利用网络平台认养"活竹酒"。❷三仁畲族乡党委和乡政府始终贯彻绿色发展理念，为建设省级现代农业综合区，提高毛竹的产业效益，引入生态科技力量，与浙江农林大学、省林科院等科研院校合作，推进生态科技走乡进村入户，为竹农开展冬笋覆盖、测土配方施肥、竹腔施肥与大径材培育等新技术的培训，提高竹农的种植科技水平和收入。该乡还在浙江省现代竹子科技园区内发展生态工业，园区内竹制品加工企业，采用集约化生产，降低污染排放，提高生态环保品质，推进竹加工向"专、精、特、新"四个方面发展，延长产业链，走可持续发展道路。❸可见，随着生态科技在产业发展中大展宏图，为产业的可持续发展注入新的活力，推进绿色技术产业可持续发展，给生态文明建设提供强大技术保障的同时，也将大大推动人们牢固树立和运用生态技术意识，提升农业生态技术规范。

（五）用活化、固化和转化方式养成崇尚生态文明理念风尚

采用正面激励教育与反面警示教育相结合的方式，举办各具特色的宣传教育活动，这些活动可以被归纳为，创新地采用活化、固化和转化的方式，营造人人、事事、时时共同参与的氛围，培育养成崇尚生态文明理念的良好风尚。

---

❶ 余波，李琦斐. 景宁郑坑：生态猪"移栏出村"，改善人居环境 [EB/OL]. (2019-06-12) [2024-09-02]. https://www.sohu.com/a/320121523_265759.

❷ 2020年7月笔者到浙江丽水遂昌县三仁畲族乡坑口村调研时收集的资料。

❸ 2020年7月笔者到丽水市遂昌县三仁畲族乡调研时获得的资料。

第五章 观念层面与行为层面环境保护习惯促进生态文明建设路径

1. 活化可享，爱护环境，人人有责

正面激励教育主要采用人们喜闻乐见、易于接受的方式，促进爱护环境、人人有责观念深入人心。山歌、侗族大歌是丽水和黔东南人民的传家宝，对于处处有山歌或以歌养心的人们来说，通过创作爱护环境的山歌和大歌来进行宣传教育，就可以起到事半功倍的效果。丽水云和县安溪畲族乡爱唱山歌的 LSM，参加了云和县举办的山歌比赛，获得了铜奖。她也是一位创作丰富的歌手，创作的山歌有《作田歌》："我娘作田远路来，五更鸡啼煮饭装。日昼午时才吃饭，草包装饭又会凉。我娘作田过个界，一头牛草一头犁"，赞美妇女起早贪黑不辞辛苦在山间梯田劳作的作风，教育大家珍惜来之不易的粮食，粒粒皆辛苦。《火葬歌》向大家宣传火葬的好处："身体烧了莫心焦，爱讲卫生讲文明。烧了骨肉百病好，下次转世是好人"，教育大家要认同和执行火葬制度。在当地实行的"积分存折"制度中，她创作了一首山歌，获得了 10 分，她希望自己再创作一首山歌，获得的积分就可以用来兑换鲜花，把自家的庭院装扮得更美丽。❶ 笔者在黔东南州黎平县东郎村调研时，在宣传栏上看到一首题为《东郎村寨卫生整治》的歌谣："东升旭日放光芒，郎才女貌靠衣装。村容寨貌众人理，寨脏家乱面无光。卫生包括房前后，生态处理人健康。整好环境不乱扔，治美高岑午万霞。"❷ 人们可以通过举办歌会、村晚、微信等流行方式宣传爱护环境的歌曲、小品及倡议书等。丽水民众每年要举办各种形式的歌会，遂昌县从 1983 年举办首届重阳歌会开始，到 2020 年已经举办了 36 届。通过三月三歌会、重阳歌会、山歌大赛或原生态山歌大赛的举办，传唱出更多珍惜生态、热爱自然的脍炙人口的歌曲，有的歌曲还可以成为广播、微信的名曲或网红的歌曲而美名远扬。丽水、恩施和黔东南州许多村寨举办村晚，在村晚的舞台上，可以上演节约资源爱护环境的小品。还可以通过拍摄保护环境的宣传片或微电影、微视频，在微信等各种媒介播放，在抖音和快手等热门的网络平台推送，使其得到有效的传播或分享，为男女老少津津乐道。每年清明祭扫先人时节，为保护好大自然，减少环境污染，弘扬文明新风，2023 年 2 月，恩施市盛家坝乡 EG 寨村民委员会制定"文明祭祀我践行，栽花植树寄哀思"

---

❶ 2015 年 7 月和 2020 年 7 月笔者到浙江丽水云和县安溪畲族乡调研获得的资料。

❷ 2019 年 7 月笔者到黔东南州黎平县东郎村侗寨调研收集的资料。《东郎村寨卫生整治》由石玉昌编、黄费灯整理、石延婷撰写。

的绿色清明倡议书，主要内容包括：号召大家做文明祭扫的引领者，过一个绿色低碳、安全的清明节。"采用鲜花祭奠用品，禁止在坟墓区燃放鞭炮。……提倡厚养薄葬，老人还在世的时候，提议多给一点钱。……倡导采用网络祭祀、植树祭祀、踏青遥祭等新时代文明祭扫方式追思故人，寄托哀悼。……不购买和使用不易降解祭祀用品。提倡给自家的祖坟坟头栽上四季常青的麦麦动，我们的祖先'万古长青'；坟前栽两至四棵枝繁叶茂的树，后人一定会'枝繁叶茂'……"❶

2. 固化可视，破坏环境，人人有害

反面警示教育方式，主要是在一些重要地方设置警示告诫标识。黔东南州黎平县东郎村在路边树立了一块红色警示牌："此处禁止倒垃圾，违者罚款500—1000元。"丽水市莲都区沙溪村实行"美丽庭院"创评活动，创评项目分为环境卫生清洁美、摆放有序整齐美、栽花植物绿化美、院落设计协调美和垃圾分类到位美五大内容，每部分内容为20分。村民被分为三组，每组有4名督查考评成员，对辖区内的每户家庭环境卫生打分，评出最美庭院和最差庭院，最差庭院户的户主因其名字在墙上被曝光而在众人中丢尽颜面。❷ 丽水云和县苏坑村在村委会门口的墙上张贴着"丽水市森林火灾肇事追究失火罪"十大案件，案件时间分布：2018年7件，2019年3件。引起火灾的原因分别为烧杂草（茅草或荒草）5件、祭祀烧纸2件、焚烧垃圾1件、吸烟1件和气割施工作业1件。涉案刑事被告人适用缓刑9件，最短为有期徒刑六个月，缓刑一年；最长为有期徒刑一年六个月，缓刑三年，适用实刑1件，为有期徒刑三年二个月。1件案件赔偿2.4万元，1件案件支付失火费3.8万元。❸ 正如标语所云："烧灰积肥，弄不好，要坐牢"，还可以加上赔偿。这样的警示标识随处可见，警醒人心，无时不在温馨地提醒大家，破坏环境，人人有害，重者，既失去自由，又失去财产。

3. 转化可用，保护环境，人人有利

2021年3月5日，在全国两会上，习近平主席参加内蒙古代表团审议时，强调"生态本身就是价值"，生态价值包括林木价值和绿肺效应，还有

---

❶ 2023年2月8日来自笔者朋友圈中的恩施市盛家坝乡EG寨村民委员会成员发的"文明祭祀我践行，栽花植树寄哀思"绿色清明倡议书。

❷ 2020年7月笔者到浙江丽水市沙溪村调研获得的资料。

❸ 2021年2月14日笔者到浙江丽水云和县苏坑村调研获得的资料。

旅游、林下经济等带来的价值。❶ 绿水青山就是金山银山，丽水、恩施和黔东南州多的是绿水青山，怎样把绿水青山转化为金山银山？从生态文明建设的实践来看，转化方式主要有三种：一是开展生态系统生产总值（GEP）核算工作，积极探索 GEP 向 GDP 转化的路径。2019 年，丽水遂昌县大田村开展全国首例村庄的 GEP 核算工作并发布报告，报告显示"2018 年，大田村 GEP 约 1.6 亿元"，显示出该村具有丰厚的生态价值，也由此吸引了酒厂、食品厂等企业入驻，加速了生态资源向经济来源的转化。据统计，2019 年，大田村开办 38 家农家乐，旅游经营性收入超过 500 万元，居民人均可支配收入达到 24 699元，比遂昌农村居民人均可支配收入高出 3950 多元。该村正着力打造一个生态、生产、生活"三生共同体"的乡村，走高质量绿色发展之路。❷ 二是发展民宿经济。恩施州以交通枢纽区位美、洞奇峰秀地貌美、清凉宜居气候美、清江画廊水流美、绿色氧吧森林美、流连忘返风景美、天赐恩施富硒美、热情好客人文美、享誉全国歌舞美和回味无穷美食美十大美优势，大力发展民宿经济，成效显著，"2022 年 1—8 月，利川市民宿旅游接待 104.5 万人次，旅游综合收入 5.19 亿元"❸，创造了中西部地区民宿发展的奇迹，成为湖北省发展民宿经济的样板。丽水市发挥生态优势与人文优势，打造富有区域特色的"丽水山居"民宿经济，突出"农的性质""家的感觉"和"乐的氛围"，具备舒心、贴心、放心、开心、养心"五心"标准，蕴含着有山水、有业态、有乡愁、有创意、有体验、有故事、有主题、有智慧、有口碑"九个有"内容。丽水民宿经济开展得风生水起，2014—2019 年，丽水市农家乐民宿经营收入从 11.73 亿元增长到 41.5 亿元。❹ "黔东南州依托民族文化和生态环境的优势，开发以景观、生态、美食、文史、民俗、田园为特色的主题民宿，创新'民宿+农业或文化或康养'模式，积极打造高山流水、田园牧歌、传统村落交相辉映的乡村精品

---

❶ "绿水青山就是金山银山"是增值［EB/OL］.（2021-03-06）［2024-10-12］. http：//news. youth. cn/gn/202103/t20210306_12746755. htm.

❷ 郑亚丽，李震宇. 小山村里"点绿成金" 遂昌大田村通过 GEP 核算走高质量绿色发展之路［EB/OL］.（2020-07-04）［2024-10-18］. https：//zj. zjol. com. cn/news. html?id=1479125.

❸ 伍燕. 培育产业品牌 加强顶层设计 打造民宿产业强县［EB/OL］.（2022-10-13）［2024-10-12］. http：//www. eszzx. gov. cn/jyjl/202210/t20221013_1359650. shtml.

❹ 杨敏. 5 年营收增长近 4 倍 丽水农家乐民宿为经济发展添动力［EB/OL］.（2019-07-03）［2024-10-12］. https：//cs. zjol. com. cn/zjbd/ls16512/201907/t20190703_10465721. shtml.

民宿，推动乡村精品民宿与其他产业融合发展。"❶ 这些都是依托良好的生态来发展某种产业，是在保护好环境之后，从发展某种产业来获得利益，可以说是间接从保护环境中获得利益。三是丽水云和县探索"两山"转化机制，开展"两山银行"，实行生态产品价值实现机制，使村民可以从良好的生态中直接获得利益。云和县安溪畲族乡《下武村村规民约》规定，禁止将垃圾倒入河道、沟渠、路边或者田埂岸下，违者自行清理；鼓励举报行为，经查属实，对举报者给予一定奖励；对盗伐林木、毛竹，偷挖竹笋者，情节严重的，报司法机关依法追究法律责任；果园、菜地不得乱拉电网；严禁乱扔乱丢病死畜禽等。❷ 保护环境，不仅是墙上村规民约的纸上谈兵，更重要的是实实在在地落实到每个人的行为上，因此，云和县安溪畲族乡在美丽乡村建设中，对基层治理单元进一步优化，融合党组织体系与治理体系，创新设立微网格治理制度，推出"积分存折"制度。为了增强村民的主人翁意识，提高他们共同建设村庄的归属感和荣誉感，乡里还创新实行"积分存折"制度。制定《积分细则》，规定每个党小组每个月至少组织村民开展 1 次有意义的集体活动，并对每个活动规定分值，参与防火、防汛巡查一次加 1 分，参加植树造林一次加 5 分，创作法治小品、歌曲、舞蹈等文化节目每个加 5 分等，除了加分项之外，还有减分项，如乱扔垃圾的，扣 3 分。村民通过参与各类活动赚取积分，微网格长负责做好"积分存折"加减分的登记工作。党小组组织村民们开展美丽门厅大比拼活动，还带领村民定期清理村寨卫生和环境整治活动，修理河道，有利于防洪和农业生产；做好垃圾的清理和分类工作，组织村民防火、防汛巡查，建立鸡、鸭、鹅等家禽的圈养点等。村民们通过参与各类活动，不仅美化乡村环境，而且拿到积分，这些积分可以换取生活用品和美丽鲜花，也可以享受低息贷款等优惠，还同评比先进、考察入党等挂钩。❸ 村民们的一举一动都纳入动态的考评中，受到时刻的监督和管理，更重要的是保护环境，村民们从良好的生态中直接获

---

❶ 黔东南州州政府办公室. 黔东南创新"民宿+"模式 推进乡村精品民宿发展［EB/OL］.（2022-02-21）［2024-10-12］. http：//www. qdn. gov. cn/zwgk_5871642/zdlyxxgk/whly_5872077/202202/t20220221_72638416. html.

❷ 2015 年 7 月笔者到浙江丽水云和安溪畲族乡下武村调研获得的资料。

❸ 2020 年 7 月笔者到浙江丽水云和县安溪畲族乡调研时该乡提供的资料，结合：柳林静，季秀飞. 云和县安溪乡以"五治融合"打造畲乡美丽城镇［EB/OL］.（2020-07-10）［2024-03-12］. https：//town. zjol. com. cn/gun/202007/t20200710_12126629. shtml.

得实实在在的利益,把保护环境行为转化为有用的财产,让人们从保护环境中得到合理收益,享受到获得感和幸福感,凸显了保护环境,人人有利的思想。

第二节 行为层面环境保护习惯促进生态经济体系建设路径

丽水、恩施和黔东南州生态经济体系建设必须实行经济结构和经济发展方式的转变。农业生产必须调整、优化产业结构。必须立足于"绿水青山"的实际情况,因地制宜,大力发展现代山地特色高效农业,为市场提供无公害绿色有机农产品。具体而言,着力发展特色生态种植、养殖产业,做大做强水果、中药材、茶叶、鸡、猪及稻鱼、鸭等特色生态产业,"形成生态种(养)、农产品加工与销售、休闲观光、养生保健为一体的特色农业"❶,在绿色发展理念的引领下,促进特色生态产业与当地特色文化、良好的生态优势相结合,走农业与旅游业相融合等生态旅游发展之路,不断壮大特色生态产业经济、生态旅游经济的发展。

一、促进特色生态产业绿色发展措施

环境保护习惯作为传统文化的重要组成部分,已经形成一种文化模式。所谓文化模式实质是风俗礼仪,文化模式中的行为方式不仅合理存在,还塑造着个体的行为;由于每个个体的天分中具有较强的可塑性,因而个体就十分容易被塑造成为他们群体文化中的那种形式,而后,按照指定的行为方式来行动。❷ 同时,对经济发展的研究,不仅要考察对经济活动的直接影响因素,如生产产品、生产交换模式,还要考察对经济活动的间接影响要素,如思维模式、行为方式和法律等软件,更重要的是习惯是市场经济的运行基础❸,虽然资本、技术、地理优势及劳动对经济增长起着一定的作用,但是

---

❶ 韦信祥. 黔东南特色生态农业产业发展现状及对策研究:以雷山、榕江、三穗三县为例[J]. 产业与科技论坛, 2016 (22).

❷ 露丝·本尼迪克特. 文化模式 [M]. 王炜, 等译. 北京:社会科学文献出版社, 2009:3, 166.

❸ 韦森. 习俗的本质与生发机制探源 [J]. 中国社会科学, 2000 (5).

文化与习惯的遗传才是最终的决定性因素❶，因此，在新时代，实现惠明茶习惯对惠明茶产业绿色发展的有效措施，在于遵循生态、文化与经济协同可持续发展原则，传承和发展惠明茶习惯。

（一）遵循生态、文化与经济协同可持续发展原则

人类的物质生产实践活动，特别是社会主义生产直接目的是满足人的全面需要，有物质需要、精神需要，还有生态需要，这三个需要还要得到全面发展，这是社会主义经济发展的重要特征；实现社会主义满足人民群众的全面需要，达到生态、文化和经济有机统一与协同可持续发展，是社会主义现代化建设的出发点与归宿，也是社会主义生态文明建设的本质属性。❷ 生态保护、经济发展与文化传承发展三者之间存在对立与统一的关系。对人的生存而言，经济发展固然重要，但生态保护与文化传承发展是经济发展无法替代的、人民幸福生活不可或缺的内容，当三者发生矛盾时，生态保护、文化传承发展处于优先的地位。同时，三者之间的矛盾可以协调，只要将生态与文化优势转化为生态农业、生态旅游等生态经济优势，就实现了生态经济文化的内在统一。在生态、经济与文化协同可持续发展中，生态是前提，经济是基础，文化是保障，生态与文化为经济赋魂，经济为生态、文化赋能，这是绿色发展的理论本质和实践主旨。当前惠明茶经济效益显著提升，2019年年产值达4.6亿元，是2007年年产值0.975亿元❸的4.72倍，但同时也出现生态与文化遭到破坏的不和谐现象，因此，惠明茶产业的绿色发展，必须要遵循生态、文化与经济协同可持续发展原则。

（二）传承惠明茶习惯，提升惠明茶产业经济效益

惠明茶习惯具有稳定性和可持续性，遵照固有的习惯行事，因其所付出的成本代价最低而最容易被遵从。坚持以往行为方式和避免冒失的决策可以

---

❶ 刘鹤．没有画上句号的增长奇迹［M］//吴敬琏，樊纲，刘鹤，等．中国经济50人看三十年：回顾与分析．北京：中国经济出版社，2008：268.

❷ 刘思华．对建设社会主义生态文明论的再回忆：兼论中国特色社会主义道路"五位一体"总体目标［J］．中国地质大学学报（社会科学版），2013（5）.

❸ 全县茶园总面积2600公顷，每公顷纯收益1.50万~3.75万元，计算出年产值最高为9750万元。参见：梅小宝，何德庭，林建荣，等．景宁县茶叶产业的发展现状及对策［J］．现代农业科技，2009（18）.

规避隐含在采取新的行为方式中存在的风险,从而降低决策成本❶,因此,必须继承和发扬对惠明茶产业发展有利的惠明茶习惯,提升惠明茶产业的经济效益。除种茶、制茶、用茶与饮茶习惯中的一些合理内容外,还要发扬那些能够促进经济效益提升的惠明茶生产经营习惯,如热情好客、与人友好往来及诚实守信习惯。景宁敕木山村民不仅待人友善,还用最好的东西招待客人,赢得了"采茶工"的信任和支持,解决了采茶工难找的问题。每年在茶叶采摘最忙的农历三月,仅靠家里的劳动力是无法完成繁重的采茶任务的,村民只能请"采茶工",虽然景宁敕木山村交通不便,采茶的工钱又比大公司低,但是村民为人热情,做人厚道,从不亏待别人,把"采茶工"当作姐妹,与她们建立深厚的感情,形成长期的互惠合作关系。发扬这个习惯,请到更多的"采茶工",及时充分采摘茶叶,解决春茶采摘不充分的问题。村民做生意崇尚诚实信用,从不缺斤少两,又从不吝啬,茶叶质量好,价格又公道,不乱涨价,因此,就拥有了很多老顾客,茶叶销售主要依靠老顾客的支持,买卖诚实守信,有助于惠明茶产品销售。还有涉及婚姻家庭方面的茶习惯,新娘茶、迎客茶等主题可以在茶事活动中加以发展,在每年的"中国畲乡三月三活动"以及各种茶博会中成为宣传、展现惠明茶魅力的最亮丽名片。

(三) 养成惠明茶种植管理生态化习惯,提升惠明茶产业生态效益

新旧习惯的转换具有必然性。习惯反映人们的利益和需要,某种习惯之所以被拥护,是因为它拥有满足人们现实需要的内容,当它不再具备这种功能,反而带给人们种种不幸的后果抑或灾难的时候,这种习惯就要被新习惯所取代。❷ 环境问题是由不合理的种植管理习惯产生的,解决环境问题就必须对其加以改变,构建绿色的种植管理习惯,提升惠明茶产业的生态效益。

(1) 优化茶园生境,维护生态平衡。对于自然条件优良的惠明茶茶园,茶园生态环境优化重点在于维护生态系统的平衡性。在生态系统中,生物群落多样性越大,结构越合理,系统的稳定性就越高,因此,采取适当的措

---

❶ 埃克哈特·施里特. 习俗与经济 [M]. 秦海, 杨煜东, 张晓, 译. 长春: 长春出版社, 2005: 5.

❷ 张雄. 习俗与市场: 从康芒斯等人对市场习俗的分析谈起 [J]. 中国社会科学, 1996 (5).

施，改造现有茶园的生态环境，保障茶园生物群落结构的合理性。针对集中成片的惠明茶茶园，通过合理种植茶树良种、林木、草、大豆等适宜作物的措施，增添各生物群落的种类和数量，同时维持系统的相对平衡。①改良茶树品种，提高茶树的良种化。改造现有的低产茶园或新建茶园时，选用品质和效益均优的茶树良种，遵循多抗性、多样性、无性繁殖原则，优先选取抵抗当地主要病虫害性能较强、利于原料储运加工的无性系茶树品种，同时兼顾品种的多样性与搭配的合理性。②合理植树种草，增加茶园的植被，丰富生物的多样性。将坡度超过25度、水土流失严重的低产劣质茶园，改造为生态力高一点与茶树形成互惠关系的经济林木。在梯级茶园梯壁上，如杂草丛生，除去恶性杂草，留下良性杂草覆盖地表，保持水土。③套种间作。在幼龄茶园行间或未封行茶园可以套种大豆、蔬菜、萝卜等适宜作物，茶园的套种间作有助于缓解因种茶而菜园地的紧张，使农户获得一定数量的蔬菜等作物，满足菜篮子的生活需要，提升生态系统的空间利用率。④推行茶羊种养模式。在茶园内养羊，用羊来吃草，取代人工除草，可以有效除去茶园中与茶树争水争肥的杂草，节约人工除草所需的成本和劳力资源，还为羊提供较为充足的有机饲料，同时羊尿、羊粪为茶园提供有机肥料，形成茶叶种植与动物养殖互为利用、适得其所的生态模式，实现生态系统的良性循环。❶

（2）病虫害绿色防控。病虫害的防控建立以生态调控为本原，理化诱控与生物防治相配合，科学用药为辅的多元防控模式。❷ ①以生态调控为主。通过采用不断地改善茶园的生态环境，维护生态系统平衡的多种方式，达到预防与控制病虫害的效果。在植树种草时，选用有驱虫功效的桉树、香椿树作为遮阴树，在茶园四周、梯壁等地方种植决明子、薄荷、柠檬草、薰衣草等草本植物，既驱虫，作绿肥，又为天敌提供食物、繁殖等场所，采取中耕除草、有效施肥、及时采摘和修剪等手段，加强茶园的管理和清洁工作。②理化诱控与生物防治相配合。理化诱控，主要采用色板粘虫、夜间使用黄色灯光、性诱剂杀虫等利用害虫的趋性来防治害虫的方法。通过保护害虫天敌、释放茶尺蠖、红点唇瓢虫等天敌昆虫、应用病原微生物制剂、使用

---

❶ 李玉胜，秦旭. 绿色茶园现代栽培技术［M］. 北京：化学工业出版社，2016：10-12.
❷ 全国农业技术推广服务中心组. 茶叶绿色生产模式及配套技术［M］. 北京：中国农业科学技术出版社，2016：129.

植物源农药和喷洒农用喷淋油等方式来控制害虫。③科学用药。采用符合国家标准的高效、低毒、无残留,并对茶叶的品质无不良影响的农药,对症下药,严守农药的安全间隔期,适时、适量地用药,有效防控病虫害❶,将病虫害的数量控制在经济危害水平以下,并为天敌提供食料,维持生态系统的相对平衡。

(3)绿色高效施肥。对茶树施肥要遵循因地、因时按需、坚持平衡原则。因地按需施肥,实行测土配方施肥❷,以土壤的检测分析为依据施肥。据检测,景宁茶园土壤 pH 值处于 4.1~6.4,其中低于 5.0 的占 61.51%,而茶生长最适宜的 pH 值为 4.5~6.5,表明土壤有酸化的趋势。土壤的养分情况,有效磷含量总体偏低,速效钾平均水平虽然达到要求,但是极不平衡,锌、铁、铜等微量元素较低,因此,采取控酸、补磷、适钾及补锌、铁、铜等措施,对茶园的土壤实施改良。对茶园土壤 pH 值低于 4.5 的,施用石灰物质、生理碱性肥料和增施有机肥来调整土壤 pH 值。通过测土配方施肥,可以有效地使土壤提供的养分恰好满足茶树的需求,达到供需平衡,提高肥料的利用率,保护生态环境。❸ 因时按需施肥,按照茶树在生长发育的不同阶段,在一年生长发育的不同时期对各种营养元素的需求来施肥。如幼年期的茶树对磷、钾元素需求大,要提高它们的用量比例,成年期茶树因营养消耗大于幼年期与青年期,因此,其施肥量要大,基本上是按茶叶的产量来计算,茶芽萌发之前要施速效氮肥,进入 6 月后,茶树对磷的需求比氮大,要多施磷肥。❹ 施肥要坚持平衡原则,主要是无机肥与有机肥平衡,其次是中微量元素与大量元素平衡等。❺

---

❶ 全国农业技术推广服务中心组.茶叶绿色生产模式及配套技术[M].北京:中国农业科学技术出版社,2016:129-135.

❷ 测土配方施肥是根据作物需肥规律、土壤供肥性能与肥料效应在有机肥为基础的条件下,提出氮、磷、钾及中、微量元素等肥料的施用品种、数量、施肥时期和施用方法。

❸ 刘术新,李小荣.景宁畲族自治县耕地质量与管理[M].北京:中国农业科学技术出版社,2016:93-101.

❹ 李玉胜,秦旭.绿色茶园现代栽培技术[M].北京:化学工业出版社,2016:61-62.

❺ 全国农业技术推广服务中心组.茶叶绿色生产模式及配套技术[M].北京:中国农业科学技术出版社,2016:119.

（四）形成传统与现代统一的加工习惯，提升惠明茶产业文化经济效益

惠明茶产业绿色发展必须依靠绿色技术创新，实行茶叶节能高效、绿色环保加工技术，发展茶叶精深加工技术，建立和发展茶叶的现代机械化制作方式，提升茶叶加工水平和生产能力。出于节能环保、缓解劳动力紧缺、提高惠明茶质量的需要，茶叶在加工过程中推广机械化，提倡电能，全程实行清洁化、连续化、规模化生产，形成绿茶、红茶及香茶多茶类组合品种。随着精深加工技术的研发及运用，充分利用夏秋茶提取茶叶功能成分，生产茶饮料、茶酒及茶食品，开发含有茶色素、茶多酚、茶氨酸等成分的各种保健品，推进茶日化用品等，提高茶叶资源综合利用率。❶

虽然采用现代机械化制作方式极大提升了惠明茶的经济效益，但在惠明茶加工习惯中，要实行传统手工制作与现代机械化制作双轨运行机制，处理好传统与现代工艺之间的关系。为了满足市场的需求，惠明茶产业发展日趋规模化，市场上销售的惠明茶大多采用机械化生产，较少使用传统手工制茶方式。随着惠明茶产业规模的扩大，惠明茶中所蕴含的特色，如传统茶文化因子也正随之日渐消失❷，这意味着惠明茶产业的规模化对惠明茶习惯及其文化特色的传承和发展带来了较大的冲击。消除这种冲击的办法，是惠明茶产业的发展要在规模化与传承和发展好惠明茶习惯及其文化特色之间达到平衡。可以借鉴恩施玉露，秉持其精神内涵，在加工制作方式上实行传统手工制作方式与现代机械化方式双轨运行机制的做法。

（1）遵循敬重传统，秉持恩施玉露精神内涵原则。无论是传统制作方式还是现代机械化制作方式，都必须传承恩施玉露茶叶的文化精髓。①蒸汽杀青（简称蒸青）这个标志性的工艺，一定要坚持。②茶叶的外形和色泽品质。恩施玉露的特色在于外形条索匀整、紧圆、挺直如针，色泽翠绿油润，内质香高味醇，这些是恩施玉露的文化精髓，是内容，传统制作方式与现代机械化制作是其制作方式，是外在形式。没有文化精髓的一切外在形式，就是僵死的躯壳；反过来，如果没有外在形式的不断创新，文化精髓恐

---

❶ 《浙江省人民政府办公厅关于提升发展茶产业的若干意见》（浙政办发〔2012〕142号）。

❷ 方清云. 经济人类学视野下的民族特色产业规模化发展的反思［J］. 云南民族大学学报（哲学社会科学版），2019（4）.

怕也要消亡，因此，只有传承文化精髓，不断地改进、创新加工方法手段，才是对恩施玉露更加有效地传承和发展。

（2）在加工中实行传统与现代制作方式双轨运行。一方面，两者都具有各自的优势和价值，不可替代。一个生产厂家必须要有传统生产线和现代生产线，传统生产线是为了文化传承，作为培养接班人，练习手工制法的场地。手工制茶具有附加值，拥有文化含量和技术含量，如传承人制作的茶叶，价格就高，但由于它的生产量、批量小，劳动强度大，所以要满足市场需求还必须采用机械化、连锁化生产。与手工制茶相比，机械化生产具有三大优点：一是生产批量大，产量高，效率高；二是颜色稍微绿点，形状比较直一些；三是机器生产出来的产品，比较统一。但是它也存在香味淡、筛除率高的缺点。无论是手工制茶还是机械化生产，都可以生产出高档、中档、低档的产品，可见，双方各自具有优缺点，只有多样化的生产才能符合多元化的市场需求。另一方面，传统衍生出现代。机械化的设备是根据传统工艺的工作原理制造出来的。为了达到让机械化生产的产品质量与手工制作相同的目标，必须在机器设计、制造两方面符合传统工艺的工作原理。如高温蒸气杀青，制造的机器要满足手工蒸青灶蒸青的原理和要求，精揉机同样也要符合手工整形上光的原理和要求，表现为炒锅里的炒手符合手工搓茶的力学原理，动作运动规律完全相同。为了实现这个目标，要根据生产发展的需要和市场的要求，在忠于传统的基础上，不断改进、创新工艺。恩施玉露制作技艺国家级代表性传承人杨胜伟开展了针条形茶整形机的研究，指导学生改制蒸青灶、焙炉，燃料由原先的烧柴烧煤改为用电，不仅符合清洁化的要求，还保护了环境。他与企业一道复原了蒸青工艺，在秉持传统的前提下，用现代设备和技术解决传统工艺制作效率低、多批次口感不一、无法标准化的问题，实现了恩施玉露生产的机械化和连锁化。在生产经营过程中，还可根据消费者对香气需求的变化，在做好传统技艺传承和传统品质风格保持工作的前提下，进一步改革加工工艺，生产出浓香型的恩施玉露。❶

如同恩施玉露的生产，在惠明茶的生产中，要遵循敬重传统，秉持惠明茶精髓，实现传统与现代工艺的有机统一。惠明茶的精髓在于"香高持久，

---

❶ 关于恩施玉露秉持其精神内涵，在生产中实行传统制作技艺与现代机械化双轨运行机制的内容，来自2019年7月27日笔者对恩施玉露制作技艺国家级代表性传承人杨胜伟的访谈整理而成。

滋味鲜爽，耐于冲泡"，回味甘甜❶，泡上四五杯，茶韵犹存❷。无论是手工制作还是机械化生产，都是惠明茶的外在形式，惠明茶的精髓是内容，内容和形式相互促进，形式依附于内容，内容需要借助形式，因此，在生产经营过程中，根据市场需求的变化，在保持惠明茶精髓的前提下，不断地改进、创新加工方法和手段，与时俱进地发展惠明茶，实现惠明茶产业的守正与创新，提升惠明茶产业的文化经济效益。

惠明茶产业的发展状况直接影响到景宁生态经济体系建设、乡村振兴战略与脱贫攻坚工作的成效。习惯是任何一种经济制度都无法逃避与否认的"历史遗存物"❸，在当前绿色发展经济形态下，认真把握惠明茶习惯与惠明茶产业发展相互影响的内在关系，在生态文化经济协同可持续发展原则的引领下，对惠明茶习惯进行扬弃，增强惠明茶产业发展内生动力，为惠明茶产业绿色发展筑牢根基。

二、促进生态旅游经济发展措施

促进生态旅游经济发展措施，主要以稻鱼鸭共生习惯为例来展开，通过发展稻鱼鸭共生习惯的方式，促进农业与旅游业的融合发展，以此壮大当地生态旅游经济。

（一）发展稻鱼鸭共生习惯，推进稻鱼鸭产业的发展

稻鱼鸭共生习惯，是一种人工农业耕种方式，机械化的程度较低。山地的生态环境不适合大型机械生产，特别是梯田的农业生产，水稻的种植、投鱼、放鸭时间必须由人来调控，需要投入大量的劳动力，要掌握稻鱼鸭种养殖技术。每一种糯稻品种适合哪一地块，糯稻的生长情况与生物特性，具体的农事操作，病虫害防治技术的掌握，要耗费大量的精力和时间，需要经过长期的生产实践，而且从江县现存的糯稻品种，就有如金洞糯、红禾等10多个。据调查，黎平县黄岗村村民要熟练掌握现存 17 种糯稻品种的种植、管理和收割各项技术及技能，需要 40 岁以上的中青年才能做到❹，因此，

---

❶ 包佐森，叶昌松. 景宁惠明茶溯源与产业发展历程 [J]. 茶叶，2011（2）.
❷ 严轶华. 金奖惠明茶的前世今生 [J]. 茶博览，2015（2）.
❸ 张雄. 习俗与市场：从康芒斯等人对市场习俗的分析谈起 [J]. 中国社会科学，1996（5）.
❹ 罗康智，罗康隆. 传统文化中的生计策略：以侗族为例案 [M]. 北京：民族出版社，2009：88.

第五章 观念层面与行为层面环境保护习惯促进生态文明建设路径

这个高度精细又错综复杂的稻鱼鸭种养殖系统,要实行全程机械化的生产,不太具有现实性。即便实行全程机械化生产,也将失去稻鱼鸭种养殖系统作为世界文化遗产这个传统农业耕作的价值,可见,今天,稻鱼鸭共生习惯这种人工农业耕种方式,在现代化的冲击下,显得弥足珍贵。

稻鱼鸭共生习惯可以形成一定的经济价值。稻鱼鸭共生习惯高效地利用有限土地,低耗能,高产出。无论是短期效益还是长期效益,每亩稻田,稻鱼鸭共生习惯产生的效益比单纯杂交稻种植的产出要高。糯稻除了收获糯谷外,稻草还可以作为工艺品原料和牲畜的饲料,还有鱼和鸭子的产出,如果当地人的种田技术高明,鸭子育成快,稻田可以放养 2~3 批雏鸭,可以收获更多的鸭子,鲤鱼的生长期比水稻要长,可以跨年放养,重量可达一两斤。此外,还有茭白、水芹菜、田螺、黄鳝、泥鳅等动植物,甚至卷叶虫、钻心虫等害虫也可以成为美味佳肴,稻鱼鸭共生系统在单位产量上的综合产出较高。由于它不用化肥和农药,不破坏稻田生态环境,可以持续从事生产,长期效益更大。尽管稻鱼鸭共生系统每亩稻田的农业经济效益要比普通杂交稻效益大,但是由于当前稻鱼鸭共生系统遇到了一些困境,阻碍其经济效益的充分发挥。一是当地人的稻鱼鸭种养殖更多的是自给自足的小农经济。自农村实行家庭生产承包责任制,土地分配到户,由每户来经营。每户分到田块集中程度与大小等因素影响到是否在稻田里养鱼鸭,稻田养鱼鸭的生产规模小,分散程度高,种养殖技术不成熟,生产设备落后,稻鱼鸭的种质资源有待改进,香禾需要手工采摘和收割,脱粒难,生产投入的劳动力多,强度大,生产效率低。❶ 稻田养鱼鸭市场化程度低,稻鱼鸭这种高品质农产品的市场无法拓展,高品质农产品的高端价格优势没有展现,当地人从事稻鱼鸭的产品都用来自己消费,致使稻鱼鸭产品的价值较低,效益低。二是随着社会的发展,城乡二元化日益突出,城乡经济发展不平衡,城乡之间的差距日益加大,人们在物质方面的需求也日益增长。与工业生产相比,农业生产所得的经济效益不如工业生产,致使稻鱼鸭的经济效益越发显得低微。为了追求更高的经济效益,越来越多的当地人为了能够外出务工又可以不荒废田地,选择草率种田,根本无心顾及稻鱼鸭共生系统的生产效率和效益。

黎平和从江县是黔东南州从事稻鱼鸭产业的主要地区。笔者于 2019 年

---

❶ 刘业海,陈建祥,郑桂云. 黔东南香禾产业发展现状与对策 [J]. 耕作与栽培,2011 (6).

8月到黎平县某村寨调研，该村是一个坐落于山顶位置较为偏僻的村寨，当地的传统文化保持得较好。该村大多数中青年外出打工，只留下老年人、妇女在家务农。普遍种植一季杂交稻，但糯稻的种植面积较小。放养一批鱼，但不是在每一丘稻田里养鱼，稻田养鱼占据的比重小，鱼的数量不多。放养一群鸭的地方很少，只有一个地方饲养一群鸭。该村是个贫困村，得到扶贫单位黔南州一家医院的支持，在村里搞订单养鸭脱贫。笔者与养鸭户和村民交流稻田养鱼鸭，得知村民不担心品质，只愁销路。养鸭户还考虑要不要继续养第二批鸭，因为第二批鸭子的销售没有着落，担心成鸭卖不出去致使之前的付出落空。很多人感叹在家搞稻鱼鸭养殖还不如外出打工，外出打工，只要上班，每月就有收入，效益要比务农高。可见，稻鱼鸭共生系统因规模小、资金缺乏、没有市场优势，所产生的高品质农产品的经济效益，难以发挥。❶

同样是农业文化遗产保护地，浙江丽水青田稻鱼共生的发展模式值得借鉴。青田县为保护和发展农业文化遗产，把"稻鱼共生"作为一项产业来发展。强化政策扶持，出台产业发展三年行动计划，开展落实该项行动计划的配套工作，实行标准化生产，建立现代农业生态循环示范区1个，省级稻鱼共生精品园2个、稻鱼共生主导产业示范园1个，形成"一核多点"的产业格局。强化品牌建设，为品牌的发展建章立制，不仅设计出统一的标识系统和Logo标识，还推动稻鱼共生产品品牌维护和应用推广。开拓农产品市场，提升品牌市场认可度，让产品进入"盒马鲜生"等网络平台及各地农贸市场，跻身中高端市场。进行产业的深度开发，实现农业、旅游业和文化融合发展，打造农业特色观光基地。❷

发展稻鱼鸭共生产业，从江县政府要做好该产业的定位，要把它从县里的一般产业发展成为重点产业乃至主导产业，在政策、资金等方面给予支持。当前首要任务是扩大规模，实行标准化生产，强化品牌建设，拓展市场。从江县政府和香禾产品开发企业要投入更多的科研经费，开展香禾、鲤鱼种质资源改良及标准化生产的科技攻关工作，建立稻鱼鸭产业的标准体系。为了更好发挥其经济效益，必须改变土地的分配习惯，发展稻鱼鸭共生

---

❶ 2019年8月2日笔者到黔东南州黎平县DL村寨调研获得的资料。
❷ 丽水青田推动"稻鱼共生"农旅文融合发展［EB/OL］.（2018-08-25）［2024-10-17］. https：//baijiahao.baidu.com/s?id=1609723474763039539.

习惯，遵循可持续发展原则，实行稻鱼鸭共生系统的产业化、规模化、标准化的生产。在高增、西山、刚边、翠里及往洞等乡镇建立"稻鱼鸭共生"标准化基地，实施"稻鱼鸭共生"标准化生产。在生产基地，对村寨的土地进行流转，村民可以将自己手中的土地，租给稻鱼鸭共生的经营者，收取租金。经营者优先招收村民，特别是熟练掌握技能的中老年人，使之成为基地的员工，从事农业生产，并发放劳动报酬。香禾产品开发企业与基地签约，在品种、收购、品牌、加工包装及销售方面实行统一，从农户手中以较高的保底价收购农产品。县农业部门提供标准化技术指导，稻鱼鸭种养殖全程按照有机标准进行。向熟练掌握技能的中老年人收集稻鱼鸭共生习惯，包括稻鱼鸭种养殖技术，整理成文，传承发展稻鱼鸭共生习惯的精华，用以指导农业生产。因地制宜地开发适应稻鱼鸭种养殖的小型机械设备，减轻劳动强度，提升农业生产效率，最终目的是获得更多优质的农产品，做好绿色农产品的初级加工甚至深加工。强化稻鱼鸭共生产品品牌建设，利用互联网等多种手段，开拓更多高品质的农产品及其加工品的市场，促进农产品向发达地区销售，提高市场的认可度和销售度，提高其经济效益。

（二）充分发挥稻鱼鸭共生习惯多种效益，发展农业旅游

稻鱼鸭共生习惯是千年来黔东南州从江和黎平县一带的人们与当地生态环境不断磨合适应而形成的，根据当地山区生态环境而建立的耕种土地的行为模式，具有多种价值，产生多种效益。除具有一定的经济价值，还具有较高的生态价值，产生较高的生态效益。它维护生物的多样性，有利于水土保持。在稻田中，除糯稻、鱼和鸭子外，还有很多野生动植物，有茭白、水芹菜、莲藕，还有田螺、黄鳝、泥鳅等，达100多种。❶ 一个生态系统的复杂程度、物种数量与其在外部环境发生变化时所形成抗风险能力的强弱成正比。生态系统越复杂，物种数量越多，其抗风险能力越强，反之则越弱。稻鱼鸭共生系统中，物种达100多种，其抗风险能力特别是水土抗灾能力极强，水土保持越发稳定❷，保护了生态环境。稻鱼鸭共生习惯因地适时与当地生态环境协调发展，随时依据当地生态环境的变迁，不断调整糯稻品种，

---

❶ 杨经华. 并非生态乌托邦？：黔东南民族生态文化的价值重估［J］. 原生态民族文化学刊，2012（3）.

❷ 李艳. 稻鱼鸭共生系统在水土资源保护中的应用价值探析：以从江县侗族村寨调查为例［J］. 原生态民族文化学刊，2016（2）.

适时巩固人地和谐关系。当地的生态环境多样，既有平原坝区又有山区梯田地带，特别是山区梯田地带，每一丘稻田的温度、光照、海拔等因素都不相同，当地人有针对性地按照需要，培育出合适的糯稻品种，稳定延续稻鱼鸭共生系统，建立人地和谐的最佳状态。同时，与时俱进地依据当地特有生态环境的变化，及时培育出糯稻的新品种，使之与变化的生态环境相适应。稻鱼鸭共生系统还蓄洪和储养了水源，每一丘稻田，每个鱼塘都是一座微型的水库；稻田是深水稻田，在干旱枯水季节，可以为江河下游弥补水源的短缺；在暴雨时节，拦截了大量的洪水，1亩地的储水量高达330立方米[1]，再通过地下流入到下游，为江河下游降低甚至防止洪峰造成的危险，深水稻田通过储水和蓄洪两项功能，有效地防范了水旱、洪涝灾害的发生，这些都为当地人提供了绿水青山的生态环境。

  稻鱼鸭共生习惯还具有文化价值。首先体现在丰富的稻鱼鸭文化上。当地关于香禾糯的传统节日就有200多个，香禾糯在人们的日常生活、宗教活动及传统礼仪习俗方面得到了普遍应用。糯米因具有营养高、易储藏不变质和耐饥饿等优势而备受人们钟爱，成为人们日常生活中的主要食品。不仅每次上山劳动或者出远门，都要随身携带糯米饭用来充饥，还要用它来招待亲朋好友，小孩出生后的第一个月，要用糯米酿制的甜酒款待客人。香禾糯是恋爱婚姻礼仪中的必备品，订婚后的男女青年，逢年过节，男方要给未婚妻所在村寨的每户人家送去糯米糍粑或粽子，表示男女订婚；女子无论出嫁还是第一次回娘家，携带的礼物必须有糯米及其制品。在丧葬和祭祀仪式中也少不了糯米饭及其制品，人死后，要在亡者的胸部放一碗糯米饭，好让他去阴间的路上食用；在各类祭祀仪式中，祭祀山神、树神及鬼神，祭祀祖先活动中，糯米饭团及其制品是必不可少的供奉品。[2] 从江县高增乡占里村寨存在"破鸭头"习惯。当稻子生长到除草的时候，村民为感谢禾苗对鸭子的养育之恩，精心挑选吉日良辰，将在稻田里放养的领头鸭或者第一只鸭子宰杀进献，同时预先祝福秋收稻鱼获得丰收。[3] 其次突出表现在饮食文化上，稻鱼鸭共生习惯提供了原生饮食文化及原生食品。当地原生饮食文化具有嗜

---

  [1] 罗康智.侗族美丽生存中的稻鱼鸭共生模式：以贵州黎平黄岗侗族为例[J].湖北民族学院学报，2011（1）.

  [2] 雷启义，白宏锋，张文华，等.黔东南原生态民族文化多样性与糯稻遗传多样性资源保护[J].安徽农业科学，2009（27）.

  [3] 顾永忠.从江县稻鱼鸭共生系统保护与传统农业发展对策[J].耕作与栽培，2009（5）.

食糯食、侗不离酸、食不离鱼、喜吃生食（鱼生）与无（糯米）酒不乐五大特点，更重要的是它给人们提供原生食品。原生食品即传统食品，它是将传统农业模式生产出的传统食材，用传统的加工方法制作的食品。稻鱼鸭共生系统提供的原生食品有用田鱼制作的清蒸鱼、水煮鱼等鱼品，还有在田坎上做的烧鱼，特别是美食腌鱼，被称为酸中之王。糯米是制作酸食必不可少的材料，用糯米可以制作糯米饭、糯米酒等食品；稻田鸭可作烤鸭、烧鸭、腊鸭等，更可制作腌鸭。❶ 稻鱼鸭共生习惯所产生的无公害传统食材，以及用传统方法制作的原生食品，在当今是稀缺资源，其经济效益将会日益凸显。

　　要充分发挥稻鱼鸭共生习惯的经济、生态、文化效益，达到效用的最大化，必须实行农业与旅游业融合发展的模式，发展农业旅游。农业旅游是把农业和旅游业相结合，以农业资源为基础，开发旅游产品，并提供特色服务的新兴旅游业，以具有休闲、绿色、健康的独特魅力而出名，典型代表如云南红河"哈尼梯田"观光农业。以农为本发展起来的农业旅游，是投入少、回收快的旅游项目，也是乡村振兴的产业之路。稻鱼鸭共生系统，作为一项弥足珍贵的生态农业旅游资源，是一种活态农业文化遗产景观，依托当地特色村寨及特色文化，构建集观光、品尝、休闲、体验、购物为一体的原生态农业文化景观旅游区。❷ 在全域旅游时代，根据各个标准化基地的特色，建立稻鱼鸭共生博物园、休闲观光园等农业特色观光基地，结合当地的农耕文化，通过举办过社节、下田节及吃新节等各种节日，打造农事体验等多个节目，提高"稻鱼鸭共生系统"旅游品牌知名度，创建独具特色的农业旅游，实现高效增收。

---

　　❶ 石敏. 从"稻鱼鸭共生"看侗族的原生饮食：以贵州省从江县稻鱼鸭共生系统为例 [J]. 中国农业大学学报（社会科学版），2016（3）.
　　❷ 顾永忠. 从江县稻鱼鸭共生系统保护与传统农业发展对策 [J]. 耕作与栽培，2009（5）.

第六章 制度层面环境保护习惯与环境法协同促进生态文明建设路径

在法律多元主义理论和善治理论的引领下，生态文明制度体系建设作为生态文明建设的制度保障，强调用最严格制度最严密法治保护生态环境，自然而然地包括制度层面环境保护习惯建设与环境法律制度建设两方面，并且两者缺一不可。将制度层面环境保护习惯和环境法进行比较，两者各自具有优劣。在发挥两者优势的同时，必须克服两者的局限，在生态文明理念的指引下，对它们进行创新发展，在此基础上，进行合作，构建高质效二元规范协同的生态环境保护法律体系，共同促进生态文明制度体系建设。

第一节 健全制度层面环境保护习惯

制度层面环境保护习惯，作为保护生态环境和维持秩序的社会规范，在新时代，在习近平生态文明思想的指导下，借鉴环境法的成文化和规范化，注重平等、公众参与的优点，对其加以传承发展和提升，立足于保护传承的基础上，进行创造性转化与发展，促进其内涵不断地被注入时代的气息[1]，使其成为"乡风文明"和村民自治制度得以保障的重要方式。

一、贯彻执行平等参与互惠原则

平等、公众参与和互惠三大原则，是制度层面环境保护习惯自始至终都要遵循的原则。由于这三大原则符合当今法治建设的原则与精神，平等、公众参与原则更是环境法实施中要遵循的原则，因此，作为优良传统，在当今制度层面环境保护习惯的制定和实施中，理应得到大力弘扬。

---

[1] 中共中央 国务院关于实施乡村振兴战略的意见 [N]. 人民日报，2018-02-05.

（一）发扬平等、人人参与原则

在制度层面环境保护习惯的制定和实施中，始终坚持平等和人人参与原则。在制定制度层面环境保护习惯时，丽水市的一些宗族存在一个传统，就是每一个条款，都先由家族中有特殊身份的尊长，如族长、房长等人来商量拟定草案，而后，召集全体人员共同商议，待众人皆无异议之后，再由族长予以最后的确定。正如族规所云："皆族众公议，非余等私言，凡我宗人……毋相犯"[1]，体现了习惯规范制定中的平等、人人参与原则。款约是黔东南制度层面环境保护习惯的表现形式，几个自然村寨组成的小款，其款约通常由小款的首领召集款区的群众共同商议拟定，众人饮血酒盟誓通过。[2] 这种充分反映民意、广泛集中民智的习惯制定机制，使得众人的利益需求得到充分的表达，利益矛盾得到有效平衡，故大家都能自觉地遵守这些习惯规范。

平等参与原则，不仅在制定习惯规范中要遵循，在习惯规范的实施中也要贯彻执行。家法族规作为丽水制度层面环境保护习惯的表现形式，由族长、房长、家长来执行。族长、房长由众人推选产生，一般由德高望重、处事公正的人员担任，家长由家庭内辈分高的长者担任。如果发现子孙有不遵守家法族规行为的，可以向族长禀告，由族长按照规定实施处罚，轻者，予以责骂，重者，可以鞭打违规者。[3] 执法者在实施习惯规范的时候必须秉公执法。丽水遂昌县高桥村族规规定，族长为族中尊长，受众人尊敬，自己也得自重。无论是本族中的公共事务，还是家中事务，都应当秉公处治。倘若徇私情，贪赃枉法，一旦查证属实，按照赃物论罪处罚。如果凭借自己是尊长而违反族规的，族人聚集在一起责罚他。[4] 任何人，不论是族长，还是一般的民众，一旦违反习惯规范，都一视同仁，要受到处罚。云和县朱村乡小岗村族规规定，族内子弟实施偷盗木材行为的，不论是近亲还是远亲，一旦行迹败露，族长可以随时召集众人将其打死，而且不得送官。[5] 黔东南传统习惯规范在实施时，执行者无论是族长还是寨老抑或款首，很少有人会徇私

---

[1] 雷伟红．论明清时期畲族家法族规制度的和谐因素 [J]．兰台世界，2009（14）．
[2] 吴大华，等．侗族习惯法研究 [M]．北京：北京大学出版社，2012：46-47．
[3] 浙江省原宣平县巨溪富村《宣邑钟氏宗谱》，1905 年重修。
[4] 浙江遂昌县三仁乡高桥村《平昌雷氏宗谱》，1947 年重修。
[5] 雷伟红．论明清时期畲族家法族规制度的和谐因素 [J]．兰台世界，2009（14）．

枉法。任何人，包括执行者及其亲属，一旦违反习惯规范，都受到同样的惩处。黔东南州黎平县地亲寨款首的儿子因偷牛而被当地款组织施以砍头的严厉惩处。❶ 执行者在实施处罚时，通常会召集众人，恩施州内的一些宗族在每年冬至日召开全族大会，在众人面前，族长对败坏家风者执行家法。在对违反者进行制裁的同时，也对其余民众起到教育和警示的作用。这种习惯规范议定与执行的平等、参与原则，实现了社会原始的公平正义。

现在，丽水、恩施和黔东南州许多村落继承和发扬平等参与原则，在充分吸取民意的基础上，根据法律、法规以及国家政策，制定制度层面环境保护习惯。由于它们充分反映村民的意愿，全面表达他们的利益需求，成为村民行动中的法，在村民心目中享有很高的威望和信仰，成为村民自我管理、自我约束的规范。❷ 恩施州利川市团堡镇某村在制定《村民饮水管理办法》时，充分发扬民主，遵循平等参与原则，村委会组织全体村民，对村规进行逐条拟定、讨论、修改，最后由全体大会一致通过。由于《村民饮水管理办法》最大程度反映了全体村民利益，得到全村男女老少的自觉执行，有了饮水的村规民约之后，该村再也没有发生过为争水扯皮打架或经常停水的现象，村民用水得到保障。❸

（二）贯彻互惠原则

习惯为什么能被人们自愿、自发地遵守？著名人类学家马林诺夫斯基以居住在新几内亚岛的美拉尼西亚人为例，揭示了习惯规则的产生及其被严格遵守背后的理论基础，是双方互惠原则。法律人类学家认为，互惠原则是法律的基础。❹ 互惠原则最早是由图恩瓦尔德（Thurnwald）提出的，他认为许多领域都存在相互性，一方给予，另一方对此要予以回报，"相互性是法律的天平，……单方面的给予被视为'不公平的'"❺，这种相互性原则是人类公平感的基础。图恩瓦尔德所倡导的相互性原则被马林诺夫斯基采纳，

---

❶ 吴大华，等. 侗族习惯法研究 [M]. 北京：北京大学出版社，2012：203.
❷ 雷伟红. 明清时期畲族家法族规制度的特色与价值 [M] //谢晖，陈金钊，蒋传光. 民间法（第二十三卷）. 厦门：厦门大学出版社，2020：48.
❸ 2019年7月笔者到恩施州利川市团堡镇HNP调研时候收集的资料。
❹ 林端. 法律人类学简介 [M] //马林诺夫斯基. 原始社会的犯罪与习俗（修订译本）. 原江，译. 北京：法律出版社，2007：108.
❺ 林端. 法律人类学简介 [M] //马林诺夫斯基. 原始社会的犯罪与习俗（修订译本）. 原江，译. 北京：法律出版社，2007：105.

并被他用来分析习惯的形成以及在初民社会中能够被很好遵守的理论基础。在新几内亚岛上，沿海的土著居民以捕鱼为生，在长期的捕鱼生涯中，形成了一套互助互利的捕鱼规则。他们每次出海，有一个分工协作的大团体，有明确的捕鱼技术规范，实行联合捕鱼行动。一些独木舟组成一个船队，在整个船队中，每条独木舟的位置是特定的，它们在联合捕鱼行动中的作用也是特定的。同时，每条独木舟也有一个分工协作的小团体，由若干成员组成，根据每个人的年龄、能力来分配他的职务，有捕鱼巫师、舵手、渔网管理员、舆情观察员，每个成员都有各自的职责和权利。在捕鱼过程中，每一个成员都坚守自己的岗位，恪尽自己的职守，相互协作地完成捕鱼活动，而后在鱼产品分配时，每个成员都有权获得与其付出的劳动等价的公平份额。双方互惠原则赋予每个规则较强的约束力。在每个行动中都存在互惠的双方，彼此之间都比较注重对方履行义务的程度。独木舟的主人，是船员的首领，有权处理船员间的内部事务，对外代表船员，可以对每个船员发号施令，但要负责筹资造船或维修船只。作为互惠，船造好后，船主要在庆功宴上，给每位船员支付象征性的酬金。要给每位船员分配相应的岗位，要将所捕获的鱼在每位船员中进行合理的分配。❶ 立基互惠原则，"产生了一个互有往还的服务与义务，借此团体间或个人间进行取与予的活动"❷。在处理纠纷时，美国夏斯塔县的许多居民都遵循"自己活别人也活"的哲学思维，没有寻求法律救济，而是遵从互惠原则来解决纠纷。当家里的牲畜糟蹋邻居家的田地，造成一些损失的时候，就会以其他的方式偿还邻居的损失，夏斯塔县居民所遵循的这种类似扯平战略的规则，也被称为互惠规范。❸

人们在人际交往中，也秉承互惠原则。互惠原则是建立在均衡交换的基础上，一个人对另一个人的给予，提供相当的回报。❹ 景宁县敕木山村村民的互助传统尤为突出，无论是田间劳作、建造房子，还是烧炭、砍柴，乃至挑担赶集等一切劳动，都是你帮我，我帮你，不需要酬金。耕牛、农具可以

---

❶ 马林诺夫斯基. 原始社会的犯罪与习俗（修订译本）[M]. 原江，译. 北京：法律出版社，2007：9-10.

❷ 林端. 法律人类学简介 [M] //转引自：马林诺夫斯基. 原始社会的犯罪与习俗（修订译本）. 原江，译. 北京：法律出版社，2007：106.

❸ 罗伯特·C. 埃里克森. 无需法律的秩序：邻人如何解决纠纷 [M]. 苏力，译. 北京：中国政法大学出版社，2003：278-279.

❹ 林端. 法律人类学简介 [M] //转引自：马林诺夫斯基. 原始社会的犯罪与习俗（修订译本）. 原江，译. 北京：法律出版社，2007：108.

随时借用，不要租金；钱和米可以互相借用，不算利息。倘若有人家建造房子，从砍伐杉木、做泥砖到房子落成，长达一个多月时间，全村人都自愿来帮忙，主人家只需要提供餐饭，不需要支付报酬。后来，在建造新房的过程中，除了要请一些木匠、泥水匠等专业技术工，需要支付工资之外，其他如背树木、挑土、抬石头等非技术工，由亲朋好友进行义务性的援助。对亲朋好友的给予，盖房者会在新房落成后举办的庆贺宴会中，请他们来参加宴会以示酬谢。同时，会借此通过同样或其他的方式回报亲朋好友先前给予的帮助。人们亲切地把互惠原则称为"有来有往"，意为你有困难，我帮助你，我有困难，你也会帮助我。❶ 清江流域的人们在社会交往中也奉行互帮互助原则，注重礼尚往来。民谚云："一家有事，百家帮忙。"除了在农忙季节开展以工换（还）工外，在建房、婚丧、添子等重大事宜中，成年的家族成员和邻里都来帮忙做事，亲戚朋友以家为单位赠送财物和礼金。❷

人们还将人际交往中的互惠原则扩展到人与自然的关系中。对自然万物给予他们的生存资料，他们心存感恩，知恩图报，在内心形成善待自然、保护自然的意识，并转化为行动，同时把互惠原则贯彻到制度层面环境保护习惯中。丽水云和县安溪畲族乡 XW 村村民具有浓厚的水资源保护意识，有禁止污染水源和浪费水资源的规定。在当地人心目中，水是自然赐予人类的礼物，对自然的给予，人类要予以回报，珍惜水资源，不许污染水源，更不能浪费水资源。为保护水源，村里的家禽、家畜要圈养，动物粪便、垃圾杂物不得随处堆放，人人都要节约用水。❸ 在水资源的使用和管理中也奉行互惠原则。丽水云和县山脚村在县民委的财政经费资助下，全村家家户户派一人出工出力，建造一个蓄水池、铺设自来水管，全村人都喝上自来水，享有使用自来水的权利。作为回报，家家户户都节约用水，每年年终支付水费，按吨收费，每吨水收费五角。村民推选出一位管理员，负责自来水水源的管理和维护，年终到每户收来的水费，作为对管理员辛勤付出的回报。❹

---

❶ 浙江省少数民族编纂委员会. 浙江省少数民族志 [M]. 北京：方志出版社，1999：328.
❷ 冉瑞燕. 清江流域公民行为习惯法研究：以民谚为视角 [J]. 中南民族大学学报（人文社会科学版），2012（1）.
❸ 2020 年 7 月笔者到丽水云和县安溪畲族乡调研时收集的资料。
❹ 雷伟红. 畲族习惯法研究：以新农村建设为视野 [M]. 杭州：浙江大学出版社，2016：362.

二、丰富和改进制度层面环境保护习惯内容

制度层面环境保护习惯早已在民众中刻下深刻的烙痕,在日常生活中发挥着"润物细无声"的作用。现在,它通过村规民约这个载体,彰显着生态保护、秩序维护的精神,在实体规范和程序规范上,都深刻地影响着村规民约的内容。同时,以法律、法规及政策为依据,吸纳国家制定法的长处,去除自身不合法、不合理内容,丰富和完善自我。

(一) 打造具有"简约、管用、务实"的特色

当代制度层面环境保护习惯内容,不仅吸纳环境法的成文化和规范化的特色,而且强化自身的特色,打造具有"简约、管用、务实"特色的规范,为此,在内容上实现两个转变。

(1) 结构和数量由繁杂众多向简约明了转变。村规民约的结构多为大而全,数量众多。恩施州利川市谋道镇鱼木村2018年12月制定的《村规民约》由六部分组成,依次为社会治安、消防安全、村风民俗、邻里关系、婚姻家庭和环境卫生,共30条,其中涉及环境保护内容的有16条,占比约53%,在消防安全和环境卫生两部分中专门规定环境保护的,有11条。❶ 黔东南州黎平县《东郎村村规民约》虽然也由社会治安、消防安全、环境卫生、村风民俗、邻里关系和婚姻家庭六部分组成,共36条,但其中涉及环境保护内容的有22条,占比约61%,在消防安全和环境卫生两部分中专门规定环境保护的,有14条。❷ 只有少数《村规民约》不设章,条文的数量少,十多条。如2020年5月出台的丽水云和县安溪畲族乡下武村《村规民约》共11条,环境保护习惯3条。❸ 这些《村规民约》的优点在于在结构上摒弃追求体系的宏大方式,选用"有几条立几条"的简明方式,数量较少,注重针对性和特殊性。这种结构简约数量少的方式是今后的发展方向。

(2) 制定方法由原则性规范向管用性规范转变。减少原则性规范,增加义务性规范,使规范的内容更具体、明确,增强规范的可操作性,使规范

---

❶ 《恩施州利川市谋道镇鱼木村村规民约》,2019年7月笔者到恩施州利川市谋道镇调研时收集的资料。

❷ 《黔东南州黎平县东郎村村规民约》,2019年8月笔者到黔东南州黎平县东郎村调研时收集的资料。

❸ 2020年8月笔者到浙江桐庐县莪山畲族乡调研时收集的资料。

更加有效。2015年制定的丽水云和县安溪畲族乡《下武村村规民约》第18条规定自然资源的保护，规定保护对象，明文列举文物古迹、农田、公共设施等9种自然资源，但未规定具体的保护措施，使得该规范因缺乏操作性而无法直接适用。从内容上看，一个明确、具体的规范，对行为人的指示作用十分确定，要么作为，要么不作为。它包括两种：一种是授权性规范，赋予行为人较大的选择空间，对行为人来说，不具有强制性；另一种是义务性规范，直接规定作为或不作为，对行为人具有较强的约束力，行为人要么作出一定的行为，抑或不作出一定的行为。与授权性规范相比，义务性规范具有三个特性：其一，强制性。它是指行为人必须按要求承担一定的义务，如果行为人违反该规定，要付出一定的代价。其二，必要性。为了维护社会的安全，保障社会成员的利益，必须要设置该义务性规范，并且是缺一不可的。其三，不利性。义务性规范对社会有利，但对行为人是不利的。❶ 制度层面环境保护习惯，更多的是义务性规范，有作为的义务性规范，2020年出台的丽水云和县安溪畲族乡《下武村村规民约》第4条规定："积极配合参与'五水共治'、'三改一拆'、'环境综合整治'等工作，认真做好'门前三包'，主动做好门前屋后绿化，积极参与整洁家庭和美丽门厅活动。"第8条规定："促进和鼓励节约用水管理，提高水资源的利用效率，对饮用水工程供水实行有偿使用，按计量每吨0.4元（暂定）收费。"有禁止性的义务性规定，第5条规定："严禁向河道、沟渠丢垃圾，家禽家畜必须圈养，不得影响环境卫生；违规者做村保洁一周或罚款200元；共同遵守村庄整体规划，严禁乱搭建，一经发现立即拆除，并移交相关部门。"第6条规定："严禁在村内河道内毒鱼、电鱼、炸鱼，一经查获，罚款500~2000元，并移交相关部门处理；不得到他人山上乱挖笋和乱砍伐等，违者以一罚十，并全村通报。"❷ 习惯规范与法律规范相比，其特色在于习惯规范更加贴近社会现实，更加注重法律、法规结合本村的实际情况，更强调社会实效，务实管用，这个特色不仅要保持还要强化，只有这样，才能凸显习惯规范的优势。

---

❶ 张文显.法理学［M］.2版.北京：高等教育出版社，2003：93-94.
❷ 云和县《下武村村规民约》（2020年5月1日），2020年7月笔者到丽水云和县安溪畲族乡调研时收集的资料。

（二）与时俱进地丰富制度层面环境保护习惯内容

在内容上，要与时俱进地发展。生态环境优美，适宜居住是乡村振兴的目标所在。为了贯彻执行乡村振兴战略，实现乡村振兴的目标，制定垃圾分类习惯，规范村民垃圾处理行为。农民生产生活方式随着经济社会发展而发生较大的转变，带来农村生活垃圾快速增长，极易造成"脏、乱、差"的农村环境，引发环境问题。解决农村生活垃圾不断增多问题，整治农村环境卫生的有效手段是推行垃圾分类处理制度，促使易腐烂垃圾成为有效资源，对其进行无害化处理，实现农村"生态宜居"，因此，对垃圾分类，许多地方采用乡村内生的非正式制度，也就是制定制度层面环境保护习惯来规范村民垃圾处理行为。制度层面环境保护习惯通过村规民约来表现，主要有两种方式。

一种是简单方式。在村规民约中只规定一条或两条，浙江桐庐县莪山畲族乡《新丰村村规民约》第4条规定："每家每户做好垃圾分类工作。对不配合垃圾分类工作的农户，一律暂停享受上级优惠政策。"❶ 丽水市利山村倡导"垃圾分类始于心，持之以恒在于行"。黔东南州黎平县《东郎村寨村规民约》规定："农村生活垃圾以'户收集、户处理'的模式处理垃圾，达到减量化。农户按照'门前三包责任书'做好房前屋后环境卫生，保洁员负责公共区域的清扫与保洁工作。"

另一种是专门出台单行性规范，如丽水云和县苏坑村出台单项村规民约。《苏坑村垃圾分类村规民约》是为了进一步加强生活垃圾分类管理，提升生活垃圾资源化、减量化处理水平，提高居民垃圾分类意识，改善良好的生活环境而制定的。其将农村生活垃圾分为易腐垃圾、可回收物、有害垃圾和其他垃圾四类，农户要按照垃圾分类投放标准进行投放。全村村民应积极自觉参与生活垃圾分类工作，把易腐垃圾和其他垃圾分开，装入分类垃圾桶。要及时清洗分类垃圾桶，确保垃圾桶干净，共同维护垃圾设施，确保垃圾设施不丢失、不损坏。村委会每月对农户垃圾分类工作进行考核，评出先进3~5户，落后户3~5户，并予以奖励通报。对不开展垃圾分类、扰乱垃

---

❶ 桐庐莪山畲族乡《新丰村村规民约》，2020年8月笔者到浙江桐庐莪山畲族乡调研时收集的资料。

圾分类工作的农户，将给予 20~200 元的罚款。❶

产业振兴是实现乡村振兴战略的关键所在，只有把乡村的产业发展好，才能够振兴乡村，让村民过上美好的生活。丽水、恩施和黔东南州许多村寨坐落于半山腰或山顶，拥有致富的产业。俗话说"要想致富先修路"，公路是村民致富不可或缺的基础设施。丽水云和县苏坑村，地处云和县城的东南部，距县城 17 千米。该村坐落于白鹤山的半山腰，在政府的支持下，修建了一条 5 米宽的村级公路，连接村寨和县城公路。该村主打产业是种植云和老雪梨，有 300 多亩梨园，该梨园被评为浙江省 100 个"最美田园"之一。公路是该村经济发展的主要基础公共设施。为确保公路完好、安全、畅通，促进本村经济持续快速稳定增长，强化村民爱路护路意识，依据国家相关法律、法规规定，制定《村民爱护护路公约》，规定村民不得破坏、损坏和非法占用公路及其附属设施；不得在公路及其用地范围内实施倾倒或堆放废土垃圾、建筑材料，堵塞排水设施、挖沟引水，利用公路排放污水、污物及焚烧垃圾等破坏、损坏公路设施的行为；不得在公路两侧建筑控制区内修建建筑物和地面构造物。村民一旦发现有上述违法行为，可及时制止并向相关举报。❷ 通过制度层面环境保护习惯来规范垃圾处理行为和爱护公路，起到管用、务实的约束作用，对环境法起着补强功能，发挥其在"生态宜居"和产业振兴中"软法"作用。提出软法概念的我国著名法学家罗豪才教授指出，软法能够矫正（环境）法律失灵，它通过弥补空白、填补（环境）法律不足、丰富（环境）法律细节等手段，回应法治化的现实需要。假若社会生活中缺少软法，那么我国的法治建设将难以想象。❸

第二节　创新发展环境法律制度

在生态文明建设新时代，全面依法治国的今天，为了更加有力有效地保护环境，在习近平生态文明思想的指引下，借鉴制度层面环境保护习惯的优点，包括注重整体主义，实行区域联合立法和由统一机构实施，针对环境法

---

❶ 《苏坑村垃圾分类村规民约》，2021 年 2 月 14 日笔者到浙江丽水云和苏坑村调研时收集的资料。

❷ 2021 年 2 月 14 日笔者到浙江丽水云和苏坑村调研时收集的资料。

❸ 罗豪才. 软法的理论与实践 [M]. 北京：北京大学出版社，2010：102.

治的不足之处，创新发展和完善环境法律制度，提升环境法律实效。

一、健全环境立法制度

针对水资源立法存在立法模式不当的局限，确定流域立法、综合性立法模式，形成"生态优先、绿色发展"的新规范。水资源立法之所以存在立法模式不当的缺陷，原因在于当前环境法学在方法论上采用还原论。还原论是将事物分解到最小不可分割的单元，通过认知部分来揭示本源。运用这种方法，实行水资源和环境治理、开发利用和保护分别立法，并使其分别属于不同的部门法，多种功能或职能由不同部门来行使，虽然有助于我们准确把握水资源保护的各个组成部分，但是也存在将部分与整体割裂，令我们无法从整体上把握法律的局限。从生态学角度而言，水资源环境保护是一个复杂的系统，既有独特的生态系统，又蕴含着多种功能。它由水源、水质、水系、水生态等多个部分组成，彼此之间又相互联系，既不能人为将它们割裂开来，也不能只重视某一部分而忽略整体，因此，必须要打破现行的部门立法、单项立法与分别立法的方式，在还原论的基础上，引入整体主义思维，建立整体主义方法论，实行流域立法、综合性立法模式。

整体主义思维是环境保护习惯所倡导的方法，人们在长期的生产生活实践中，无时无刻不在调整着自己的行为，来维护人与自然的平衡关系，最终形成和发展环境保护习惯的特性，就是对生态环境的适应性。无论是稻鱼鸭共生习惯还是惠明茶习惯，都是将生产、生态和生活实行一体化的最好例证。环境保护习惯这种对生态环境的适应性非常值得当今环境立法所借鉴。依照流域生态系统规律，对生产、生活、生态三者进行统筹协调，经济、社会与文化因素进行综合考察，公法、私法与领域法手段进行相互融合，"共抓大保护，不搞大开发"，既注重部分，又关注整体，实行部分和整体有机统一，注重流域的自然属性，考虑生态系统的平衡，形成"生态优先、绿色发展"的新规范。❶

在立法技术上，建立流域立法和综合性立法制度的具体方式有两种。

第一种是建立健全跨省或省内多区域协同立法制度。实行跨省或省内多区域协同立法十分必要。国外的区域协同立法由来已久，美国的州际协定，法国地方政府之间以订立协定的方式进行区域合作立法为我们建立区域协同

---

❶ 吕忠梅. 寻找长江流域立法的新法理：以方法论为视角 [J]. 政法论丛, 2018 (6).

立法提供了借鉴。建立区域协同立法，也是沿袭传统的做法。我国历史上曾采用区域联合立法制定制度层面环境保护习惯。清代，黔东南州从江县的贯洞、龙图和黎平县的肇兴等六个乡的人民共同制定《六洞公众禁约》。❶ 1948年6月，黔东南州锦屏边界地带和湖南靖州的人民订立《联款议约》。❷ 最重要的是区域协同立法制度可以有效解决现行地方立法因受到行政区域分治模式制约而出现的两大问题，一是地方立法因违背流域的自然统一性、功能统一性，而形成的环境监管体制"多龙治水"，地方政府及其部门利益的恶性竞争，在流域治理方面出现了"公用地悲剧"局面;❸ 二是地方环境立法因不符合区域协调发展的需要，在一定程度上存在各自为政、重复立法和立法冲突等问题，因此，现行《环境保护法》第20条规定："建立……流域环境污染和生态破坏联合防治协调机制"，采用相同的监测及防治等措施。为贯彻落实党的十九大报告提出的通过建立更加有效的区域协调发展新机制等方式实施区域协调发展战略，党的二十大报告提出的增强立法的协同性，2023年3月13日，第十四届全国人民代表大会第一次会议通过《立法法》第二次修正案（以下简称新《立法法》），确立区域协同立法制度。新《立法法》第83条规定，地方人大及其常委会根据区域协调发展的需要，协同制定地方性法规，建立区域协同立法工作机制。区域协同立法制度，由于它符合流域的自然与功能的统一性，维护国家法制统一，求同存异，建立相对统一和谐的区域法治环境，缩减立法成本，降低立法冲突，清除地方之间的行政壁垒，从而能够高质量地推进区域协调发展。

  恩施州与湘西州协同立法保护酉水河的先行先试实践，为我们今后开展跨省或省内多区域协同立法工作提供了一定的经验和教训。恩施州与湘西州的立法机关依据现行《环境保护法》第20条建立流域环境污染和生态破坏联合防治协调机制的规定，在新发展理念的指导下，通过绿色引导共治，用共治确保共享，开展跨省区域立法合作，共同拟定协同立法方案，引入第三方参与立法，联合委托第三方论证评估法规草案，出台《酉水河保护条例》，开创地方立法合作的先河。两州合作的方式是召开协同立法联席会

---

❶ 张子刚. 从江石刻资料选编 [Z] //从江民族志·卷二. 侗族篇. 油印本, 53-54.

❷ 夏新华, 王奇才. 论湖南靖州的"合款"：兼论国家法与民族习惯法的关系 [M] //吴大华, 徐晓光. 民族法学评论（第二卷）. 香港：华夏文化艺术出版社, 2002：62.

❸ 戴小明, 冉艳辉. 区域立法合作的有益探索与思考：基于《酉水河保护条例》的实证研究 [J]. 中共中央党校学报, 2017（2）.

议，采用协商方式，形成会议纪要，统一立法进度以及文本的核心内容。第一次联席会议对《酉水河保护条例》建议稿提出修改意见，确定工作协调领导小组；❶第二次联席会议明确两州的《酉水河保护条例》文本更具可操作性，深化酉水河流域协作立法保护的认识，建立跨行政区域生态协调保护机制。会后两州的立法机关分别审议通过各自的《酉水河保护条例》。❷虽然两州《酉水河保护条例》法规文本在结构框架、协调保护机制、处罚范围幅度上基本一致，但是仍存在三个问题：（1）立法程序不同，致使立法进程难以同步推进。恩施州与湘西州分别属于湖北省和湖南省，恩施州出台的是地方性法规，湘西州出台的是单行条例，地方性法规和单行条例的立法程序不同，两省人大常委会对本省内的地方性法规和单行条例立法工作的要求有所差异，致使两州《酉水河保护条例》的审议时间、审议次数和表决时间未能同步一致。（2）联席会议的共识无法在各自文本中得到全部体现。恩施与湘西两州的人大常委会虽然通过联席会议协商讨论条例文本中的条款，并就立法目的、禁止性行为、跨行政区域协调保护机制和法律责任达成共识，但是这些共识无法在最终表决稿以及批准稿中作出统一规定。（3）区域协同立法难以全部消除省际法规的差异。有关水污染防治规定，如对围网养殖和投肥（粪）养殖等行为，湖北省和恩施州规定予以禁止，但是湖南省和湘西州规定并不禁止，对这个差异，双方在协同立法中遵循求同存异的原则而允许其存在，但是它在一定程度上降低了协同立法的预期效果。在酉水河流经地段，恩施州来凤县与湘西州龙山县存在上下游关系和左右岸关系，仅依靠恩施州禁止围网养殖的规定非但不能全面保护酉水河，反而还会引发辖区村（居）民的不满，增加执法成本。❸

我们要吸取两州区域合作立法中的经验和教训，根据流域和环境保护的实际情况和需要，开展跨省或省内多区域协同立法。（1）实行跨省多区域协同立法保护酉水河。鉴于酉水河流域除经过恩施州和湘西州的境内外，还经过重庆市秀山土家族苗族自治县和酉阳土家族苗族自治县，要保护酉水河

---

❶ 唐俊. 鄂湘渝协作立法保护酉水河［EB/OL］.（2015-09-11）［2024-10-27］. http://www.enshi.gov.cn/xw/esxw/201509/t20150911_306633.shtml.

❷ 戴小明，冉艳辉. 区域立法合作的有益探索与思考——基于《酉水河保护条例》的实证研究［J］. 中共中央党校学报，2017（2）.

❸ 谭刚平，谭艳军，朱宇. "宜荆荆恩"城市群协同立法思考［EB/OL］.（2022-07-01）［2024-10-27］. http://www.legaldaily.com.cn/rdlf/content/2022-07/01/content_8744688.html.

流域，仅凭恩施州和湘西州的区域合作立法是不够的，最好实行两个自治州和两个自治县区域协同立法。（2）开展省内多区域协同立法。湖北省不仅开展"宜荆荆恩"城市群区域协同立法，而且由于宜昌、荆州、荆门、恩施、神农架五地具有丰富而独特的生物多样性，具有共同的地域特征，五地人大常委会法制工作机构召开联席会议，决定围绕生物多样性保护开展协同立法，区域之间做到相对统一，以区域协同立法推动区域一体化高质量发展。❶ 通过跨省或省内多区域协同立法，在条例的文本上遵循"求大同、存小异"立法原则，妥善地处理个性和共性及统一和差异两大关系，建立跨行政区域协作机制，尽量统一禁止性行为和法律责任，构建跨区域统一行政执法制度，大力消解各自为政、各取所需所造成的消极影响。

第二种是由流域所在地立法机关的共同上一级立法机关在法定权限和管辖范围内出台涉及流域环境保护的立法。清江流域在湖北省境内，涉及恩施州和宜昌市，可由两地立法机关的共同上一级立法机关来立法，2019年9月26日，湖北省人大常委会出台《湖北省清江流域水生态环境保护条例》。对涉及贵州境内的黔南州、黔东南州、铜仁市9个县市的潕阳河流域生态环境保护，仅出台《黔东南苗族侗族自治州潕阳河流域保护条例》是不够的，最好由贵州省人大及其常委会出台省级地方性法规《贵州省潕阳河流域保护条例》。

二、改进环境行政执法制度，提升环境行政执法效能

2020年3月，中共中央办公厅与国务院办公厅对建立现代环境治理体系进行顶层设计，出台《关于构建现代环境治理体系的指导意见》，对环境管理，强调依法治理，严格执法，强化监管。❷

（一）合理配置环境行政执法权，明确执法职责和责任

改进环境行政执法制度，必须改善环境行政执法权的设定，明确执法职责和责任。在设定上，从纵横两方面着手进行环境行政执法权的合理配置。

---

❶ 朱宇. 宜昌荆州荆门恩施神农架人大常委会法制工作机构联席会议召开 [EB/OL].（2022-09-06）.［2024-10-27］http：//www.esrd.gov.cn/lfgz/202209/t20220906_1343397.shtml.

❷ 中共中央办公厅 国务院办公厅印发《关于构建现代环境治理体系的指导意见》[R/OL].（2020-03-03）［2024-10-27］. http：//www.gov.cn/zhengce/2020-03/03/content_5486380.htm.

1. 横向配置建立以集中执法为主，其他部门协同执法的体制

尽管2021年修正后的《行政处罚法》第18条规定由省级政府来决定生态环境领域行政处罚的集中调配权，浙江、贵州和湖北省政府及其生态环境厅也确定本省环境保护综合行政执法事项，但是这种综合行政执法仍然依照部门主管领域配置执法权，尚未根本改变行政执法权配置归属，因此，彻底消除多部门执法体制弊端，必须在立法上解决横向环境行政执法权配置不合理问题，采取集中执法与部门协同相结合方式。集中执法是通过立法的设定，让生态环境部门集中行使所有的环境行政执法权，包括行政处罚权、行政许可权、行政强制权、行政监督检查等权力，并在生态环境部门内部设立专门行政执法机构统一行使执法权。它突破了过去多部门执法，各自为政的方式，统一由同一部门行政执法机构来执法，符合"精简"原则，还有助于执法效能的提升。与综合行政执法相比，集中执法的优势是在权力来源上，将环境行政执法权从多部门分散配置转为集中配置给一个部门的行政执法机构，从源头上解决行政执法权分散问题，它是一种立法上的行政执法权配置方式，而非行政系统内部的行政执法权集中。同时按照"编随事走、人随编走"原则，将国土、农业等部门执行污染防治和生态保护职权的人员整合进环境行政执法队伍，充实加强执法力量，统筹配置执法资源（见图4）。

图4 横向环境行政执法权的配置

在将环境行政执法权统一配置给生态环境部门行政执法机构的基础上，针对各个政府部门分工有余、协作不够的局限，在立法上明确规定部门协作制度及其协作措施。在倡导环境治理的语境下，政府各部门的合作是环境治理的重要手段。建立健全本行政区域内生态环境部门与其他部门执法协同工作机制。建立健全案件移送制度，土管、水利等部门在自身职权范围内，在日常监管及执法过程中，发现有破坏环境行为的，及时将案件线索移交给环境行政执法机构立案查处。建立环境保护信息共享平台，其他部门将其收

集的证据移交给生态环境部门，生态环境部门及时将案件的处理情况向移送部门通报，完善案件处理信息通报制度。深化生态环境部门之间的跨区域协同工作机制。两地及其以上的生态环境部门积极沟通，协商解决案件管辖权争议，推进违法线索、讯问笔录、案件调查等证据材料的互通、互认，使得案件办理有效，做到跨区域的高效联动，有力打击跨区域破坏环境的违法行为，提高行政执法效能。

2. 纵向配置授权给乡镇政府和街道办事处行政执法权及健全纵向环境行政执法体系

按照现行《环境保护法》等法律及恩施州、黔东南州法规规定，县级以上生态环境部门才拥有环境行政执法权。为消除乡镇政府和街道办事处的执法真空，将环境行政执法权的重心下移，将执法权配置给乡镇政府和街道办事处，为基层环境治理赋权，落实乡镇政府（街道办事处）的环境保护职责，2021年修正后的《行政处罚法》第24条为行政处罚权的下移提供了法律依据。该条规定行政处罚权的下移必须具备三个条件：一是由省、自治区、直辖市根据当地实际情况来决定；二是仅限于基层管理迫切需要的县级政府部门处罚权，诸如市容环境处罚权；三是乡镇政府（街道办事处）具备有效承接的能力。该条并未对省、自治区、直辖市决定的方式作出统一、明确规定，笔者认为可以采用规章或地方性法规等方式，授权给乡镇政府和街道办事处予以行政处罚权。2021年10月1日起施行的《黔东南苗族侗族自治州乡村清洁条例》第34—37条授权乡（镇）人民政府、街道办事处根据省的决定或县级人民政府有关部门委托，责令违法者限期改正违法行为，对违法者施以罚款的行政处罚。❶ 其实，第34—37条采用县级人民政府有关部门委托方式将行政处罚权交给乡（镇）人民政府、街道办事处的规定是值得商榷的，因为现行《行政处罚法》第24条的赋权是一种实体性行政处罚权的配置，在乡镇政府和街道办事处建立统一的行政处罚机构，使之成为行政处罚权的主体。乡镇政府和街道办事处不仅是行政处罚权形式上的行使者，而且是实质上的拥有者，实行权责一致，而不是县级政府部门的被委托机关。换言之，应当采用行政授权方式，而不是行政委托形式，它赋予的

---

❶ 《黔东南苗族侗族自治州乡村清洁条例》第34条规定："违反本条例第十八条规定行为，在非指定地点倾倒、抛撒或者堆放建筑垃圾，造成环境污染的，由乡（镇）人民政府、街道办事处根据省的决定或县级人民政府有关部门委托，责令限期改正，对单位依法处以罚款，对个人处二百元以上五百元以下罚款；造成损失的，依法承担赔偿责任。"

是一个行政处罚权的主体资格，以自己的名义执法，并且承担法律责任，有效解决实践中基层"事多而无权"问题。依照现行《行政处罚法》第24条，只解决乡镇政府和街道办事处的行政处罚权，但是，如果仅仅是行政处罚权，是远远不够的，还应当包括其他职权，如《环境保护法》规定的查封扣押等行政强制措施。为了使基层环境行政执法取得较大的成效，除了使用行政强制措施、行政处罚等强制手段之外，还要使用诸如行政指导等其他柔性手段，方能提高监管执法效能。

在将环境行政执法权授予给乡镇政府或街道办事处的基础上，健全纵向环境行政执法体系。将县（区）生态环境局调整为设区市生态环境局的派出分局，在省生态环境厅、设区的市生态环境局、乡镇政府（街道办事处）建立三级环境行政执法机构。实行省以下环境行政执法垂直管理制度，在业务上，上一级环境行政执法机构对下级部门进行监督指导，特别要强化对乡镇政府（街道办事处）环境行政执法机构的监督指导，提高其专业水平。

为了使环境行政执法权得以良性运行，一个不可或缺的因素在于提高行政组织的承受能力。实践证明，行政组织能力对执法监管工作至关重要。通过加强执法能力建设，增加执法经费，提高执法人员素质，增加执法人员编制，优化执法装备配置等手段，筑牢行政执法能力的基础。在依靠技术治理的当下，既要提高信息获取与运用能力，也要拥有风险评估与应对能力等❶，通过强化执法装备现代化建设来适应环境治理能力现代化的要求。浙江省生态环境厅推进生态环境执法数字化建设，"进一步提升生态环境执法监管数字化水平，在浙江省统建掌上执法系统及浙江省统一行政处罚办案系统的基础上，开发内嵌了浙江省生态环境移动执法功能，建设自由裁量权等执法辅助模块，全面迭代升级生态环境执法一体化办案系统，实现了现场检查、调查取证、行政处罚全过程'云办理'。……生态环境执法一体化办案系统实现了行政检查、行政处罚、行政监管、行政文书四统一，有效提升了行政执法信息化、规范化、标准化水平"❷。总之，依照管理制度化、队伍专业化及装备现代化的要求，强化执法队伍及其业务能力的建设。特别要加

---

❶ 卢护锋.行政执法权重心下移的制度逻辑及其理论展开［J］.行政法学研究，2020（5）.
❷ 浙江省生态环境厅.浙江省生态环境领域启用生态环境执法一体化办案系统［EB/OL］.（2022-01-15）［2024-08-23］.http://sthjt.zj.gov.cn/art/2022/1/15/art_1201422_58931556.html.

强对乡镇政府（街道办事处）环境行政执法机构能力的建设，在人员的配备、经费、专业技术及业务培训等方面提供支持和足够的保障。

除了提升各层级生态环境部门的执法实力外，还要建立健全跨层级的行政执法协同工作机制。针对违法行为的具体情况，省、市（涵盖县）或市（涵盖县）、乡两级甚至省、市（涵盖县）及乡三级生态环境部门联合成立专案组，明确分工，对违法行为采取突击检查、现场采样等方式进行调查取证，为违法行为的查处提供坚实的证据基础。对下一级环境执法部门，在查办违法行为案件的过程中，出现的人员专业技术不足、办案资金短缺等问题，上一级生态环境部门要高度重视，协调专业团队对下级办案人员进行全程技术支持，专门拨付资金用于司法鉴定费用，为案件的顺利查办提供人员、技术和资金的支持和保障（见图5）。

省生态环境厅（省级生态环境行政执法机构）
↓垂直领导
设区的市生态环境局（市级生态环境行政执法机构，包括县、区环境行政执法队伍）
↓垂直领导
乡镇政府（街道办事处）（乡级生态环境行政执法机构）

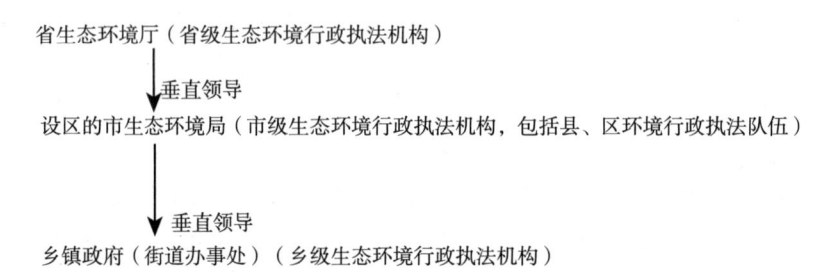

图5　纵向环境行政执法权的配置

（二）确立和优化按日连续处罚环境执法方式

根据笔者检索统计，148部地方环保法规，其中省级地方性法规60部，设区的市级地方性法规88部，共170个条款规定了按日连续处罚。处罚条款适用范围为大气污染防治、水污染防治、扬尘污染防治和市容环境管理等，分别占比32.4%、18.2%、12.8%和4.1%（见表6）。❶可见，按日连续处罚已经成为地方环境领域最重要的治理手段。

---

❶ 数据来自2021年8月10日在北大法宝的法律法规数据库。

表 6 按日连续处罚地方性法规适用范围分布

适用范围	大气污染防治	综合类	水污染防治	扬尘污染防治	市容环境管理	自然保护区管理	噪声污染防治	土壤污染防治	污染物排放	煤炭石油利用管理	其他	总计
数量	48	30	27	19	6	4	4	2	2	3	3	148
占比/%	32.4	20.3	18.2	12.8	4.1	2.7	2.7	1.4	1.4	2	2	100

针对恩施州和黔东南州的环保立法缺乏实施效果较好的按日连续处罚方式，遵循《环境保护法》《湖北省水污染防治条例》《贵州省水污染防治条例》和《贵州省大气污染防治条例》等上位法的相关规定，修改《恩施州酉水河保护条例》《恩施州饮用水水源地保护条例》《黔东南州生态环境保护条例》和《黔东南州㵲阳河流域保护条例》，增加按日连续处罚方式。在以后的环境立法中，确立按日连续处罚方式，改善按日连续处罚方式适用中的不足之处，提升按日连续处罚方式的力度和效能。

1. 合理界定按日连续处罚适用条件的内涵

合理界定按日连续处罚适用条件的内涵，改进适用条件内涵混乱的局限。根据《环境保护法》第 59 条❶，实行按日连续处罚方式有两个必要适用条件。

第一个必要适用条件是排污者实施违法排污行为被罚款，这是前提条件。这里的核心要素是如何认定违法排放污染物行为。从法律规范层面来看，在中央立法层面，采取两种方式：一是概括式。《环境保护法》第 59 条采用概括的方式，明确"违法排放污染物"，但并未明确具体的情形。此后，这种方式被《固体废物污染环境防治法》和《水污染防治法》沿用，确定"违法排放固体废物""违法排放水污染物"。这种立法方式最大的优点在于适用范围广，致使违法排污行为的种类繁多，范围大。二是列举式，明确具体的情形。《大气污染防治法》第 123 条列举了 4 种情形，2015 年，

---

❶ 《环境保护法》第 59 条："企业事业单位和其他生产经营者违法排放污染物，受到罚款处罚，被责令改正，拒不改正的，依法作出处罚决定的行政机关可以自责令改正之日的次日起，按照原处罚数额按日连续处罚。前款规定的罚款处罚，依照有关法律法规按照防治污染设施的运行成本、违法行为造成的直接损失或者违法所得等因素确定的规定执行。地方性法规可以根据环境保护的实际需要，增加第一款规定的按日连续处罚的违法行为的种类。"

为更好规范按日连续处罚实施，杜绝权力的滥用，环境保护规章《实施按日连续处罚办法》采用列举的方式，列举了4种常见的违法行为。由于不能穷尽所有行为，又用了兜底条款，明确"其他违法排放污染物行为"。综合中央立法，可以确定"违法排放污染物"的具体情形有：一是无证排放；二是超标排放；三是采用非法形式排放，包括积极作为，以逃避监管的方式排放，也包括消极的不作为，不按规定排放；四是排放法定禁止排放的污染物；五是违法倾倒危险废物；六是未采取有效措施防治或处理污染；七是其他违法排放污染物行为。

如何认定违法排放污染物行为？在概括式和列举式方面，中央立法更倾向于概括式，地方立法更倾向于列举式，源于列举式更符合地方立法具有地方性特色而被大量采用。地方立法列举违法排放污染物的具体情形，与中央立法相比，存在三点不同。第一，对违法行为更加具体化。更加明确超标排放的具体情形，包括排放工业、建筑施工等噪声超标。❶ 第二，增加违法行为的种类。如"未依法取得排污许可证""排污许可证失效后排污""未办排污登记排污"。❷ 第三，除实体行为之外，还增加程序性行为。程序性行为，如规定重点排污单位不按规定的内容、方式、时限公开信息。❸ 由于《环境保护法》第59条第3款对地方性法规按日连续处罚种类增加的授权，致使地方性法规适用范围种类的增加具有了合法性的基础。

对违法排污行为的具体情形，存在狭义论和广义论之分。狭义论认为仅指实体行为。所谓"'违法排污'即向环境中排放污染物，对环境造成影响

---

❶ 《深圳经济特区环境噪声污染防治条例》第78条："违反本条例规定，有下列行为之一的，生态环境主管部门或其他依法行使环境噪声监督管理职责的部门可以实施按日连续处罚：（一）向周围环境排放工业噪声超过规定排放标准或者技术规范限值的；（二）向周围环境排放建筑施工噪声超过规定排放标准或者技术规范限值的；（三）商业经营活动和营业性文化娱乐场所使用设备、设施产生的噪声超过规定排放标准的。"

❷ 《海南省排污许可管理条例》第47条："有下列行为之一，排污单位受到罚款处罚，被责令改正，拒不改正的，县级以上人民政府生态环境主管部门依法可以自责令改正之日的次日起，按照原处罚数额按日连续处罚：（一）未依法取得排污许可证或者排污许可证失效、被撤销、吊销、注销后排放污染物的；（二）超过排放标准或者超过重点污染物排放总量控制指标排放污染物的；（三）通过逃避监管的方式排放污染物的；（四）未办理排污登记排放污染物的。"

❸ 《黑龙江省大气污染防治条例》（2018修正）第76条："重点排污单位违反本条例规定，有下列行为之一的，由县级以上生态环境主管部门责令改正，并处一万元以上三万元以下的罚款：（一）不按照本条例规定的内容公开信息的；（二）不按照本条例规定的方式公开信息的；（三）不按照本条例规定的时限公开信息的；（四）公开的信息不真实、弄虚作假的。"

的实体性行为"❶。《实施按日连续处罚办法》列举的四种违法行为就是如此。广义论认为包括实体行为和程序性行为。《深圳经济特区环境保护条例》第 68 条规定了无证排污等三种实体行为，第 69 条规定了两种未批先建的程序性行为。比较狭义论和广义论，广义论的范围多了程序性行为，适用范围广，更能发挥按日连续处罚的惩戒和督促改正违法行为的双重功能，笔者赞成广义论的观点。"违法排放污染物"，从文义上解释，由违法和排放污染物两部分构成，但不是两者的简单叠加，而是强调排污行为的违法性及其对环境造成的影响后果。❷ 广义的"违法"既包括违反法律法规的具体规定，不仅涉及实体的规定，还涉及程序的规定，又包括违反法律法规的原则、精神。"排放污染物"指向环境排放污染物，既涉及对环境造成的直接影响，又包括对环境造成的间接影响。实体行为直接给环境带来了危害，当然要予以制裁。违反程序性行为，如建设单位环境保护设施未验收，擅自将主体工程投入生产，虽然没有直接危害环境，但是这种行为潜在的危害巨大。一旦环境受到破坏，修复环境的费用非常高昂。由于破坏环境的代价巨大，我国环境保护法律法规事先规定了排污者要履行保护环境义务，包括许多程序性义务，因此，排污者不得违反程序性义务。特别是频繁发生环境事件，环境风险不可预知的当今社会，更要遵守环境保护的预防为主和公众参与原则。《环境保护法》第 5 条规定坚持预防为主原则。预防为主原则的形成目的在于规制环境风险，不仅要预防规制现行科学技术条件下可预见的环境损害，更要预防规制科学不确定性引发的不可预测的环境风险，体现预防原则的制度有三同时制度、环境影响评价制度等❸，这些制度在现行环境保护法律法规中更多的是程序性义务规定，起着预防潜在的、防不胜防的环境损害作用。《环境保护法》第 5 条还规定公众参与原则。信息公开是落实公众参与原则的前提。《环境保护法》第五章专门规定信息公开和公众参与制度，规定生态环境部门和企事业单位的环境信息公开。为更好地促进公众参与和监督环境保护，原国家环境保护部于 2014 年出台《企业事业单位环境信息公开办法》，规定了企事业单位信息公开的内容、方式、时限等以及违

---

❶ 刘春焱，张建宇，秦虎．重庆环保实行按日计罚的立法与实践效果分析［J］．环境保护，2007（24）．
❷ 刘晓星．严惩违法行为，推进依法行政：《环境保护主管部门实施按日连续处罚办法》解读［N］．中国环境报，2015-01-12．
❸ 刘一达．预防原则视角下环境行政权的司法规制［J］．河南财经政法大学学报，2018（3）．

反规定的惩罚措施，因此，排污企业不履行环境信息公开义务，也属于按日连续处罚方式的适用情形，可见，地方性法规将"违法排放污染物"适用情形扩大到实体行为和程序行为存在合法性和正当性。

第二个必要适用条件是被责令改正后，拒不改正的。这里主要是如何认定"拒不改正"。《实施按日连续处罚办法》第13条规定了"拒不改正"两种情形：一是客观标准。只要生态环境部门在复查时，排污者不停止违法排污即可，而不论其主观状况如何。二是主观标准，只要排污者拒绝、阻挠复查的即可，而不论其是否改正违法行为。主观标准考虑行为人的主观因素，行为人之所以拒绝、阻挠复查，多数是因为没有改正违法行为。客观标准只需从外在行为来考察，在复查时，排污者没有回到合法排污状态，其优势在于不必考虑行为人的主观因素，认定简便易行，更易于执法，缺点在于扩大了拒不改正行为的范围，不利于对违法者合法权益的保障，打击了违法者纠正违法行为的积极性。判断拒不改正行为不应采用单一标准，而应采用客观为主、主观为辅的标准。生态环境部门在复查时，违法排污行为继续存在，一般认定为"拒不改正"。当排污者有证据证明其已经作出认真的改正，并且违法排污的程度已经比原先明显改进，就可免于按日连续处罚。因为"拒不改正"从文义上看，一般是客观上不作为，主观上故意。但是，客观上积极作为，尽管还存在违法行为，但违法程度比先前有很大改进，违法行为轻微，主观上又勤勉努力加以改正，这种行为明显不同于客观上不作为，应当区别对待，才能做到惩罚和教育相结合，引导和推进排污者改正违法行为。如《北京市生态环境系统行政处罚自由裁量基准》对超标排污行为，规定了免于按日连续处罚的情形是"超标污染物超标倍数低于0.1倍（含本数）的"[1]，从而把"拒不改正"的认定始终保持在合理的范围内。

2. 厘清按日连续处罚的法律性质

由于《环境保护法》第59条并未明确按日连续处罚的法律性质，致使其在适用中存在分歧。学界在法律性质的认定上存在四种观点。一是行政处罚。从按日连续处罚的立法演变来看，是地方立法机关为了处理守法成本远高于违法成本问题而进行的首次制度创新，是一种经济处罚。针对违法行为

---

[1] 严厚福. "比例原则"视野下我国环境执法按日连续处罚制度的完善 [J]. 中国环境管理, 2021（1）.

受罚款数额低的实情，运用按日连续处罚方式增加罚款总额，制止违法行为。❶ 二是执行罚。为监督和促进义务违反者将来履行义务，依据按日连续处罚方式对其施以强制力量，达到执行的目的。❷ 一些学者还以规避"一事不再罚"原则❸和使执行更便利的理由❹认定为执行罚。三是兼具行政处罚和执行罚，但在适用中实施双轨制，依据行为的不同分别适用其一。有学者从行为和义务类型出发，在法律规范层面，以义务不同为标准，将违法行为分为两大类，一类是对"直接禁止"义务的违反，为行政处罚，另一类是对"限期改正"义务的违反，为执行罚，并适用不同规则和程序。❺ 鉴于在法律适用中，行政处罚的执行程序更复杂，要求执法部门每天都要取证，倘若没有较强的取证能力，则难以执行，但一旦得到执行，制裁的效果较好；执行罚只需在复查时取证，由于不需要有较强的取证能力，而使得执行相对容易，但处罚的数额较小，制裁的效果较差；考虑到各自的优劣，从现行环境执法资源不足的实情出发，将按日连续处罚依据不同情况分别以行政处罚抑或执行罚中的一种行为来实施。❻ 四是拥有执行罚特质的行政处罚。从语义学规范分析，《环境保护法》第59条规定的立法模式符合《行政处罚法》规定的基本模式，也与该法其他涉及罚款处罚的条文基本相同，都是对排污者违法行为的处罚；并且第59条中有三处用了处罚，第一次是罚款处罚，按照前后逻辑应当一致的原则，则按日连续处罚的性质应该是行政处罚。从罚款的设定权来分析，《行政处罚法》规定地方性法规有权设定罚款，假若是执行罚，要以《行政强制法》第45条规定的加处罚款的方式来履行决定，但《行政强制法》只授权法律设定行政强制执行，地方性法规无权设定。从《环境保护法》第59条整体外观来看，"对违法排放污染物的行为人，做出了罚款处罚并责令改正的行政决定，当违法行为人不履行行政决

---

❶ 刘春焱，张建宇，秦虎. 重庆环保实行按日计罚的立法与实践效果分析［J］. 环境保护，2007（24）.

❷ 杜辉. 环境法上按日计罚制度的规范分析：以行为和义务的类型化为中心［J］. 法商研究，2015（5）.

❸ 汪再祥. 我国现行连续罚制度之检讨：基于行政法体系与规范本质的思考［J］. 法学评论，2012（3）.

❹ 帅清华. 我国按日计罚的反思与重构［J］. 内蒙古社会科学（汉文版），2013（5）.

❺ 杜辉. 环境法上按日计罚制度的规范分析：以行为和义务的类型化为中心［J］. 法商研究，2015（5）.

❻ 陈德敏，鄢德奎. 按日计罚的法律性质与规范建构［J］. 中州学刊，2015（6）.

定，拒不改正时，作出行政处罚决定的机关对其进行按日计罚"❶，这种按日连续处罚的规定方式与《行政强制法》规定行政强制执行的行为模式❷相同，加之《环境保护法》第59条第3款对地方性法规增加种类给予特别授权，都说明按日连续处罚是一种具有执行罚特性的行政处罚。❸

将学界关于按日连续处罚性质的四种观点，归纳为执行罚和行政处罚的争论，其实质是它到底是行政处罚还是行政强制执行。"目的法学"创始人耶林认为"目的是法律的创造者"❹。按日连续处罚的直接目的是严惩违法行为，保障守法与违法行为之间的公平正义。❺作为《环境保护法》规定的处罚手段，其必然要符合《环境保护法》的立法目的。《环境保护法》法律责任的规定，既要对违反行政法义务的行为进行制裁，更要纠正和防范违法行为，这是按日连续处罚的最终目的。将这些目的与行政处罚和行政强制执行的目的相比，它更符合行政处罚的目的。行政处罚目的是通过惩戒的方式制止违法行为，以此防范再犯，促使违法者遵守法律的规定。行政强制执行目的是保障行政决定的内容实现，即改正违法行为，缴纳罚款，因此，笔者赞同第四种观点，认为它是具有执行罚特色的行政处罚，同时，它还兼具经济制裁特色，不同于其他的行政处罚方式。从司法实践来看，金州公司向外排放污水，因总磷单因子超标排放，被处以罚款14.48万元。生态环境局在复查时，金州公司仍旧超标排放，被处以按日连续处罚，共罚款217.2万元❻，可见，按日连续处罚是一种经济制裁的处罚。将按日连续处罚定性为行政处罚，对持续性环境违法行为处以连续处罚，不违反"一事不再罚"原则。持续性环境违法行为不仅侵犯国家的法律秩序，更重要的是只要违法排污行为继续存在，对环境的破坏就越发严重，对人们身体健康的损害也越

---

❶ 杜殿虎. 按日计罚性质再审视 [J]. 南京工业大学学报（社会科学版），2018（5）.

❷ 《行政强制法》第2条规定："行政强制执行，是指行政机关或者行政机关申请人民法院，对不履行行政决定的公民、法人或者其他组织，依法强制履行义务的行为。"第45条规定："行政机关依法作出金钱给付义务的行政决定，当事人逾期不履行的，行政机关可以依法加处罚款或者滞纳金。"

❸ 杜殿虎. 按日计罚性质再审视 [J]. 南京工业大学学报（社会科学版），2018（5）.

❹ 张文显. 二十世纪西方法哲学思潮研究 [M]. 北京：法律出版社，2006：108.

❺ 刘春焱，张建宇，秦虎. 重庆环保实行按日计罚的立法与实践效果分析 [J]. 环境保护，2007（24）.

❻ 浙江省嘉兴市中级人民法院行政判决书，案号：（2020）浙04行终9号"金州公司与嘉兴市生态环境局环保处罚纠纷上诉案"。

发严重。当事人拒不改正持续环境违法行为，主观上的恶意愈发明显，对社会的危害后果越来越大，对其处罚也应当加大，才符合"过罚相当"原则。❶ 法律拟制是在规范上，将两个迥异的构成事实进行相同的评价，还给予同样法律效果的一项重要技术。❷ 它是在具体法律的实施中，将毫无变化的规则给予变化的解释与适用。❸ 将排污者第二天及之后的排污行为拟制为两个或多个违法行为，对其处以多个罚款，就不违反"一事不再罚"原则。❹

3. 以数值数距式取代按原处罚数额处罚

排污者受到罚款，被责令改正后，生态环境部门复查时，仍继续违法排污，拒不改正的，《环境保护法》第59条规定"按原处罚数额按日连续处罚"，多数地方性环保法规也作了如此规定，该规定在实施中因违反"过罚相当"原则而不够合理。在环保行政执法实践中，在违法情节方面，生态环境部门复查时，第二次违法排污行为与首次违法排污行为相比，存在三种情形：第一种是第二次违法情节比第一次违法情节更重，如超标排污，污染物超标种类总数比先前成倍增加，如果按照第一次罚款数额处罚，明显过轻；第二种是第二次违法情节比第一次违法情节较轻，如污染物超标种类总数较之前减少90%，倘若仍然按照第一次罚款数额处罚，明显过重；第三种是第二次违法情节与第一次违法情节相同，按照第一次罚款数额处罚是恰当的。上述的第一种和第二种情形，无论是过轻还是过重，都是对违法者实施违法行为情节和社会危害程度不成比例的罚款，都违反了"过罚相当"原则，明显不合理。比例原则是行政法的原则，实施按日连续处罚也要遵循比例原则，比例原则指当有多种手段能够促成行政目的实现时，行政主体应当采用对相对人损害最小的手段，达到公共利益和私人利益都得到最优保障的目的。它要求按日连续处罚的实施，以对相对人实施最小损害的手段来达到惩戒和督促的双重目的，可见，上述的第一种和第二种情形都不符合比例原则，因此，笔者认为可以采用两种方式。第一种是确定对违法行为罚款数额的最低值和最高值，采用数值数距式取代按原处罚数额。确定数值数距式

---

❶ 杜殿虎. 按日计罚性质再审视［J］. 南京工业大学学报（社会科学版），2018（5）.
❷ 赵春玉. 法律拟制的语义内涵及规范构造［J］. 思想战线，2016（5）.
❸ 孙光宁，武飞. "决断性虚构"何以成立：法律拟制及其原因解析［J］. 甘肃理论学刊，2006（5）.
❹ 杜殿虎. 按日计罚性质再审视［J］. 南京工业大学学报（社会科学版），2018（5）.

中最低值和最高值的方法有二，一是具体确定最低和最高的数额，即处××万元以上××万元以下。如《湖北省清江流域水生态环境保护条例》第 60 条规定，针对水电站未按照规定保证下泄生态流量的，处 5 万元以上 20 万元以下罚款。二是借鉴《山东省大气污染防治条例》第 68 条规定，"根据违法情节和危害后果，处建设项目总投资额百分之一以上百分之五以下的罚款"。按日连续处罚的，根据第二次违法情节的程度，在数值数距式的最低值和最高值之间合理确定罚款数额。第二种是难以确定对违法行为罚款数额的最低值和最高值的，根据第二次违法情节的程度，由执法者根据防治污染设施的运行成本、违法行为造成的直接损失或违法所得等因素确定罚款数额按日连续处罚，使其实施更加合理。

4. 适用次数最多为 2 次以防重罚代替治理

按日连续处罚适用的次数，是否受限制，《环境保护法》第 59 条及其他环境保护法律、《湖北省清江流域水生态环境保护条例》等多数涉及按日连续处罚的地方性法规都没有作出规定，但《实施按日连续处罚办法》第 18 条明确"次数不受限制"，直到违法排污行为终止。之所以这样规定，原因在于多次适用按日连续处罚，可以加大惩罚的严厉性，形成显著威慑效应，敦促排污者尽早改正环境违法行为，体现了当今环保立法的重罚主义思想。然而，多次适用存在弊端，一方面，它无形中增加了执法人员和执法资源的利用。在当前执法资源有限的情况下，会使其他违法行为因无法发现而得不到处罚，也会使执法人员形成选择性执法，引发环境执法公平性问题。❶另一方面，对有些违法行为，多次适用按日连续处罚方式，虽然增加了罚款的总额，但是将它与巨额的污染防治成本相比，如果仍然达不到平衡，在处罚总额无法达到企业守法成本的情况下，企业宁愿实施违法行为受处罚，也不愿改正，不运转污染设施来防治污染，就无法实现按日连续处罚方式的惩戒和督促的双重效果，因此，为了消除这些弊端，杜绝一罚了之，有必要限制按日连续处罚的次数，最多不超过两次。第三次违法时，生态环境部门应当采取行政强制或其他惩罚手段，有效制止违法行为对环境的损害。可以认定为情节严重，规定"情节严重的，报经有批准权的人民政府

---

❶ 吴卫星. 我国环保立法行政罚款制度规定之发展与反思：以新《固体废物污染环境防治法》为例的分析 [J]. 法学评论，2021（3）.

批准，责令停产停业、关闭"❶。为了防止出现"重罚款，轻治理"的乱象，可以采用双罚制，除按日连续处罚，还可以实施其他惩罚措施。一为信用惩戒，规定"将受罚单位的环境违法情况纳入诚信档案，按严重失信行为惩戒"❷。二为罚款，如规定"对（排放污染物的单位）直接负责的主管和责任人员处上一年度收入的百分之五十以下的罚款"❸，或规定"对（排放污染物的单位）主要负责人处以 5 万元以上 10 万元以下罚款"❹。三为行政处分，如规定"对（排放污染物的单位）直接负责的主管人员和其他直接责任人员，依法给予处分"❺。四为约谈，规定"约谈（受罚单位）主要负责人，并向社会公开约谈情况、整改措施及结果"❻。

三、创建"5G 绿境"环境资源审判工作新机制

浙江省、湖北省和贵州省各级法院紧密联系自身所处区域环境资源案件的实际情况，因地制宜地创新发展环境资源审判工作机制，其中，浙江丽水法院的"5G 绿境"环境资源审判工作机制因极具特色而脱颖而出。丽水市两级法院始终牢记习近平总书记"尤为如此"的嘱咐，肩负保护"绿水青

---

❶《湖北省土壤污染防治条例》第 64 条："单位和其他生产经营者违法排放污染物受到罚款处罚，被责令改正，拒不改正的，环境保护主管部门可以自责令改正之日的次日起，按照原处罚数额按日连续处罚，对排放污染物的单位主要负责人处 5 万元以上 10 万元以下罚款；情节严重的，报经有批准权的人民政府批准，责令停产停业、关闭。"

❷《齐齐哈尔市大气污染防治条例》第 30 条："超标排放大气污染物的单位应在限期内完成整改。受到按日连续处罚的排污单位，整改后仍未达到排放标准的，将其环境违法情况纳入诚信档案，按照严重失信行为实施惩戒。"

❸《三亚市河道生态保护管理条例》第 41 条第 2 款："除对企事业单位进行按日连续处罚外，依法作出处罚决定的行政机关还可以对其直接负责的主管人员和直接责任人员处上一年度从本单位取得的收入百分之五十以下的罚款。"

❹《湖北省土壤污染防治条例》第 64 条。

❺《山东省大气污染防治条例》第 68 条："违反本条例规定，建设单位未依法报批建设项目环境影响报告书、报告表或者建设项目环境影响报告书、报告表未经批准，擅自开工建设的，由县级以上人民政府生态环境主管部门责令停止建设，根据违法情节和危害后果，处建设项目总投资额百分之一以上百分之五以下的罚款，并可以责令恢复原状；拒不停止建设的，依法作出处罚决定的生态环境主管部门可以自责令停止建设之日的次日起，按照原处罚数额按日连续处罚；对建设单位直接负责的主管人员和其他直接责任人员，依法给予处分。"

❻《西宁市大气污染防治条例》第 77 条："对处以按日连续处罚的单位，自决定按日连续处罚之日起七日内，由生态环境主管部门或者作出行政处罚决定的主管部门约谈其主要负责人，并向社会公开约谈情况、整改措施及结果。"

199

山"的司法重任,创新生态司法保护机制,打造"5G 绿境"环境资源审判工作机制,以浙江大花园(Garden)最美核心区建设的高目标为依托,建立预防(Guard)优先、处置(Give)合力、审判指引(Guide)、生态修复(Green)四位一体的司法保护体系,筑牢生态安全屏障。2019 年 12 月 19 日,丽水龙泉市法院针对环境资源案件类型多、情节复杂的特点,为契合群众对美好生态环境与公正司法保障的呼声,创新性提出"5G 绿境"环境资源审判工作机制,旨在创建生态司法保护领域的"5G"高地。事实上,它生动诠释了丽水市两级法院守护绿水青山的司法担当和创新。笔者紧密联系丽水两级法院环境资源审判工作的实际情况,结合现代环境司法理论,对丽水龙泉市法院"5G 绿境"原初的内涵进行提伸和扩展,力求充分地展示环境资源审判新格局的"丽水模式"。5G 是指高目标助力大花园(Garden)最美核心区建设、高覆盖助力区域性预防(Guard)体系建设、高协同助力区域性处置(Give)体系建设、高质效完善专业指引(Guide)建设、高完善助力区域性修复(Green)体系建设。"绿境"来源于"滤镜"的谐音,通过环境资源审判打击犯罪、解决纠纷、保护环境、优化环境资源"滤镜"的功效,为绿色环境的构建和保障提供优质的司法资源。❶

(一) 高目标:环资审判助力大花园最美核心区建设

丽水素有"生态第一市"的美称,全市森林覆盖率达到 81.7%,空气质量常年居全国前十,生态环境状况指数连续 17 年居浙江第一,成为浙江的"生态金名片"。风雅丽水,一城九韵。2018 年,浙江省启动大花园建设,丽水作为最美核心区之一,围绕"一园五美九大工程",聚焦"国家公园+五美乡村(+城市+河湖+田园+园区)"空间形态,编制高质量特色规划,引领大花园核心区建设,形成处处皆景的全域大美格局。❷在丽水大花园建设中,国家公园的创建是重中之重的项目。2017 年,丽水市完成《创建丽水国家公园实施方案》。2019 年 2 月 13 日,在全市"两山"发展大会上,又提出创建国家公园的总体定位和目标,"为推动新时代生态文明建

---

❶ 龙泉法院"5G"绿境环境资源审判新闻发布会发布稿 [EB/OL]. (2019-12-19) [2024-10-28]. https://lq.lsfy.gov.cn/xwzx/xwfb/2024-04-01/5855.html.

❷ 每文,应志慧. 丽水创新打造全域美丽大花园 [N]. 浙江日报,2020-12-25 (16).

设,既体现国家战略、承担国家使命,又立足丽水优势、服务绿色发展的模范样本、最佳实践"❶。2020年,《钱江源—百山祖国家公园总体规划》《百山祖园区总体规划》获浙江省政府批复实施,丽水市各级部门为国家公园创建工作目标的实现而努力奋斗。作为"两山"理论的创新实践,浙江大花园最美核心区丽水的建设,离不开司法的保驾护航。丽水市两级法院从环境资源审判专业化入手,不断创新环境资源审判工作机制,提高司法实效,有力保障丽水高质量绿色发展。2020年4月13日,丽水中院出台《关于服务保障百山祖国家公园创建工作的意见》。该"意见"由三部分16条组成。一是充分履行职能,推进创建国家公园"优"生态。牢固树立现代环境司法理念,依法审理刑事、民商事及行政环境资源案件,加大环境资源案件执行力度,增强文化遗产司法保护力度。二是创新工作机制,提升创建国家公园的司法服务水平。构建环境资源司法协作机制,完善便民诉讼机制和修复机制,创建多元共治的纠纷解决机制。三是注重司法引领,营造国家公园创建的良好氛围。开展百山祖国家公园创建涉法问题调研,组织辖区法院结合地方特点,围绕重点、难点涉法问题专题开展调研,提出对策建议;努力打造精品案件,充分发挥司法的惩罚、救济、监督和指引作用;对于重大典型案件,采用旁听庭审、融媒体、云课堂等形式,加强宣传引导,为创建工作营造良好的社会舆论氛围。❷ 丽水两级法院以浙江大花园最美核心区的建设为中心,坚持绿色发展,严守生态环境理念,积极创新工作机制,全面提升服务水平,致力形成契合大花园最美核心区建设特点的审判工作体系,做好司法守护者和保卫者,保障群众在良好生态环境中生活的权利。

(二) 高覆盖:环境资源审判助力区域性预防体系建设

《环境保护法》坚持保护优先,预防为主原则。环境损害有两大特点,一是迟延性,另一是不可逆转性,为降低损失和防止付出昂贵的代价,保护环境,必须广泛采用预防性措施。❸ 司法机关利用环境资源审判机制,构建高度覆盖的预防机制,对环境违法行为防微杜渐,应该是司法守护绿水青山

---

❶ 杨敏. 生态惠民 丽水创建国家公园的十六大创新实践[EB/OL]. (2020-09-08)[2024-10-28]. http://cs.zjol.com.cn/kzl/202009/t20200908_12278133.shtml.

❷ 《丽水市中级人民法院关于服务保障百山祖国家公园创建工作的意见》(丽中法[2020]45号)。

❸ 余谋昌,王耀先. 环境伦理学[M]. 北京:高等教育出版社,2004:354.

的首要任务。法律意识淡薄是各类破坏生态环境犯罪行为发生的主要原因，增强公民环境保护法律意识及守法意识，履行保护环境的义务，避免违法犯罪，对预防违法犯罪具有关键作用。司法机关应当通过各种方式进行普法教育，加强正面宣传和舆论引导，提高公众环境保护意识，持续提升公众和企事业共护绿水青山的行动自觉。

（1）强化审判职能，加大打击力度。依法追究污染环境、破坏生态资源者的刑事及民事责任。2018年，青田县法院"共审结涉环境资源刑事案件25件，其中刑事附带民事公益诉讼案件7件。涉案刑事被告人9人适用实刑，20人适用缓刑，11人单处罚金刑，4人被判处禁止令；共判决赔偿生态环境损害费用275.6477万元、鉴定费10万元，投放淡水鱼苗3.95万尾用以修复生态资源"❶。丽水市中级人民法院2020年审结470件环境资源案件❷，2023年，审结512件。❸刑事案件的审判，让群众意识到挖个树桩、打一只鸟、砍几棵树都可能获刑，自觉学习环境保护法律知识。法院坚持违法必究原则，通过打击犯罪行为和各类违法行为，发挥法律的惩治与预防的双重功能。

（2）依托巡回审判点，加强以案说法，选取典型案例，深入社区、农村等地开展巡回审判，施展巡回审判的预防、惩治、保护和教育功能。在丽水市4A级以上景区及其他生态环境重点保护区内设立巡回审判点，截至2018年，实现涉环境资源纠纷就地受理、调解和开庭，共审结105件各类涉及旅游纠纷的环资案件，案件调撤率为90.5%。❹巡回审判是基层法院重要的组成部分，最大特色在于便民，在当事人的住所地开庭审判，更好地服务群众，进一步提高司法公信力与影响力。龙泉市法院采取三项举措，不断提升巡回审判工作的深度和效果。坚持"面向农村、基层和群众"，提升巡回审判的质效。与基层综治中心、村（居）委会等部门建立常态化工作联络机制，结合它们的工作，开展巡回审判，促进司法、行政、社会助力巡回

---

❶ 林伟芬. 青田法院三举措提升涉环境资源案件审判效果 [EB/OL]. (2019-03-14) [2024-10-28]. https：//www.lsfy.gov.cn/lishui/xwzx/zyxx/2021-09-05/2693.html#reloaded.

❷ 蒋卫宇. 丽水市中级人民法院工作报告（2021年）[EB/OL]. (2021-03-16) [2024-10-28]. http：//www.lishui.gov.cn/art/2021/3/16/art_1229218389_57314673.html.

❸ 李晓. 丽水市中级人民法院工作报告（2024年）[EB/OL]. (2024-03-17) [2024-10-28]. http：//www.lishui.gov.cn/art/2024/3/17/art_1229218389_57356101.html.

❹ 李雪吟. 丽水法院加强环境资源审判守护绿水青山 [EB/OL]. (2018-09-28) [2024-10-28]. https：//www.lsfy.gov.cn/lishui/xwzx/zyxx/2021-09-05/2666.html#reloaded.

审判制度落地生根的良性互动格局的形成。除面对面宣传巡回审判工作，还利用多媒体平台加强宣传，增强和扩大"巡回一案，影响一片"的普法教育效果，使尊法、信法、守法、用法、护法更深入人心。❶

（3）拓展宣传渠道，加大宣传力度。景宁县法院利用"微信公众号""法官进乡镇"等途径宣传环境保护法律法规。龙泉市法院利用电视、报纸、微信、微博等媒体，重点宣传环保知识。除采用常规的手段宣传法律知识，丽水法院2020年推行法治教育"云课堂"模式，提高普法宣传实际效果。"云课堂"法治教育模式的特色有：精选非法收购珍贵野生动物制品罪等环保案件，提前策划法官以案释法、专家出庭普法等环节，突出普法重点；通过与纪委监委、教育局、侨联等相关部门沟通协调，把"云课堂"纳入法治教育任务；在法院微信公众号中提前发布直播预告，有目的地组织党员干部、在校学生、海外华侨、村干部、社区矫正人员等群体在线观看，有效拓展普法受众广度；将钉钉、抖音直播间、中国庭审公开网等新兴互联网载体作为"云课堂"直播平台，实现数十万人同时观看庭审无卡顿，直播平台访问量无上限的效果，并利用文化礼堂等场所转播，把"云上"法治教育遍布乡村社区各个角落；开设在线答疑通道，安排法官在线解答相关法律问题，增强普法宣传效果；还联合相关部门，在开播结束后，撰写观后感，开展在线学习交流，提升宣传实效；"云课堂"法治教育模式被《人民日报》《法治日报》《人民法院报》和人民网等媒体转载报道。❷

（三）高协同：环资审判助力区域性处置体系建设

环境问题无边界的特性，决定了环境问题的解决要遵循协同合作的原则。环境问题可以是局部性，抑或是区域性，乃至是全球性，环境问题的解决不仅需要国家机关、企事业单位和公民的通力合作❸，也需要不同地区、国家乃至全世界的合作，故《环境保护法》第6条规定，一切单位和个人都有义务保护环境，各部门应当联动共抓大保护，特别是建立环境行政执法

---

❶ 龙泉法院民商事及环境资源巡回审判工作新闻发布会发布稿［EB/OL］.（2020-12-01）［2024-10-28］. https://lq.lsfy.gov.cn/xwzx/xwfb/2024-04-01/5851.html.

❷ 维维. 丽水法院创新法治教育"云课堂"模式有效提升普法宣传实效［EB/OL］.（2020-11-06）［2024-10-28］. https://www.lsfy.gov.cn/lishui/xwzx/zyxx/2021-09-05/2741.html#reloaded.

❸ 余谋昌，王耀先. 环境伦理学［M］. 北京：高等教育出版社，2004：355.

与司法多元共治机制，完善协作制度，形成完备高协同的综合处置体系。一方面，这是降低环境损害的必然要求。"环境破坏一旦发生，时间即成为最重要的资源，最快的遏制带来的是最小的环境损伤，建立多部门高度协同的处置模式，主动付出、打破部门间隔，形成应急合力，是必然选择。"❶ 另一方面，也是合力打击破坏环境违法与犯罪行为的必然选择。源于犯罪成本低极易造成破坏环境资源刑事案件的频繁发生，犯罪分子为了高额非法利益而实施犯罪行为。行政执法与刑事司法无缝衔接加大打击合力，是提高犯罪成本的重要举措。环保、林业等行政执法部门要与公检法司法机关在环境案件移送、受理、审判等环节实现有效衔接，预防和制止有案不移、不立和不诉等问题发生；依法严厉打击破坏环境资源犯罪，从快从重处理特别重大案件，提升犯罪成本，推动建立多主体联合作战，形成良性互动协同机制。

为创建完备高协同的行政司法综合处置体系，丽水市两级法院主要采取了四项举措。（1）丽水中院与市环保局签订合作框架协议，加强环境资源保护力度。2018 年，丽水中院和市环保局联合出台《关于加强环境资源保护、共同推进生态文明建设的合作框架协议》，强化信息交流共享，部门联动形成合力，强化执法与审判的衔接，加大惩治违法犯罪的力度，提升环境治理能力；建立联席会议制度，双方及时通报环保审判和环境行政处罚、许可、强制等工作动态，研究、解决环保执法与司法中出现的新情况和新问题，邀请专家讲解法律适用和普遍性问题的解决方案，切实规范执法行为，提高执法水平、统一裁判尺度；加强法院与环保部门在一些重大、复杂及影响较大的案件中沟通和协调配合，形成良性互动；建立跨区域跨流域环境案件的协商机制，推动建立环保公益金。❷（2）构筑法院与行政部门联动，共同保护环境的平台。2020 年 4 月，为进一步深化河长制，龙泉市法院强化司法助力水行政主管部门与治水办（河长办），推行护河法官制度，加大河道"清四乱"治理力度，致力于河道水环境保护。在龙泉市域内 10 条重点河道设立护河法官告示牌，明确护河法官要履行协助河长、警长解决包干河

---

❶ 龙泉法院"5G"绿境环境资源审判新闻发布会发布稿［EB/OL］.（2019-12-19）［2024-10-28］. https：//lq. lsfy. gov. cn/xwzx/xwfb/2024-04-01/5855. html.
❷ 市中院和环保局联合出台合作框架协议强化环境资源保护力度［EB/OL］.（2018-04-20）［2024-10-28］. https：//www. lsfy. gov. cn/lishui/xwzx/zyxx/2021-09-05/2656. html#reloaded.

道重点难点问题等五大职责。❶（3）建立"巡河守护令"制度，形成执法司法互动协调机制。2020年9月25日，庆元县法院联合县司法局、县治水办，共同发布庆元县《关于责令破坏生态资源刑事案件罪犯履行巡河守护义务的意见》，在浙江省首先确立"巡河守护"制度，明确法院在办理破坏生态资源刑事案件过程中，适时发出《巡河守护令》，并对巡河守护工作的成效进行回访调查。巡河守护令是多职能部门携手合作保护"三江之源"，探索"生态+司法+执法"的重要举措。❷（4）建立生态环境司法保护协同治理中心，构建执法和司法合作运行模式。2020年7月22日，遂昌县法院立足环境资源审判职能，加强生态环境执法与司法之间的合作，在延伸司法保护职能上进行制度创新，成立遂昌县生态环境司法保护协同治理中心，以"一快速四协同"的运作模式开展工作，其中"四协同"由预防、程序、专业和修复协同组成，助力县域高质量绿色发展。❸

（四）高质效：环资审判完善专业指引建设

公正环境资源司法保障必须依赖于高质量、高效率的环资审判工作。丽水市两级法院从多方面着手，打造高质量、高效率的环资审判工作。（1）加强环境资源审判专门机构建设。环境资源案件涉及刑事、民事、行政众多实体法和三大诉讼程序法，具有高度复合性与专业技术性强等特性，决定了环境资源审判必须向专业化发展。2017年年底，丽水中院打破传统模式，顺应环境资源案件的特点和规律，设立环境审判庭，实行环境资源刑事、民事、行政审判"三合一"，统一案件裁判标准和审判理念。丽水中院出台《综合审判团队环境资源案件受案范围的规定（试行）》，明确环境资源三类案件受案范围，将涉及旅游资源的案件纳入环境资源审判范围，延伸环境资源审判职能；出台《基层人民法院环境资源审判方式和工作机制改

---

❶ 全省首个驻市河长制办公室巡回审判点成立［EB/OL］.（2020-05-06）［2024-10-28］. http：//lqnews.zjol.com.cn/lqnews/system/2020/05/06/032481000.shtml.

❷ 庆元法院发出全省首份《巡河守护令》［EB/OL］.（2020-11-16）［2024-10-28］. https：//qy.lsfy.gov.cn/xwzx/zyxx/2024-04-30/22045.html.

❸ 全省首家县级区域生态环境司法保护协同治理中心揭牌成立！［EB/OL］.（2020-07-23）［2024-10-28］. https：//www.thepaper.cn/newsDetail_forward_8414503.

革工作绩效考评办法（试行）》，推进全市两级法院专门审判机构的建设和完善。❶（2）组建专业化的审判队伍。两级法院根据实际情况，建立审判小组或审判团队，实现专业队伍全覆盖。龙泉市法院建立环境资源审判小组，由院长担任小组组长，选任3名能力强、具有环保专业知识的资深员额法官，组建3个"1名员额法官+1名书记员"的审判团队。❷组织开展环境司法业务培训，增强审判团队"法律+环保"复合能力。❸（3）组建环境资源审判专家库。环境资源案件专业技术性强的特点决定了正确审理案件还需要大量的专家予以辅助，弥补大多数审判法官只具有法律专业知识的局限，因此，丽水中院成立环境资源审判咨询专家库，聘任环保、水利、农业、国土等方面的50名专家，以专家证人参与庭审或为审判人员提供咨询等方式提供专业指导，或担任人民陪审员，参与案件审理，增强审判工作的专业性。❹（4）优化审判程序。针对环境资源案件注重时效的特点，丽水市两级法院开辟"绿色通道"，符合受理条件的环境资源案件快速受理，并优先予以排期开庭，提高审判质量与效率。在案件管辖方面，灵活运用指定管辖制度。2018年，在办理景宁检察院诉景宁国土资源局土地行政管理行政公益诉讼案中，有管辖权的法院是区域行政案件集中管辖的云和县人民法院，鉴于由景宁县法院审理更合适，丽水市中级法院行使了指定管辖权，指定由景宁县法院来审理，从而对景宁县国土资源局采取了限期缴纳，否则就予以解除合同的强有力措施，相关公司也在该案审理过程中，足额缴纳欠缴的土地出让金及滞纳金，取得了良好的法律效果和社会效果。❺（5）构建环境资源司法协作机制。瓯江是浙江省第二大河流，为了发挥司法服务和保障瓯江流域高质量绿色发展，构建资源共享、优势互补、协调有序、协同创新的环境审判工作格局，瓯江流域经过地的丽水和温州两市共10个市（县区）法

---

❶ 王春. 浙江丽水构建生态环境司法保护新机制［EB/OL］.（2019-08-13）［2024-10-28］. http：//legal. people. com. cn/n1/2019/0813/c42510-31291542. html.

❷ 龙泉法院"5G"绿境环境资源审判新闻发布会发布稿［EB/OL］.（2019-12-19）［2024-10-28］. https：//lq. lsfy. gov. cn/xwzx/xwfb/2024-04-01/5855. html.

❸ 李雪吟. 丽水法院加强环境资源审判守护绿水青山［EB/OL］.（2018-09-28）［2024-10-28］. https：//www. lsfy. gov. cn/lishui/xwzx/zyyx/2021-09-05/2666. html#reloaded.

❹ 李雪吟. 丽水法院加强环境资源审判守护绿水青山［EB/OL］.（2018-09-28）［2024-10-28］. https：//www. lsfy. gov. cn/lishui/xwzx/zyyx/2021-09-05/2666. html#reloaded.

❺ 景宁畲族自治县人民检察院诉景宁畲族自治县国土资源局土地行政管理行政公益诉讼案［（2018）浙1127行初1号］.

院，签订《关于构建瓯江流域生态司法保护协作机制的意见》。10地法院建立生态司法协作领导小组，每年召开一次联席会议，不定期召开专题研讨会，总结司法协作情况，交流工作经验，重点研究和解决合作中遇到的重大疑难问题；建立协作联动对接机制、会商通报宣传机制和人员培养交流合作机制，探索跨行政区划管辖模式，灵活运用指定管辖，让审判能力强又合宜的法院审理，妥善处理涉及瓯江流域的各类环境资源案件；建立类案统一裁判机制，规范涉瓯江生态环境资源案件的审判流程管理、法律适用标准、裁判文书样式，促进裁判尺度的统一；通过发挥生态司法在瓯江流域的协作配合作用，形成整体效应，为瓯江流域的生态文明建设提供优质高效的司法服务和法治保障。❶ 签订《钱江源—百山祖国家公园生态环境资源保护"3+1"司法协作框架协议》，探索以"一园两区"国家公园为单位的环境资源区域保护一体化合作机制，形成生态环境司法保护合力。❷ 通过上述举措，提升环境资源案件的审判能力，强化审判职能，扩大环境资源审判的影响力。2020年丽水两级法院审结环境资源案件470件，4个案例分别被最高人民法院、浙江省高级人民法院作为典型案例发布。❸ 2023年，丽水中院两项工作入选最高人民法院环境公益诉讼审判优秀业务成果。丽水中院根据苗木生产的季节性规律，裁定一案件先予执行补植复绿，入选联合国环境规划署司法案例库。❹

（五）高完善：环境资源审判助力区域性修复体系建设

环境损害发生后，要以修复为重，这是司法机关弘扬制度层面环境保护习惯所蕴含的修复性理念的必然要求。修复性理念是制度层面环境保护习惯实施的指导思想。景宁县一些村庄的环境保护习惯规定，偷砍或盗伐林木者，除赔偿经济损失，还要插苗补种。❺ 该规定注重补救和惩罚相结合，不

---

❶ 浙江省丽水市龙泉市人民法院《关于构建瓯江流域生态司法保护协作机制的意见》（龙法〔2020〕34号）。

❷ 《丽水市中级人民法院关于服务保障百山祖国家公园创建工作的意见》（丽中法〔2020〕45号）。

❸ 蒋卫宇. 丽水市中级人民法院工作报告（2021年）[EB/OL]. (2021-03-16) [2024-10-28]. http://www.lishui.gov.cn/art/2021/3/16/art_1229218389_57314673.html.

❹ 李晓. 丽水市中级人民法院工作报告（2024年）[EB/OL]. (2024-03-17) [2024-10-28]. http://www.lishui.gov.cn/art/2024/3/17/art_1229218389_57356101.html.

❺ 朱伟. 林业习惯法初探[D]. 杭州：浙江农林大学，2011：10.

仅要求违法者对其违法行为承担责任，实施经济惩罚，还要通过插苗补种的方式，使被毁坏的山林得到恢复。对偷砍或盗伐林木的惩罚措施是要违法者杀一头猪，请大家聚餐，违法者当众认错，立誓不再实施违法行为，补种相当数量的苗木。❶ 其采用财产罚连同精神罚，严厉地制裁了行为人的违法行为，源于林木的价格一般情况下远低于一头猪的价格，属于重罚，不仅对其本人的威慑力大，对其他人的教育和警示作用也是非常大的。让违法者杀猪，请村民聚餐，则将受损害的自然利益恢复到个人利益上来。让违法者当众赔礼道歉，既降低了违法者的名誉，损伤了违法者的面子，对违法者施以严厉的心理制裁的同时，又调和违法者与众人之间的冲突，化解了矛盾，达到规范人们行为的良好效果。补种苗木，使受损的林木随着时间的推移能够恢复原状。它旨在使环境受到破坏后，受损的林木得到修复，随之造成的人际关系和社会秩序的破坏和损害得到恢复，使受害人的权益得到补偿，违法者得到惩戒。环境损害重在修复，根本原因在于环境损害的特点使然。环境损害具有影响大、潜伏期长、治理费用高甚至无法恢复原状的特点，决定了环境损害发生后必须采取治理和生态修复制度。❷ "生态修复是指在遵循自然规律的前提下，通过人为辅助措施，促进受损的和脆弱的生态系统恢复生物种类和自我维持能力，以达到维持生态稳定，保护环境的目的"❸，因此，建立高度完善的修复体系，是司法守护的必由之路。

丽水市两级法院创建多元修复方式，有特色的方式有：（1）补植复绿。法院责令负有生态修复义务的当事人，在破坏地修复受损的环境，或者在原地不适合修复的情况下，在异地建立的生态修复基地进行修复。龙泉市法院把补种复绿情况作为重要的量刑参考数据。2016年至2019年上半年，对失火、滥伐林木等涉毁林案件适用"补种复绿"16人，发出"补植令"等11份，有效修复被破坏的生态环境，还建立2个专门的补植复绿基地。❹ 鉴于对生态环境优良的龙泉来说，补植复绿的需求趋向饱和，因此，为使补植复绿方式产生最大的绿色效益，创建跨省域的补植复绿基地，在最需要绿色的新疆维吾尔自治区新和县风口处，建立新的补植复绿基地——丽水-新和友

---

❶ 朱伟. 林业习惯法初探 [D]. 杭州：浙江农林大学，2011：10.
❷ 徐祥民. 环境与资源保护法学 [M]. 2版. 北京：科学出版社，2013：41-42.
❸ 徐祥民. 环境与资源保护法学 [M]. 2版. 北京：科学出版社，2013：58.
❹ 吴跃珍. 龙泉法院健全生态修复机制助推环境资源审判工作 [EB/OL]. (2019-05-13) [2024-10-28]. https://www.lsfy.gov.cn/lishui/xwzx/zyxx/2021-09-05/2731.html#reloaded.

谊林区；与新和县有关部门沟通协商之后，2021年6月3日，龙泉与新和两地在线签订"碳中和志愿者公益林"建设合作意向书，达成公益林建设协议；约定首批公益林建设合作期限5年，第一笔由生态修复资金和捐款组成的捐赠资金8.637万元，交由新和县林草局用于公益林的管理与维护，在丽水-新和友谊林区块建设500亩公益林，助力防风固沙，改善新和生态环境，推进"三北"防护林工程建设。❶（2）增殖放流。用人工方式向江河、湖泊等公共水域放流水生生物苗种，补足和恢复生物资源的群体，净化和改善水质。2018年以来，云和县法院审结的涉环境资源刑事案件中，非法捕捞案件的数量最多，占比42.86%。在非法捕捞案件中，绝大多数违法行为人使用电鱼方法捕鱼，造成河流生物伤害或死亡，影响河流水质，对渔业资源和水域生态环境破坏性极大。❷（3）缴纳生态修复费用。缙云县法院联合县属林业、农业行政执法部门创新出台《野生动植物资源（生态）价值快速评估机制》，结合被告人犯罪情节、被毁坏野生动植物培育周期、珍稀程度等情况公正开展评估，促成26名被告主动缴纳生态修复费用，在财政账户设立生态公益金专门分项，明确专款专用；缙云县法院2020年审结环境资源案件42件，判处罚金40.98万元，涉及各案生态环境修复费用124.3万元。❸（4）劳务代偿方式。针对无经济能力的被告，法院责令其在一定年限内通过对新种植树木的抚育、管护等"劳务活动"，偿还其要支付的各项赔偿费用。由法院与林业监管部门组成的联合检查组，对被告的劳务活动实行全程监督、定期验收，确保补种树木的存活量。2019年3月18日，龙泉市法院以"劳务代偿"执行一起失火罪生态环境修复费赔偿案件，取得良好效果。❹修复方式除了以上四种方式之外，还包括清除污染物、恢复原状、复垦利用和修复治理等。为规范生态修复制度的实施，2018年，景宁县法院联合县检察院、林业局、水利局共同出台《生态补植复绿、水生生

---

❶ 邓春花. 东西协作：碳中和志愿者公益林落地新疆，一同期待天山脚下山峦层林尽染，草原蓝绿交融［EB/OL］.（2021-06-03）［2024-10-28］. https：//www.thepaper.cn/newsDetail_forward_12984941.

❷ 云和县人民法院. 全国放鱼日，云和法院放鱼养水润瓯江［EB/OL］.（2016-06-07）［2024-08-25］. https：//www.thepaper.cn/newsDetail-forward-13036675.

❸ 赵晓佳，厉维维. 缙云法院多措并举助推生态修复显成效［EB/OL］.（2021-02-09）［2024-10-28］. https：//www.lsfy.gov.cn/lishui/xwzx/zyxx/2021-09-05/2778.html#reloaded.

❹ 吴跃珍. 龙泉法院健全生态修复机制助推环境资源审判工作［EB/OL］.（2019-05-13）［2024-10-28］. https：//www.lsfy.gov.cn/lishui/xwzx/zyxx/2021-09-05/2731.html#reloaded.

物增殖放流工作机制实施细则》，通过召开部门联席会议，通报生态修复工作情况，建立集中补植修复基地，完善回访监管制度，完善刑事案件生态修复补植机制。❶ 2020 年，缙云县法院在"'括苍山林场'补植复绿基地，共补植红豆杉、浙江楠、桂花等绿植 300 余株，在 3 处'公益增殖放流'基地，共放鱼苗 200 万余尾"❷，真正实现环境修复、刑事惩罚、教育罪犯相统一。

丽水市两级法院秉持高效、便民、创新的特色，不断探索环境资源审判工作机制，完善"5G 绿境"环境资源审判工作机制，提高司法实效，最大程度发挥司法服务和保障生态文明建设功能，满足人民群众日益增长的对良好生态环境的需求。

第三节　制度层面环境保护习惯和环境法协同建设生态文明制度体系路径

在制度层面环境保护习惯和环境法律制度都得到进一步发展的基础上，两者进行协作，构建高质效二元规范协同的生态环境保护法律体系，共同促进生态文明制度体系的建设。两者协作共同促进生态文明制度体系建设，不仅建立在一定的理论基础之上，而且有具体的实践举措。

一、协同的理论基础

法律多元主义理论和善治理论为制度层面环境保护习惯和环境法的协同促进生态文明制度体系建设打下了坚实的理论根基。

（一）法律多元主义理论

法律多元是指在同一社会中存在两种及其以上的法律制度。法律多元概念是西方学者对非洲和拉丁美洲等殖民地或前殖民地的法律文化进行调查之后形成的。这些国家和地区同时存在并有效运行着殖民者带来的西方法律制

---

❶ 吴昊. 景宁法院联合多部门出台意见规范涉环资刑事案件"补植复绿"［EB/OL］. (2018-05-31)［2024-10-28］. https：//www.lsfy.gov.cn/lishui/xwzx/zyxx/2021-09-05/2685.html#reloaded.

❷ 赵晓佳，厉维维. 缙云法院多措并举助推生态修复显成效［EB/OL］. (2021-02-09)［2024-10-28］. https：//www.lsfy.gov.cn/lishui/xwzx/zyxx/2021-09-05/2778.html#reloaded.

度和本土的法律制度等多种法律体系，当纠纷发生之后，这里的人们更多的是依据本土法律制度而非西方法律制度来解决纠纷，这种情况被西方学者认定为法律多元主义。不仅如此，随着研究范围向西方社会拓展和调查的深入，法律多元是所有社会普遍存在的一种现象，成为一个不容置疑的事实。千叶正士对日本法律文化进行研究后，认为法律多元是一种存在两种意义法的观念，提出"法律的三重二分法"，"二分"意指法律分为官方法和非官方法两类，"三重"是指每一类法又由移植法、法律规则及原理与固有法组成。❶ 西方发达国家内部也存在大陆法系和英美法系之分。从历史维度来分析，几乎所有国家都存在传统法和现代法之别，可见，法律多元是一种新的法律观念，它是指法律的复杂性，是由国家法和非国家法构成的一个复杂法律网络，各种法律系统有着特定的表现形式和管辖范围，各自能够独立发挥作用。法律多元是由社会的多元造成的。社会是由多种成分构成的，这些成分包括小集团、大集团、国家等，构建了多元化的社会关系，每种社会关系都由法律来调整，于是就出现多种法律，社会的多种需求催生了多样的法律❷，因此，多元法律在一个复杂的社会中客观存在，无论是当代最发达的欧美国家，还是当代中国，只有国家制定法是远远不够的，在这之外，还存在许多非正式的法律。❸

在丽水、恩施和黔东南州，在环境法律法规之外，还存在制度层面环境保护习惯。制度层面环境保护习惯不同于环境法律法规，它们的区别表现在以下四个方面：（1）来源不同。制度层面环境保护习惯不是来源于国家立法，而是迥异于国家立法的另外一种地方性知识，是依据当地社会组织的权威而自然形成或约定的民间规范，具有乡土性。（2）有无程序和运作的方式不同。制度层面环境保护习惯没有正式的程序可依循，发生的纠纷大多通过内部调解方式解决。源于社会生活的需要，通过长期生产生活实践自然或约定形成的制度层面环境保护习惯，不需要外在力量的过问与鞭策，凭借口头、行为与心理传承来经营，依靠同样的价值取向与心理认同来保障，用情感和社会舆论来维护。（3）适用的范围不同。与环境法律法规相比，制度层面环境保护习惯适用范围较窄，仅限于村寨，只对村寨全体成员有效。

---

❶ 千叶正士. 法律多元：从日本法律文化迈向一般理论 [M]. 强世功，王宇洁，范愉，等译. 北京：中国政法大学出版社，1997：12-10, 192.
❷ 严存生. 法的"一体"和"多元" [M]. 北京：商务印书馆，2008：160, 155.
❸ 梁治平. 清代习惯法：社会和国家 [M]. 北京：中国政法大学出版社，1996：32.

(4) 制裁方式和手段不同。对违反制度层面环境保护习惯的行为，制裁方式有物质制裁和心理制裁。物质制裁涉及民众的财产权，心理制裁包括对违法者的批评和谴责，还有剥夺受罚者所享有的资格，心理制裁的有效性不亚于甚至超过物质制裁。❶ 正因为两者的不同，与环境法律法规相比，制度层面环境保护习惯的优点是灵活与高效，缺点是功能发挥范围的有限性和不具有国家强制性。

任何制度都具有优缺点，与制度层面环境保护习惯相比，环境法律法规的优点是作用范围大，具有国家强制性；缺点是成本高、效率低，人们的认同感不强。无论法制多么健全，终究无法达到制度层面环境保护习惯那样强的渗透力，渗透人们的衣食住行。法律法规所具有的局限，必然给予制度层面环境保护习惯生存和发展的空间。如2021年10月1日起施行的《黔东南苗族侗族自治州乡村清洁条例》第40条规定："违反本条例规定的其他行为，法律法规有规定的，从其规定；法律法规没有规定且情节显著轻微的，可以通过村规民约予以规范。"制度层面环境保护习惯深深植根于民众的精神观念和社会生活中，通过代代相传，形成一种带有遗传的特质，世代传递，聚集着人们的智力与情感，稳固性高，持续性长。它还被反复适用，日渐成为特定的社会群体所接纳、认可的共享资源，具有较高的群体认同性和权威性，成为更易于被人们运用和接受的法律样式。❷

（二）善治理论

"善治就是使公共利益最大化的社会管理过程。善治的本质特征，就在于它是政府与公民对公共生活的合作管理，是政治国家和市民社会的一种新颖关系，是两者的最佳状态。"❸ 善治的概念既表达了治理的目标，也体现了治理过程的价值基础即追求达到治理的"善"。善治由五个基本要素构成：第一是合法性，是所有社会管理行为的组成基础；第二是法治，是现代社会管理的制度框架与成效保证；第三是参与，是公民进行社会管理的方式，表现为公民与政府一道治理社会；第四是回应，为了确保公民参与的实效性，必须建立程序性要件，政府对公民参与管理作出积极有效的回应；第

---

❶ 雷伟红. 构建浙江畲族地区和谐社会的原则和方法 [J]. 浙江工商大学学报，2007 (2).
❷ 雷伟红. 构建浙江畲族地区和谐社会的原则和方法 [J]. 浙江工商大学学报，2007 (2).
❸ 俞可平. 全球化：全球治理 [M]. 北京：社会科学文献出版社，2003：10.

五是公正,是人类锲而不舍追求的价值观,也是善治追求的归宿。❶

在一个多元法律并存的社会中,善治理念所倡导的多元规范交往模式是共治型模式,而非替代型模式。由于多种规范共同调整主体之间的社会关系,各种规范拥有各自的特色和价值,充分发挥各自在社会治理中的作用,在社会中形成多元规范体系。共治型模式是指平等对待多元规范,由多元规范共同治理社会秩序,实现社会普遍的公正性。社会利益的多元化存在是共治型模式建立的物质基础。社会由多种阶层和各个团体构成,每一种阶层和团体具有不同的利益需求,一个主体可以拥有不同利益需求,多个主体也可以享有共同的利益需求,创建社会利益多维度格局。各种利益需求又产生多种权利需求,有道德层面的,有信仰层面的,还有法律层面的。为了有效地解决多维度的利益和权利需求,高效配置社会利益,需要构建共治型模式,不断满足各种利益的需求,更加合法有效地治理社会。共治型模式具有三个特征:第一是多元规范共生。复杂的社会,多元规范共存,相互之间存在共生情形,在此前提下,社会秩序的治理不应当、同时也不可能只有一种社会规范来调整,而应当是多种规范的共治,当然这种共治并不否认其中的一种规范在各种规范中处于主导地位。第二是平等对待。在治理过程中,各种规范的主体应当平等地参与治理社会秩序,不同规范所反映的不同主体的利益需求得到平等的对待。第三是参与性。各种规范参与社会的治理,通过参与,使得各种规范在其所属的社会领域发挥其最大的效用,最终实现善治理念所追求的社会利益最大化的目标。❷

可见,法律多元主义理论注重制度层面环境保护习惯和环境法律法规的客观存在,并且各具优缺点,因此,其追求"各美其美"与"美人之美"。善治理念强调制度层面环境保护习惯和环境法律法规的共同治理和合作,最大化地发挥各自的效用,实现社会利益的最大化,达到"美美与共"。坚持尊重原则,双方在互相理解的基础上进行协同,加强沟通合作,创建高质效的二元规范分工合作的生态环境保护法律体系,促进生态文明制度体系建设。

---

❶ 张镭. 迈向共生型的社会规则交往:善治理念与当代中国社会规则交往模式的更新 [J]. 法制与社会发展,2007(3).

❷ 张镭. 迈向共生型的社会规则交往:善治理念与当代中国社会规则交往模式的更新 [J]. 法制与社会发展,2007(3).

二、协同建设生态文明制度体系的具体措施

制度层面环境保护习惯和环境法的协同促进生态文明制度体系建设，除具有理论基础外，还有具体的措施。

（一）在立法上，实行习惯的"法律化"和法律的"习惯化"

在立法上，将习惯和法律协同的方式主要有习惯的"法律化"和法律的"习惯化"两种。

1. 将良善的习惯规范和理念纳入法律

习惯的"法律化"是指在法律的制定过程中，将良善的习惯纳入法律。由于法律在分布上存在地域性，在空间效力上具有层次性，与此相对应的，习惯在空间效力上，也可以进行分层，至少可以分为在全国范围内普适性规范、某自治区或省级地域范围内的普适性规范和某自治州、自治县地域范围内普适性规范。习惯转化为法律的方式，可以分别在不同层次中进行转化❶，因此，习惯的"法律化"方式可以从三个层次展开。

第一个层次，在宪法上尊重和认可习惯，确认它是正式法律渊源的地位。认可是指有权的国家机关授予现行的某种行为规范拥有法律效力。❷ 在现行《宪法》文本中，分别在序言、正文中采用肯定方式认可习惯，确立习惯为正式的法律渊源。《宪法》"序言"中指出中国是历史最悠久的国家之一，人民创造光辉、灿烂的文化，表明《宪法》对固有文化和历史传统秉持尊重原则，间接肯定了内含于文化和传统中习惯的价值。《宪法》第4条第4款更是指明各民族有权保持或改革风俗习惯，直接表明《宪法》对习惯的认可，为其他法律认可习惯提供宪法依据，也是具有最高法律效力的依据。与此同时，《宪法》还间接认可习惯，体现在《宪法》第24条明确"制定和执行各种守则、公约"，由于这些守则、公约是当代传承和弘扬良善习惯的最主要方式，《宪法》通过确认守则、公约效力，间接认可习惯。《宪法》还通过其他条款间接确认习惯的效力，规定涉及习惯的公民基本权利，如第35条公民言论出版自由，第36条宗教信仰自由，第47条公民文化活动自由，通过这些自由的行使，传承与发展习惯，间接确认习惯的地

---

❶ 朱垭梁. 民间法的地理分层与民间法研究的学理架构 [J]. 学术论坛, 2018 (2).
❷ 高其才. 当代中国宪法中的习惯 [J]. 中国政法大学学报, 2014 (1).

位。《宪法》规定了国家机构尊重和保障习惯的职责。《宪法》第 89 条规定国务院立法、行政工作职责，第 107 条规定各级政府发布命令、管理各项行政工作职责；第三章第六节规定自治机关遵照当地民族特点制定自治条例和单行条例，保护、发展和繁荣民族文化；第 139 条规定公民有使用本民族语言文字进行诉讼的权利，这些规定确定国家机关采用立法、行政及司法手段，通过对内含于习惯的民族文化加强管理和保护的方式，履行尊重和保障习惯的职责。❶

第二个层次，在法律和行政法规上，将良善习惯的精神和原则在法律和行政法规中加以确认。制度层面环境保护习惯的价值理念之一是节约资源、保护生态环境，它首先在《环境保护法》中得到确认。其中第 4 条规定国家要采取有利于节约资源、保护环境的经济、技术政策和措施，第 6 条规定一切单位和个人要保护环境。2021 年《民法典》第 9 条❷还把它上升为绿色原则，成为一项民法所特有的、贯穿民法始终的基本原则。绿色原则的确立，确定民事主体要履行环境保护的义务性规定。制度层面环境保护习惯的价值理念之二是尊重自然、顺应自然。该理念在《森林法》第 3 条加以确认，成为保护、培育和利用森林资源必须要坚持的原则。制度层面环境保护习惯最终的价值是实现人与自然和谐共生，它在《环境保护法》和《森林法》中得到确认。《环境保护法》第 4 条明确国家保护环境的目的是"使经济社会发展与环境保护相协调"，《森林法》第 1 条更是凸显它的作用，把它作为立法宗旨，通过保障森林生态安全，最终实现人与自然的和谐共生。这些原则精神在法律中的确立，反映了时代需求，彰显了社会的价值理念，具有较强的价值指引作用。

第三个层次，在自治法规和地方性法规中，充分肯定习惯的当代表现形式即村（乡）规民约在保护环境中的积极作用，将具体的良善习惯规范上升为地方性法规中的规范。由于村规民约内容的多样化和变迁性，为克服成文立法的滞后性和不周延性的局限，在恩施州和黔东南州 15 部环境保护法规中，有 7 部法规采用原则性的概括规定，倡导利用村（乡）规民约来保护环境。《恩施土家族苗族自治州饮用水水源地保护条例》第 4 条第 4 款规定"鼓励将饮用水水源地保护纳入村规民约"。《恩

---

❶ 高其才. 当代中国宪法中的习惯 [J]. 中国政法大学学报，2014（1）.

❷ 《民法典》第 9 条："民事主体从事民事活动，应当有利于节约资源、保护生态环境。"

施土家族苗族自治州酉水河保护条例》第 5 条第 4 款规定"酉水河流域的村民委员会……采取乡规民约等方式规范村民行为,保护和改善酉水河生态环境"。《黔东南苗族侗族自治州农村消防条例》第 14 条规定乡镇人民政府应当履行组织、指导村民委员会制定村寨防火安全公约的工作职责。《黔东南苗族侗族自治州森林防火条例》第 5 条规定乡级的森林防火指挥部协助村民委员会和村民小组制定森林防火村规民约。《黔东南苗族侗族自治州㵲阳河流域保护条例》第 6 条规定鼓励、支持㵲阳河流域内村民委员会依法制定村民公约,引导㵲阳河流域村民保护生态环境。《黔东南苗族侗族自治州乡村清洁条例》第 5 条第 2 款规定村民委员会负责组织村民开展乡村清洁工作,制定和完善村规民约、卫生公约等清洁卫生制度,做好清洁卫生的日常维护。《黔东南苗族侗族自治州月亮山梯田保护条例》第 8 条规定"鼓励村民委员会、农民专业合作社等组织通过健全村规民约、合作社章程,参与月亮山梯田保护"。

  将具体的良善习惯规范上升为地方性法规中的规范有两种方式,一种是直接确认。《黔东南苗族侗族自治州自治条例》《黔东南苗族侗族自治州民族文化村寨保护条例》和《黔东南苗族侗族自治州生态环境保护条例》中的一些规定就是将一些当地的制度层面环境保护习惯加以认可。具体表现在:《黔东南苗族侗族自治州自治条例》第 28 条中的"开展全民义务植树活动""保护野生动植物资源",第 30 条"合理利用稻田和水域",第 40 条"保护民族村寨"等。《黔东南苗族侗族自治州民族文化村寨保护条例》第 19 条保护鼓楼、风雨桥等设施,第 29 条"保护古树名木、风景林",第 33 条在村寨内,禁止乱占土地,不准"砍伐林木、捕杀鸟兽"。《黔东南苗族侗族自治州生态环境保护条例》第 10 条规定公民"履行保护生态环境的义务",第 19 条"禁止采取爆炸等方式捕鱼",第 24 条禁止向饮用水水源倾倒垃圾,第 31 条保护森林资源,第 34 条保护稻田和梯田,第 38 条禁止猎捕、杀害、贩卖野生动物,等等。《恩施土家族苗族自治州饮用水水源地保护条例》第 12 条禁止"炸鱼、毒鱼、电鱼"。《恩施土家族苗族自治州酉水河保护条例》第 32 条禁止向河流排放、倾倒生活垃圾和其他废弃物。另一种是间接确认。《景宁畲族自治县促进惠明茶产业发展条例》确定惠明茶的保护和传承措施,第 14 条规定"挖掘、整理、传播惠明茶传统文化","开展茶事、茶艺活动","推进惠明茶文化事业发展","开展茶文化传承活动";第 15 条规定"保障惠明茶制茶技艺的传承发展和传承人的培养";第

16条规定"开展斗茶等茶事活动";第23条规定"推动惠明茶产业发展的茶事、茶艺等相关活动,普及惠明茶知识",等等,这些规定间接保障惠明茶习惯。

2. 将除刑法外的一些禁止性法律规范等纳入习惯

法律的"习惯化"是指将除刑法之外的一些禁止性法律规范等纳入习惯规范,习惯规范可以将除刑法外的法律原则具体化,可以对除刑法外的法律法规没有规定且情节显著轻微的违法行为予以规范,这是不抵触原则的应有之义。由于《宪法》将刑事司法权授予司法机关,《刑法》规定犯罪行为及其刑罚,罪刑法定原则确立习惯规范不得规定刑事处罚权。因此,各地村规民约规定,违法行为涉嫌犯罪的,移送司法机关处理。接下来讨论的法律法规及政策,都是指除刑法外的法律法规及政策。在法律法规及政策适用的领域,习惯规范应当以法律法规及政策为依据,并且遵循不抵触原则。《村委会组织法》第27条第2款规定村规民约的内容不得与法律法规及政策相抵触,这是维护国家法治统一的必然要求,它表明了习惯规范处于从属的地位。在这些领域,习惯规范的任务是将法律法规及政策的原则性规定,结合本村的实际情况,在本村范围内贯彻落实,对它们预留的空间、裁量空间进行细化,因此,多数涉及乡村的法律法规及政策都会授权村委会通过村规民约来作具体的规定。有47%的恩施州和黔东南州环境保护法规倡导利用村(乡)规民约来保护环境。《丽水市饮用水水源保护条例》第7条规定:"村民委员会……制订保护饮用水水源的村规民约。"根据该条规定,云和县雾溪畲族乡雾溪村制定了保护水源的村规民约。同时,习惯规范作为法律法规及政策的实施细则,将法律法规及政策的原则、精神、内容作具体性规定时,必须遵循不抵触原则。何谓抵触?抵触是指两个规范内容意思相悖,无法兼容,表现为规则抵触与原则抵触两种。规则抵触,是指下位法规定与上位法的条文相悖。原则抵触,是指下位法规定不符合上位法的立法目的、原则与精神[1],因此,为了达到不抵触,必须做到原则不抵触和规则不抵触。原则是法律法规及政策在制定时就确定的,具有唯一性,它是必须不折不扣遵守的内容,没必要也不太可能创新,因此,做到原则不抵触,习惯规范必然重申法律法规及政策的立法目的、原则、精神和法定职责。换言之,将体现立法目的、原则、精神和法定职责内涵的法律规范"习惯化",作为习惯

---

[1] 胡建淼. 法律规范之间抵触标准研究[J]. 中国法学, 2016 (3).

规范的内容，写入村规民约。《丽水市饮用水水源保护条例》第 11 条第 2 款规定"供水价格的确定应当考虑水源保护费用"，确定饮用水实行有偿使用原则，该原则在保护水源的村规民约中体现为村民缴纳水费，不得拖欠水费。《云和县雾溪畲族乡雾溪村保护水源的村规民约》规定："积极转变节水、用水观念，主动缴纳水费，不拖欠水费，确定收费人定时收缴水费。"

做到规则不抵触的措施有三种。（1）重复法律法规中的说明性、限制性条款。❶《丽水市饮用水水源保护条例》第 15 条第 3 款规定制订村规民约"明确保护范围，并设立警示标志"，这一内容必然在村规民约中得以体现。丽水市莲都区老竹镇沙溪村保护水源村规民约中确定了饮用水水源保护范围：沙溪村的饮用水工程来自三处水源，水源 1 是沙溪口茶籽山，水源 2 是大泥凹小溪，水源 3 是流坑山小溪，保护范围是这三处水源的东至山脚边 50 米，西至山脚边 50 米，南至山脚边 50 米，北至山脚边 50 米；并设立警示标志。❷

（2）重复禁止性行为模式的条款。法律法规中的禁止性行为模式具有强制性，作为实施性的村规民约不得违反，否则构成抵触，因此，最好的处理方式是重复该内容。《丽水市饮用水水源保护条例》第 19 条明文列举了农村饮用水水源保护范围内禁止的五种行为，云和县雾溪畲族乡雾溪村保护水源的村规民约重复五种禁止行为："（一）设置排污口或者向水体倾倒、排放废弃物、污水以及其他可能污染水体的物质；（二）投饵式水产养殖；（三）宜耕后备土地资源开发；（四）抛弃、掩埋动物尸体；（五）法律、法规规定的其他禁止性行为以及其他可能污染水源的活动。"❸

（3）在法律责任条款中，对违法行为，法律法规有规定的，遵从规定；法律法规没有规定，且情节显著轻微的，通过村规民约予以规范。

其一，村规民约遵从法律法规法律责任的规定，细化兜底条款，不能作细化规定，可以重复规定。根据《国务院办公厅关于加强行政规范性文件制定和监督管理工作的通知》的规定，行政规范性文件的制定主体为除国

---

❶ 黄锴. 地方立法"不重复上位法"原则及其限度：以浙江省设区的市市容环卫立法为例［J］. 浙江社会科学，2017（12）.
❷《沙溪村饮用水村规民约》，2020 年 7 月笔者在浙江丽水市莲都区老竹镇沙溪村调研时收集的资料。
❸ 2020 年 7 月 26 日笔者在浙江丽水云和县雾溪畲族乡雾溪村调研时收集的资料。

第六章 制度层面环境保护习惯与环境法协同促进生态文明建设路径

务院之外的行政主体,排除行政机关制定的规章。❶ 因此,村委会根据《村委会组织法》《浙江省饮用水水源保护条例》和《丽水市饮用水水源保护条例》等法律法规的授权,在自治的范围内,为实施法律法规规章,出台村规民约,只能是规章以下的行政规范性文件。《行政处罚法》第 10—14 条、第 16 条规定行政处罚的设定权,排除规章以下行政规范性文件创设行政处罚权力。《行政强制法》第 10 条规定行政强制措施的设定权属于法律法规,第 13 条规定行政强制执行的设定权属于法律,排除法律法规之外其他规范性文件的设定权。《行政许可法》第 14 条、第 15 条、第 17 条规定法律法规和省级政府规章创设行政许可权力,排除规章以下行政规范性文件创设行政许可权力,故村委会的村规民约不得创设行政处罚、行政强制和行政许可等事项,不得增加法律法规规定外的行政权力,不得减少法定的职责。像村规民约这类行政规范性文件多为贯彻法律法规的规定而作出的实施细则,更加注重针对性和可操作性。村规民约中对违法行为给予行政处罚、行政强制措施的种类,要与法律法规相一致,行政处罚的幅度可以在法定的范围内,作适度的变更,如罚款的数额,可以在下限与上限的范围内作出规定,或提高处罚的下限等。法律法规对禁止性行为一般采取列举的方式,但由于列举的方式难以穷尽一切行为,故最后作兜底条款的规定。如《浙江省饮用水水源保护条例》第 24 条明文列举了五种禁止性行为之后,规定第六种行为为"其他可能污染水源的活动",就是兜底条款。村规民约可以结合实际,对法律法规中的兜底条款作细化规定,从实行最严格环境保护的政策出发,只能增加不能减少禁止性行为。若不能对法律法规违法行为的兜底条款作细化规定的,可以在村规民约中重复法律法规禁止行为及相应处罚措施。如丽水市莲都区老竹镇沙溪村的保护水源村规民约重复《浙江省饮用水水源保护条例》第 24 条规定:"水源保护范围内禁止下列行为:(一)清洗装贮过有毒有害的物品的容器、车辆;(二)使用高毒、高残留农药;(三)向水体倾倒、排放生活垃圾、污水及可能污染水体的物质;(四)设置禽养殖场、肥料堆积场、厕所;(五)堆放生活垃圾、工业废料;(六)其他可能污染

---

❶ 《国务院办公厅关于加强行政规范性文件制定和监督管理工作的通知》(国办发〔2018〕37号)。行政规范性文件是除国务院的行政法规、决定、命令及部门规章和地方政府规章外,由行政机关或经法律、法规授权的具有管理公共事务职能的组织依照法定权限、程序制定并公开发布,涉及公民、法人和其他组织权利义务,具有普遍约束力,在一定期限内反复适用的公文。

219

水源的活动。违反本条规定，村民委员会应予以劝阻。并及时向乡镇政府或县环保局报告。"❶ 村规民约出于合法性的需要作出重复上位法禁止性规定，是将法律规范进行习惯化的内容，否则因村规民约丧失合法性而不具有法律效力，使得村规民约失去了存在的必要性。

其二，增加规范法律法规没有规定且情节显著轻微的违法行为。2021年10月1日起施行的《黔东南苗族侗族自治州乡村清洁条例》第40条授权村规民约可以规范法律法规没有规定且情节显著轻微的违法行为，该条授权符合规则不抵触原则。根据《行政处罚法》第33条，针对情节显著轻微的违法行为，以是否造成危害后果为标准，分为三种情况。第一种是无危害后果发生的，并及时改正违法行为，可以不予行政处罚，给予批评教育。第二种是发生了轻微危害后果，但行为人是初次违法，并及时改正违法行为，可以不予行政处罚，给予批评教育。第三种是发生了轻微危害后果，但行为人是二次违法，给予行政处罚；抑或是发生了较为严重的危害后果，给予行政处罚，但行为人有从轻或减轻行政处罚情形的，如主动消除或减轻违法行为危害后果的，应当从轻或减轻行政处罚。给予行政处罚的，行政处罚的种类，与法律法规相一致，处罚的幅度在法定的范围内，作适度的变更，如罚款的数额，在下限与上限的范围内作出规定，或提高处罚的下限等。

（二）在执法中，实行两者的沟通协作补充

1. 在森林和村内消防管理中实行习惯与法律法规的合作补充

烧灰积肥、烧荒、烧田埂草和焚烧秸秆或枯枝等行为是刀耕火种行为的延续。丽水、恩施和黔东南州人民在早期的刀耕火种方式中，将干燥的竹木杂草烧尽，使新开垦的土地有草木灰肥。古籍记载："畲人纵火焚山……回望十里为灰矣。"❷ "燔林木，使灰入土，土暖而虫蛇死以为肥，曰火耨。"❸ 待火耨地冷却后，播种锄地，不耕而获，源于新垦的土地有草木灰肥后，播种的粟米、玉米、高粱等旱地杂粮才有了收获。后来，人们将有水源的地方垒筑梯田，种植水稻。为改变贫瘠的土质，就地取材，烧草木灰肥田，割青蒿为绿肥，增加土壤肥力，不仅提高了产量，还把荒山变为良田。缺水的旱

---

❶ 《沙溪村饮用水村规民约》，2020年7月笔者在浙江丽水市莲都区老竹镇沙溪村调研时收集的资料。

❷ 谢肇淛湖. 太姆山志·卷中：游太姆山记 [M]. 福州：福州慕园书屋，嘉庆五年重刊本。

❸ 屈大均. 广东新语·卷七：人语·輋人 [M]. 北京：中华书局，1985：243.

地于每年播种之时，沿袭传统，继续焚烧杂草以获得草木灰肥，增加土壤的肥力，以获得更多的收入。实践证明，烧草木灰肥田，肥效较好，"冬灰加柴叶，稻谷粒最大"❶。受习惯使然，到20世纪80年代，除了在田地里施用栏肥外，甚至使用化肥，人们都依然不忘割田边杂草，烧成灰肥。稻谷收割后，养牲畜的人家，晾晒稻草，给牲畜过冬；不养牲畜的人家，焚烧秸秆，用来肥田。从21世纪初期到现在，为了提高收入，丽水、恩施和黔东南州大力发展雪梨、茶叶、油茶、烤烟、中药材等经济作物。对这些经济作物的管理过程中，存在烧灰积肥、烧荒、烧田埂草和焚烧枯枝等行为。2020年7月，笔者在景宁畲族自治县鹤溪镇周湖村调研时，见到悬挂的横幅，上面书写着"烧山灰，弄不好，会发生火灾，要坐牢"的宣传语。据介绍，当地村民有开荒种植惠明茶行为。周湖村等环敕木山村落，地处惠明茶的原产地和主产地。为了扩大惠明茶的种植面积，村民到自留山中，沿袭刀耕火种方法，开垦出新的田地，种植惠明茶，其中就伴有焚烧杂木杂草的行为，极易引发火灾。在惠明茶茶园的管理中，存在除草和修剪惠明茶树枝和劈砍行为。在新栽茶园管理中有除草松土要求，用锄头除去行边草，用手拔掉茶苗边的杂草，每年除草4~5次，做到茶园基本无杂草；在幼龄茶园管理中，通过"三刀"进行定型修剪，培养高产树冠；在采摘茶园管理中，6月下旬至7月上旬和10月中下旬要完成两次除草松土活动；在6月中旬之前要完成一次全面修剪茶树活动，10月中旬进行一次修剪活动；在茶园中要劈去茶园梯坎的柴、竹、草等，一年要2~3次❷，在这些活动中，也难免会有焚烧枯枝和杂草行为，需要防范。无独有偶，烧灰积肥、烧荒、烧田埂草和烧枯枝等行为，笔者在调研中不仅常有耳闻，还屡见不鲜。2021年2月14日，笔者到浙江丽水云和县元和街道SK村调研。该村耕地面积794亩，山林面积5844亩，村民以种植云和雪梨为主业，有一个面积较大的位于半山腰的梨园。12月到次年2月中旬，是梨树的休眠期，需从事清园、越冬病虫害防治和梨树树枝的冬季修剪工作，完成园中梨树的主干涂白防冻害工作。在梨园，有2位村民忙于修剪梨树树枝，做梨树的拉枝，给梨树树枝作定型工作。其中一位村民，将年前修剪下的已经干燥的枝条，连同田间的枯

---

❶ 浙江省丽水地区《畲族志》编撰委员会.丽水地区畲族志［M］.北京：电子工业出版社，1992：58.

❷ 包佐森.惠明茶栽培管理技术介绍［M］//景宁畲族自治县政协科教文卫体和文史资料委员会，茶文化研究会.金奖惠明茶.北京：中国文史出版社，2015：65-66.

草进行焚烧，冒着一股青烟直上云间。过后不久，村干部知晓他的焚烧行为，打电话给他，指出焚烧行为的危害及其后果，经劝告之后，他主动制止焚烧行为，及时灭火，所幸的是没有发生火灾。

在丽水市、恩施州和黔东南州境内，时常发生烧灰积肥、烧荒、烧田埂草和焚烧秸秆或枯枝等行为，极易引发火灾，使人们的财产受到损害，进而威胁林业生产和森林安全。林业是重要的基础产业，在我国经济发展中占据显要的地位。发展林业是建设生态文明的首要任务，也是解决"三农"问题的重要途径。在丽水市、恩施州和黔东南州，林业的重要性更加突出，已然成为当地生态文明建设的重要基础。在林业发展过程中，林农在从事林业生产经营中遇到多种风险。据问卷调查，林农担心的风险，第一是火灾、病虫害等自然风险，占比52.03%；第二是担心政策不稳，占比24.39%；第三是经济风险，担心不赚钱，占比14.63%；第四是林木被偷盗，占比5.69%。自2006年国家实行山林承包期延长政策之后，政策的风险显然不复存在。近年来，森林火灾频繁发生，使其成为名副其实的首要风险，在林业发展中，如何减少和防范森林火灾发生，确保森林资源安全，是林业发展中重中之重的内容。❶据调查，引发森林火灾，除了不可抗力事件外，多数是人为引发的。2018—2019年丽水市森林火灾肇事追究失火罪的十大案件中，烧杂草（茅草或荒草）引起火灾，占比50%；祭祀烧纸引起火灾，占比20%；焚烧垃圾、吸烟、气割施工作业引起火灾，各占比10%。❷据报道，2019年国庆假期，恩施州利川市团堡、南坪乡镇发生2起在田间地头焚烧稻草的违规用火案件，当事人受到警告、罚款200元和500元的处罚。❸2022年3月至10月底，黔东南州境内因人为引发16起森林火灾（情）案件，引发山火的原因，最多为烧田坎、农事用火各4起，各自占比25%；次之为烧荒3起，占比19%；吸烟2起，占比13%；祭祀烧香、在田边烧火烤粑粑、焚烧秸秆各1起，各占6%。❹

---

❶ 许元科，李桥，叶丽敏，等. 浙南山区群众对林业社会需求和认知的调查分析：以景宁畲族自治县为例［J］. 宁夏农林科技，2012（2）.

❷ 根据2021年2月14日笔者到浙江丽水云和县苏坑村调研时，在村委会门口墙上张贴着丽水市森林火灾肇事追究失火罪十大案件宣传单的统计所得.

❸ 恩施3名村民烧稻草，造成森林火灾，被罚了！［EB/OL］.（2019-10-07）［2024-10-28］. https：//www.sohu.com/a/345390053_695387.

❹ 黔东南州森林防灭火应急指挥部办公室，等. 警示通报！黔东南州2022年森林火灾（情）案件［EB/OL］.（2022-10-27）［2024-01-08］. http：//www.qdn.cn/html/2022/qdnnews_1027/204795.shtml.

第六章 制度层面环境保护习惯与环境法协同促进生态文明建设路径

为杜绝和防范烧田坎、烧荒、烧杂（稻）草和焚烧秸秆或枯枝等行为，有效防控森林火灾，维护林区社会和谐稳定，保护森林资源和生命财产安全，维护生态安全，我国出台行政法规《森林防火条例》，湖北省人大、浙江省人大和黔东南州人大分别出台地方性法规《湖北省森林防火条例》《浙江省森林消防条例》和《黔东南苗族侗族自治州森林防火条例》。无论是森林防火的行政法规还是地方性法规，都明文禁止在森林防火期内的野外用火行为。《森林防火条例》第25条规定，除法定许可的三种情形外，在防火期内，在防火区严禁野外用火。《湖北省森林防火条例》第6条、《黔东南苗族侗族自治州森林防火条例》第10条、《浙江省森林消防条例》第14条都禁止烧荒、烧草、烧秸秆、烧田埂土坎等野外用火行为。《浙江省森林消防条例》第16条、《黔东南苗族侗族自治州森林防火条例》第11条明确规定在防火期内，村民或用火个人经乡政府或县政府的批准可以从事烧灰积肥、烧田坎草等农业生产性用火。对未经批准擅自野外用火行为，尚未构成犯罪的，《森林防火条例》第53条、《浙江省森林消防条例》第44—45条以及第47条、《湖北省森林防火条例》第18—19条及《黔东南苗族侗族自治州森林防火条例》第20条规定的处罚措施有警告、罚款。其中涉及罚款处罚的，行政法规《森林防火条例》第53条规定对违法的个人处以200~3000元罚款。地方性法规将罚款分为两种情况，一种是尚未引起森林火灾的，《浙江省森林消防条例》第44—45条规定罚款数额为500~3000元，在《森林防火条例》第53条规定的罚款幅度范围内。《黔东南苗族侗族自治州森林防火条例》第20条规定的罚款数额为200~3000元，与《森林防火条例》第53条规定的罚款幅度相同。另一种是引起森林火灾的，尚未构成犯罪的，《浙江省森林消防条例》第47条规定的罚款数额为1000~3000元，仍然在《森林防火条例》第53条规定的罚款幅度范围内。《黔东南苗族侗族自治州森林防火条例》第20条规定的罚款数额为1000~10000元，超出《森林防火条例》第53条规定罚款的最高数额3000元，由于《黔东南苗族侗族自治州森林防火条例》属于自治法规，可以行使《民族区域自治法》第20条赋予的立法变通权，对行政法规进行变通，因此，超出数额罚款的规定也合法。《湖北省森林防火条例》第18条规定"对森林防火中的违法行为，国家法律法规已有处罚规定的，从其规定"。根据该条规定，在湖北省境内的罚款数额遵从《森林防火条例》第53条的规定。

《浙江省森林消防条例》第 16 条授权有森林消防任务的村,必须制定关于森林消防安全的村规民约。《黔东南苗族侗族自治州森林防火条例》第 5 条授权乡级的森林防火指挥部应当协助村民委员会和村民小组制定森林防火村规民约。因此,许多地方的村规民约作了规定,如黔东南州黎平县《东郎村村规民约》规定:"加强野外用火管理,严防山火发生,干旱季节严禁野外用火,发生山火对肇事者每次处罚 500 元以上,用于参加扑救山火的村民的误工补助等费用。"恩施州利川市谋道镇《鱼木村村规民约》规定:"加强野外用火管理,严防山火发生。"浙江云和县安溪畲族乡《下武村村规民约》第 19 条规定:"禁止在林区内烧灰积肥、田地旁烧荒、上坟烧纸等一切野外用火活动,违者接受批评教育,同时要赔偿损失,情节严重者报司法机关追究其法律责任。"

对森林消防工作,在法律法规和习惯都可以适用的范围内,必须充分发挥制度层面环境保护习惯和环境法律法规的双重规约作用,施展制度层面环境保护习惯对个人用火行为较为强大的监管功能。森林消防工作实行"预防为主、积极扑救、有效消灾的方针"❶,在野外风干物燥,森林火灾高发期内,个人在生活中或者在生产经营活动中的小小行为,如烧荒草或烧田坎,抑或烧秸秆等,极易引发火灾,不仅破坏生态环境,还会给自己带来财产损失,甚至带来牢狱之灾。为了对个人野外用火而引发的火灾起到防微杜渐的作用,必须发挥制度层面环境保护习惯和环境法律法规的双重制约作用。SK 村野外用火行为发生之前,云和县人民政府于 2021 年 2 月 9 日发布的《禁火令》张贴于梨园的大门口,禁令指出,"2 月 11 日到 4 月 20 日为全县森林禁火期。在禁火期内,严厉禁止在林区焚烧秸秆、烧灰积肥、烧荒烧草等野外用火行为,违者依法严处。"2018—2019 年丽水市森林火灾肇事追究失火罪的十大案件宣传单张贴在村委会的门口。由于冬季天干物燥,星星之火,可以燎原,一不小心,引发火灾,触犯刑法,被判刑,但是,仍然不能制止田间的焚烧行为,足见习惯的作用强大。从发生学角度而言,由于习惯是神经体的反射,因而具有遗传的特性。❷ 野外用火行为的实施者的年龄在 50 多岁,焚烧荒草和梨树枯枝作为有机肥料的知识,是他们从父母那里遗传下来的,加之父母言传身教和自己在劳作中习得的经验,已经深入骨

---

❶ 《浙江省森林消防条例》第 3 条。
❷ 谢晖. 论"可以适用习惯""不得违背公序良俗"[J]. 浙江社会科学,2019 (7).

224

髓，一时难以更改，因此，必须充分发挥制度层面环境保护习惯权威管用功能，用新的习惯规范摒除落后的习惯规范，通过实施动态的监管，做好森林消防安全的自我管理工作，使个人时刻注意用火安全，避免火灾的发生，履行保护环境，人人有责的义务。

(1) 健全森林消防安全习惯规范的内容及其实施。

现行各地习惯规范的处罚措施不一。有的尚未规定处罚措施，如浙江省丽水市《利山村村规民约》第12条规定："严防山火发生。禁止……露天焚烧秸秆、落叶等易产生烟尘污染的物质。"有的规定处罚措施，处罚措施的种类有，一为罚款，如黔东南州黎平县《东郎村村规民约》规定："发生山火对肇事者每次处罚500元以上，用于参加扑救山火的村民的误工补助等费用。"二为批评教育、赔偿损失，情节严重者报司法机关追究责任。如浙江省云和县安溪畲族乡《下武村村规民约》第19条规定："禁止……野外用火活动，违者接受批评教育，同时要赔偿损失，情节严重者报司法机关追究其法律责任。"三为情节严重的移送相关部门处理。浙江省景宁畲族自治县《大张坑村村规民约》第10条规定："严禁未经审批野外用火，引起火警者，情节严重的移送相关部门处理。"由于村委会得到了《浙江省森林消防条例》第16条和《黔东南苗族侗族自治州森林防火条例》第5条的授权制定村规民约，那么，村规民约可以按照《浙江省森林消防条例》和《黔东南苗族侗族自治州森林防火条例》的规定实施惩罚措施，特别是处罚种类、处罚幅度要在法定的范围内。《浙江省森林消防条例》第44—45条以及第47条规定对个人实施的违法行为，尚未引起森林火灾的，由县林业局责令停止违法行为，给予警告，并处500~3000元罚款。因过失引起森林火灾的，造成损害的，除依法赔偿损失外，县林业局还可对个人处1000~3000元的罚款，并可责令补种树木；依法应当给予行政拘留等治安管理处罚的，由公安机关作出行政拘留处罚，构成犯罪的，由司法机关依法追究刑事责任。《黔东南苗族侗族自治州森林防火条例》第20条规定对实施烧荒、烧草场、烧田埂土坎等可能引发森林火灾的行为，尚未造成森林火灾的，对个人给予警告并处200~3000元罚款；造成森林火灾的，责令补种树木，依法承担赔偿林木损失费、火灾扑救费及其他相关财物损失费，对个人并处1000~10000元罚款，因此，村规民约可以规定罚款处罚，但罚款的数额要受到限制。浙江地区村规民约罚款的数额在500~3000元，黔东南州境内村规民约罚款的数额在200~10000元。黔东南州黎平县《东郎村村规民约》

将罚款的数额规定在 500 元以上，用于参加扑救山火村民的误工补助等费用。这个规定一方面是合理的，因为山火发生后，村民去扑救山火，发生了参加扑救山火村民的误工补助、生活补助以及扑救森林火灾所发生的其他费用，该费用属于无因管理，由火灾肇事者个人支付，也符合《森林防火条例》第 45 条的规定❶。另一方面也是不合理的，因为它没有限制最高的数额，因此，应当将黔东南州黎平县《东郎村村规民约》的罚款数额限制在 500~10000 元。在村规民约中，对违规用火行为视情节轻重给予违规者相应的处罚。村民未经批准实施烧杂草、烧荒等野外用火行为，以是否引起火警为标准分为两种情况。一种是尚未引起火警的，意味着违法情节轻微，没有造成危害后果，不予行政处罚，可以责令停止违法行为，给予批评教育。另一种是引起火警的，意味着已经造成危害后果，但尚未引起森林火灾或已经引起森林火灾，但尚未触犯刑法，按照法律法规由林业局给予警告、罚款行政处罚或公安局给予行政拘留处罚。引起森林火灾，假若造成损失的，要赔偿损失。涉嫌犯罪的，移送司法机关处理。故村规民约可以作如下规定："禁止未经批准在林区内烧灰积肥、烧荒、上坟烧纸等一切野外用火活动。违者，尚未引起火警的，责令停止违法行为，给予批评教育。引起火警的，尚未引起森林火灾，或已经引起森林火灾，尚未构成犯罪的，按照法律法规移送林业局或公安局查处，涉嫌犯罪的，移送司法机关处理。造成损害的，赔偿损失。因森林火灾实施扑救行为，扑救者的补助费和扑救森林火灾所发生的其他费用等由火灾肇事者支付。并在全村范围内对火灾肇事者予以通报批评。"

  在防范和杜绝违反习惯规范行为的措施上，采取一些传统和现代有效的方式，强化森林消防安全习惯规范的宣传力度，使新习惯规范深入人心，取代旧习惯规范。在森林防火期内，沿袭传统，采取鸣锣喊寨、制作传唱《防火歌》等方式，使大家熟知新习惯规范内容。鸣锣喊寨方式是黔东南州一些村寨为防止火灾，由村民在夜间轮流巡寨，边喊边敲锣的一种传统方式。现在由村义务森林消防队员轮流，每天晚上 7—9 点一边敲着锣鼓，一

---

  ❶《森林防火条例》第 45 条："参加森林火灾扑救的人员的误工补贴和生活补助以及扑救森林火灾所发生的其他费用，按照省、自治区、直辖市人民政府规定的标准，由火灾肇事单位或者个人支付；起火原因不清的，由起火单位支付；火灾肇事单位、个人或者起火单位确实无力支付的部分，由当地人民政府支付。误工补贴和生活补助以及扑救森林火灾所发生的其他费用，可以由当地人民政府先行支付。"

边喊着"天干物燥,小心火烛","严禁携带火种进入林区","禁止在林区内烧灰积肥、田地旁烧荒、上坟烧纸等一切野外用火活动,违者给予批评教育、通报批评,受到警告、罚款乃至行政拘留处罚,赔偿损失,情节严重者,被判刑坐牢"。鸣锣喊寨也是违反当地制度层面环境保护习惯诸如偷盗的一种常用处罚方式。黔东南州榕江县村寨对偷盗他人柴木者的处罚措施是偷盗者被责令扛着柴木喊寨,一边敲锣,一边大声告诫大家莫要学他做错事,以此警示教育群众。❶ 后来鸣锣喊寨还被当作对失火者(户)的一种惩罚手段。如黔东南州锦屏县有的村寨村规民约对发生一次火警的处罚措施是"责任人或监护人自愿承担违约金 100~1000 元,并接受村内通报批评。必要时可令责任人鸣锣喊寨"❷。如果说黔东南州村寨让火灾肇事者采用敲锣喊寨进行认错、警示不失为一种有效的惩罚和教育方式,值得肯定的话,那么恩施州利川市柏杨坝镇司法所组织 20 名社区服刑人员以身说法,开展《森林法》《森林防火条例》等法律法规及政策宣传方式及其效果,值得借鉴和效仿。从 2019 年 3 月开始,柏杨坝镇司法所为有效打击和杜绝本镇范围内滥砍滥伐林木等破坏森林资源的违法行为,做好对社区服刑人员日常监管、教育的同时,还创新工作方式,探索出由社区服刑人员充当义务普法宣传员的工作模式,他们采用小组会、院子会及入户进村等方式开展法治宣传教育,既达到教育自己,又教育他人的目的,在全镇范围形成学法、懂法、守法、尊崇法律的良好氛围,起到教育一人带动一片的作用,让《森林法》《森林防火条例》等法律法规及林业方针政策植根于群众之心,外化于群众之行,从源头上杜绝对森林资源的破坏,收到了良好的社会效果。❸ 爱唱山歌的村民,可以根据法律法规及习惯规范的内容,制作《防火歌》,让大家学唱,督促大家注意安全,遵守法律法规和习惯规范,防范山火、家火。还可以采取线上线下相结合的方式,通过村庄广播、发送短信信息、微信推送、村务公开栏张贴和有线电视公告等途径,做好室内和室外加强用火管理的重要性、野外用火的危害性及惩戒措施的宣传工作,做到家喻户晓,并督促用火个人落实用火安全防范措施。

除采取一些传统和现代有效方式宣传熟知森林消防安全习惯规范之

---

❶ 吴大华,等. 侗族习惯法研究 [M]. 北京:北京大学出版社,2012:165.
❷ 徐晓光. 原生的法:黔东南苗族侗族地区的法人类学调查 [M]. 北京:中国政法大学出版社,2010:258.
❸ 2019 年 7 月笔者到恩施州利川市柏杨坝镇司法所调研时收集的资料。

外，还应该加强村民的监督作用和村义务森林消防队员的日常巡查工作。任何村民一旦发现他人有焚烧秸秆或焚烧荒草等行为，及时对该行为进行制止，以免发生严重的危害后果，并将情况向村义务森林消防队员报告，村义务森林消防队员接到报告后，视违法行为的轻重采取相应的处置措施，消除社会危害后果。村义务森林消防队员应当加大日常的巡查工作，一经发现违规用火行为，及时进行劝阻和制止，并采取措施，消除违法行为的危害后果，同时向村委会报告，由村委会按照村规民约进行处罚。多数人都知晓焚烧秸秆等违规用火行为危害重大，在浙江乡村，森林防火工作实行乡长、村主任负责制。乡长和村主任都签订森林防火责任书，做好森林防火工作。假若村民在路边的田地里焚烧秸秆，路过的人一旦发现，一边去制止该违法行为，一边打电话给乡里，乡里接到报告，主管林业的工作人员立刻给村义务森林消防队员打电话，村义务森林消防队员接到消息，立即赶到事发地，采取措施处置焚烧行为。情节严重的，发生森林火灾，应当立即报警。

（2）制裁违法行为，形成习惯和法律法规的分工合作。

一方面，实行习惯和法律法规的分工。村民的确需要在森林防火区内进行生产性用火的，必须按照《浙江省森林消防条例》第16条、《黔东南苗族侗族自治州森林防火条例》第11条的规定，得到行政许可后，方可为之。村民从事烧灰积肥、烧田坎草等农业生产性用火，必须向村委会报告，由村委会向县政府或其委托的县林业局或乡政府提出申请，经过许可后，在许可的时间和地点内进行焚烧，并采取必要的防火措施。除此之外，禁止野外用火，否则要受到处罚。对未经审批的野外用火行为，视情节及危害后果的轻重给予违法者相应的处罚，要么接受习惯的惩戒，要么接受法律法规的制裁。假若违法者只是堆好枯枝和荒草，尚未燃烧的，责令停止点燃行为，适用习惯规范，给予批评教育。假若实施了燃烧行为，责令停止燃烧行为，采取措施灭火，尚未引起火警的，适用习惯规范，对其违法行为在全村内进行通报批评，并处罚款。假若实施了燃烧行为，引起火警的，尚未引起森林火灾，适用法律法规，给予制裁。在浙江省境内，按照《浙江省森林消防条例》由县林业局责令停止违法行为，给予警告，并处500~3000元罚款。在黔东南州和湖北省境内的，按照《黔东南苗族侗族自治州森林防火条例》或《湖北省森林防火条例》对个人给予警告并处200~3000元罚款。因过失引起森林火灾的，但尚未构成犯罪的，在浙江省境内，按照《浙江省森林消防条例》由县林业局对个人处1000～3000元罚款，在黔东南州和湖北省境内的，按照《黔东南苗族侗族自治州森林防火条例》或《湖北省森林防火条例》由县林业局对个人处1000～10000元罚款或200～3000元罚款。尚未造成严重损失的，依法承担赔偿林木损失费、火灾扑救费及其他相关财物损失费，并可责令补种树木；依法应当给予行政拘留处罚的，按照《消防法》规定，由公安机关做出行政拘留决定。2022年3月9日，李某成因烧荒引发山火，被黔东南州从江县公安局处以3日行政拘留。❶ 2021年修订后的《消防法》第63条规定，违反规定使用明火作业，处警告或者500元以下罚款；情节严重的，处5日以下拘留，从江县公安局根据该条规定作出拘留处罚决定。构成犯罪的，适用《刑法》，由司法机关依法追究刑事责任。根据《刑事案件立案追诉标准的规定》第1条的规定，过失"造成森林火灾，过火有林地面积二公顷以上，或者过火疏林地、灌木林地、未成林地、苗圃地面积四公顷以上的"❷，就要追究刑事责任。2014年，雷某甲未经审批，在山场开垦荒地焚烧干草引发火灾，造成过火有林地面积达52亩。雷某甲犯失火罪，判处有期徒刑六个月，缓刑一年。❸

在适用法律法规和习惯规范实施处罚时，遵循一事不再罚原则。《行政处罚法》第29条为禁止滥罚款的现象，规定实施行政处罚要遵循一事不再罚原则。该原则是指对当事人的同一违法行为，以同样事实和同样依据，只得实施一次罚款。若两个以上的法律规范同时规定罚款的，按照罚款数额最高的规定实施处罚。当《村规民约》《黔东南苗族侗族自治州森

---

❶ 黔东南州森林防灭火应急指挥部办公室，等．警示通报！黔东南州2022年森林火灾（情）案件［EB/OL］.(2022-10-27)［2024-01-08］. http：//www.qdn.cn/html/2022/qdnnews_1027/204795.shtml.

❷ 最高人民检察院、公安部：《关于公安机关管辖的刑事案件立案追诉标准的规定（一）》（公通字〔2008〕36号）：第一条［失火案（刑法第一百一十五条第二款）］过失引起火灾，涉嫌下列情形之一的，应予立案追诉：（一）导致死亡一人以上，或者重伤三人以上的；（二）造成公共财产或者他人财产直接经济损失五十万元以上的；（三）造成十户以上家庭的房屋以及其他基本生活资料烧毁的；（四）造成森林火灾，过火有林地面积二公顷以上，或者过火疏林地、灌木林地、未成林地、苗圃地面积四公顷以上的；（五）其他造成严重后果的情形。本条和本规定第十五条规定的"有林地"、"疏林地"、"灌木林地"、"未成林地"、"苗圃地"，按照国家林业主管部门的有关规定确定。

❸ 浙江丽水市云和县人民法院（2015）丽云刑初字第64号刑事判决书，【法宝引证码】CLI.C.4640456.

林防火条例》和《消防法》都规定罚款处罚的，要么按照《村规民约》或《黔东南苗族侗族自治州森林防火条例》或《消防法》的规定实施一次罚款处罚，要么按照三者中的最高罚款数额进行处罚。2022年3月10日，龙某荣因烧田坎引发森林火情，被黔东南州凯里市白午街道和平村委会按照村规民约规定给予龙某荣1000元罚款。2022年9月6日，李某确因农事用火引发山火，被黔东南州台江县公安局按照《消防法》规定给予500元罚款及5日行政拘留的行政处罚。❶ 这里的行政拘留5日处罚不合法。原因在于2021年修订后的《消防法》第64条规定，过失引起火灾的，尚不构成犯罪的，处10～15日的拘留，可以并处500元以下罚款，情节较轻的，处警告或500元以下罚款。根据《消防法》第64条，行政拘留要10日以上而非5日。

另一方面，实行习惯规范和法律法规的合作，实行双罚制。一事不再罚原则还引申为对同一违法行为，以同一事实和相同依据，只得给予一次同种类的处罚。换言之，《村规民约》《黔东南苗族侗族自治州森林防火条例》和《消防法》的行政处罚措施，同样是罚款，只得适用一次。乃至同种类的行政处罚措施，也只能适用一次，不同种类的行政处罚措施，可以同时适用。如《消防法》第64条规定行政拘留和罚款并用。《黔东南苗族侗族自治州森林防火条例》第20条规定警告和罚款并处，因为行政拘留属于限制人身自由的处罚，罚款属于财产罚，警告属于申诫罚，故可以并用。从实践来看，双罚制的情形有：第一种情形是《消防法》的行政拘留处罚和《村规民约》的罚款并用。2022年3月9日，杨某学因烧田坎引发山火，被黔东南州雷山县公安局处以7日行政拘留，小龙村委会按照"4个120"村规民约规定对杨某学进行处理。❷ 该案件的制裁措施同时适用《消防法》和《村规民约》的惩罚措施。行政拘留处罚适用《消防法》的规定，但是行政拘留7日不合法，根据《消防法》第63条或第64条规定，要么行政拘留5日以下，要么行政拘留10～15日。"4个120"罚则是黔东南州雷山县小

---

❶ 黔东南州森林防灭火应急指挥部办公室，等．警示通报！黔东南州2022年森林火灾（情）案件［EB/OL］．(2022-10-27)［2024-01-08］．http://www.qdn.cn/html/2022/qdnnews_1027/204795.shtml．

❷ 黔东南州森林防灭火应急指挥部办公室，等．警示通报！黔东南州2022年森林火灾（情）案件［EB/OL］．(2022-10-27)［2024-01-08］．http://www.qdn.cn/html/2022/qdnnews_1027/204795.shtml．

龙村委会《村规民约》对野外用火行为的处罚手段,是指罚 120 斤肉、120 斤米酒、120 斤大米和 120 斤蔬菜❶,与罚款一样属于财产罚。由于行政拘留和"4 个 120"罚则属于不同种类的处罚手段,故可以同时适用。第二种情形是《消防法》的行政拘留处罚、地方性法规的罚款处罚和《村规民约》的救火补助费用规定三者并用。2022 年 9 月 20 日,潘某林因烧荒引发山火,被黔东南州凯里市万潮镇派出所拟给予 11 日行政拘留的行政处罚,同时万潮镇人民政府根据《贵州省森林防火条例》及村规民约给予 5000 元的处罚。❷ 该案件是同时适用《消防法》《贵州省森林防火条例》和《村规民约》而作出的行政处罚,但是该案件的行政处罚不合法,表现为行政处罚的主体不合法。一是万潮镇派出所无权作出行政拘留 11 日的行政处罚。根据《治安管理处罚法》第 91 条的规定,行政拘留由县级以上公安机关决定,警告和 500 元以下的罚款由公安派出所决定,故行政拘留 11 日的处罚只能由凯里市公安局作出而非万潮镇派出所决定。二是万潮镇人民政府根据《贵州省森林防火条例》及《村规民约》给予 5000 元的罚款属于超越法定权限。根据《贵州省森林防火条例》第 42 条的规定,对未经批准擅自进行烧荒引起森林火灾尚未构成犯罪的,镇人民政府提请有管辖权的县林业局对个人处以 1000 元以上 3000 元以下罚款,即作出罚款处罚的主体应当是县林业局而不是万潮镇人民政府。按照《村规民约》作出罚款处罚的主体是村委会也不是万潮镇人民政府。这里的 5000 元罚款虽然是按照《贵州省森林防火条例》和《村规民约》作出的,但是二者并不违反一事不再罚原则。因为这里按照《村规民约》作出的罚款仅仅是名义上的罚款,其实质上是用于参加扑救山火村民的误工补助等费用,该费用符合《森林防火条例》第 45 条的规定。第三种情形是法律法规的罚款、行政拘留处罚和《村规民约》的通报批评并用。由于通报批评与警告同属于申诫罚,两者只能适用一个。若按照法律法规,除适用警告之外的罚款、行政拘留处罚的,村委会还可以按照《村规民约》的规定适用通报批评。在实行积分管理制度的村寨,除了按照法律法规和习惯规范进行行政处罚外,还可以按照《村规民

---

❶ 徐晓光.清水江流域传统林业规则的生态人类学解读[M].北京:知识产权出版社,2014:168.

❷ 黔东南州森林防灭火应急指挥部办公室,等.警示通报! 黔东南州 2022 年森林火灾(情)案件[EB/OL].(2022-10-27)[2024-01-08]. http://www.qdn.cn/html/2022/qdnnews_1027/204795.shtml.

约》的规定扣减积分。浙江省云和县安溪和雾溪畲族乡一些村寨实行积分制度，以一年时间为限，村民一旦实施违反法律法规和习惯规范行为，实行扣分制，对焚烧秸秆、烧荒草或烧灰积肥者，扣减 5 分。黔东南州雷山县丹江镇脚猛村《村规民约》第 6 条规定："在秋冬'森林防火严管'期间，严禁一切野外用火和带火种进山，违反者除批评教育外扣除该户村积分 20 分，造成山火的依法追究责任。"第 8 条规定："凡在本村辖区内发生的山火、寨火，明知火灾发生而不管不问者扣除该户村积分 10 分（指依法能履行扑火救火义务的行为人）。"❶ 通过对违法者同时适用习惯规范和法律法规进行双重处罚，不仅对违法者进行严厉制裁，让其吸取教训，还使其余村民认识到预防火灾和遵守法律法规和习惯规范的重要性。

（3）消防安全习惯规范对《消防法》等法律法规起着补充作用。

制度层面环境保护习惯除规范野外用火行为外，还规范村内室内用火等消防安全行为。人们居住在山区木质结构的房子里，特别是黔东南州拥有 50 户以上木质房屋连片村寨共 3922 个，极易发生火灾，村寨房屋较为密集，道路狭窄不平，防火救火工作成为每个村寨和家庭的大事，规范村民防火救火行为也就成为制度层面环境保护习惯中的重要内容。有些村寨专门为此出台防火公约，没有出台防火公约的，也会规定一些防火救火的习惯规范。制度层面环境保护习惯对失火烧寨者的处罚措施是轻者罚猪一头用来"洗寨"，重者被驱逐出寨。❷ "洗寨"活动源于人们为祭祀火鬼祈求它不要放火烧寨而举行的宗教仪式，后来发展成为提醒人们注意防火安全而举行的活动，以及在火灾发生后，为了消灾避邪，保佑平安而举行的活动。火灾过后"洗寨"活动的费用由失火户承担，罚失火户提供一头猪，供救火人员聚餐食用。❸ 驱逐出寨是强迫失火者搬到寨外居住，未经准许不许回寨，是制度层面环境保护习惯规范中一种较为严酷的资格处罚。1997 年，黔东南州黎平县九龙村寨发生了一场大火，造成村寨十余户房屋受损，失火者一家人都被驱逐，不得居住在村中而只能独居在寨头。❹ 村寨消防安全习惯规范

---

❶ 关于推荐黔东南州省级优秀村规民约（居民公约）的公示［EB/OL］.（2022-08-247）[2024-10-28]. http://mzj. qdn. gov. cn/zwxx_5825880/tzgg/202208/t20220824_76242757. html.

❷ 刘锋，龙耀宏. 侗族：贵州黎平县九龙村调查［M］. 昆明：云南大学出版社，2004：292.

❸ 徐晓光. 清水江流域传统林业规则的生态人类学解读［M］. 北京：知识产权出版社，2014：164.

❹ 刘锋，龙耀宏. 侗族：贵州黎平县九龙村调查［M］. 昆明：云南大学出版社，2004：292.

通过对失火者实施较为严厉的制裁措施，惩戒失火者和警示教育其他村民，在预防与控制火灾危害，保障人民的生命财产安全方面发挥了重要的作用。鉴于村寨消防安全习惯规范的重要性，1998年出台的《消防法》第23条授权村委会组织制定防火安全公约，进行消防安全检查，明文规定行政处罚措施是警告、罚款、行政拘留和责令停产停业，因此，九龙村寨2002年出台的《村规民约》遵从《消防法》的规定，废除"洗寨"、驱逐出寨的处罚手段，规定："发生寨火，处罚200~500元，火警处罚125~150元。"❶ 但是仍有些村寨的《村规民约》规定了驱逐出寨制裁措施，如2007年湖南省通道侗族自治县独坡乡木瓜村出台的《村规民约》中规定：对放火、放毒等恶劣犯罪行为，驱逐其全家出村，并世代不得进村。❷ 有些村寨仍然适用驱逐出寨制裁措施，黔东南州黎平县地扪村寨发生过一场因一位卧病在床的老翁不小心将被子掉在取暖用的铜火盆上而引发的火灾，导致鼓楼和60户人家的房屋被烧毁，老翁自己也葬身于火海。寨里主事的老人根据村寨习惯规范做出处置：肇事者的几个儿子必须到寨子对岸三里以外的地方居住，三四年内，不得回村寨，此外还要花1万元钱举办祭祀土地神的仪式，并请全寨人吃饭。❸

为重点解决黔东南州木质结构火灾防控、消防安全管理等问题，黔东南州人大于2017年颁布《黔东南苗族侗族自治州农村消防条例》。该条例更加强化村寨消防安全习惯规范的作用，第16条授权村民委员会必须组织制定村寨防火安全公约，落实消防安全措施；第18条规定村民应当履行不占用防火隔离带等九项农村消防义务；第44条对村民没有履行农村消防义务，尚未造成火灾事故的，规定"由村民委员会进行教育，责令改正，并依据村寨防火安全公约进行处理"。通过多年的普法宣传，随着法律法规的深入实施，村民的法律意识逐渐增强，加之乡镇政府不断加强对村规民约的指导和监督，现在，许多村寨出台了《村民防火公约》或者涉及防火安全的村规民约，对传统习惯规范进行扬弃，发挥其应有的功能。如恩施州恩施市芭蕉侗族乡高拱桥村制定了《村民防火公约》，内容如下："为进一步做好本村防火工作，提高村民的防火安全意识，消除火

---

❶ 刘锋，龙耀宏. 侗族：贵州黎平县九龙村调查 [M]. 昆明：云南大学出版社，2004：320.
❷ 吴大华，等. 侗族习惯法研究 [M]. 北京：北京大学出版社，2012：243.
❸ 吴大华，等. 侗族习惯法研究 [M]. 北京：北京大学出版社，2012：242-243.

灾隐患，减少火灾事故的发生，保障广大群众的人身和财产安全，按照国家有关法律法规和公民道德规范的要求，全体村民应共同遵守如下公约：（1）自觉遵守国家消防法律、法规和规章，维护本村消防安全。（2）解决好柴堆、草堆、粪堆等'三堆问题'，在指定地点堆放，严禁堆在屋内和房前屋后。（3）严禁在村中交通要道及消防通道上堆放物品杂物、停放车影响消防通道畅通。（4）家中不私拉乱接电线，不超负荷用电，禁用铜丝、铁丝等代替保险丝，老化的电源线路应及时更换。（5）出门或睡觉前要关好电源、气源、火源，按操作规程使用电气设备。（6）不乱扔烟头，不躺在床上吸烟。（7）不随意倾倒液化气残液，家中不存放易引发火灾的物品。（8）教育小孩不玩火，不随意燃放烟花爆竹。（9）不从事封建迷信活动，点香烧蜡要有专人看守，要做到人走香灭。（10）不使用木板、竹板、草墙等做自家房屋隔墙，应使用土基、砖块、石头等做隔墙。（11）不随意倾倒没有熄灭的炭灰、草灰等，烟囱周围不堆放易燃物品。（12）积极参与各种社会消防安全活动，接受消防安全教育培训。（13）如发现消防违章行为，要及时制止，并向当地消防组织或公安消防部门举报。（14）自觉接受各级消防安全检查，并主动整改火灾隐患。（15）如发现火灾及时向村委会以及公安消防部门报警，火警电话119。"❶特别值得一提的是，当今村寨消防安全习惯规范废除了一些不合法的制裁措施，如罚一头猪用以"洗寨"、驱逐出寨等，由于这些措施明显地超出《消防法》《黔东南苗族侗族自治州农村消防条例》规定的警告、罚款、行政拘留和责令停产停业处罚种类而遭到废弃。黔东南州黎平县《东郎村村规民约》规定："（1）每月自查各种火灾隐患。因农户的原因引发的火害火警，除依法上报上级政府处理外，每次另外处罚500元以上。（2）人人都有责任和义务参加村寨防火设施建设和维护，定期检查消防池、消防水管和消防栓，保证消防用水正常，不服从安排或不接受有关工作任务者，每次处罚100~200元"❷。可见，消防安全习惯规范对《消防法》《黔东南苗族侗族自治州农村消防条例》起着补强的作用。

2. 在殡葬管理中实行法规规章和习惯的沟通合作

我国的殡葬制度经历了从形成到发展的过程。自从人类对待死者要进行

---

❶ 2019年7月笔者到恩施州恩施市芭蕉侗族乡高拱桥村调研收集到的资料。
❷ 2019年8月笔者到黔东南州黎平县东郎村调研收集到的资料。

有意识的安葬开始，人们依据生存环境和生活需要，形成了悬棺葬、土葬和火葬等多样的殡葬方式。春秋战国时期开始实行火葬，汉代推行土葬，宋元时期推行以火葬为主的殡葬方式，从明代开始禁止火葬，以土葬为主，清代晚期到民国时期，国家对殡葬进行改革，破除殡葬仪式中的"封建迷信"内容，简化烦冗仪制，取缔停柩不葬习俗，推行火化后的公墓葬式，并使其逐渐被人们接受，同时，也允许民间各种葬法的自由存在。虽然当时提出反对厚葬久丧的倡议，但其实施效果不尽如人意。❶ 新中国成立后进行殡葬改革，倡导火化。1985 年国务院的《殡葬管理暂行规定》出台实施，标志着殡葬制度进入依法管理的阶段。1997 年行政法规《殡葬管理条例》发布，推动殡葬制度的法治化进程。随后，浙江省、贵州省等 9 个省级人大出台地方性《殡葬管理条例》，湖北省等 20 个省级政府出台《殡葬管理规定》，绝大多数的市、县、乡制定了殡葬管理方面的规定，至此，形成较为完备的殡葬法规体系。❷ 1998 年 1 月 1 日起实施的《浙江省殡葬管理条例》第 11 条规定浙江省全面推行火葬，人口稀少、交通不便、暂不具备火化条件的乡、村，可以逐步推行火化。2000 年 10 月 17 日实施的《湖北省殡葬管理办法》第 6 条、第 7 条、第 11 条规定凡人口稠密、交通方便的地区实行火葬，交通不便的地区实行土葬，土葬区公民自愿实行火葬，予以鼓励。2002 年 4 月 1 日起施行的《贵州省殡葬管理条例》第 6 条规定"人口稠密、耕地较少、交通方便的地区应当实行火葬，其他地区实行土葬改革"。实行火葬的，遗体火化后，将骨灰要么存放在骨灰堂等处，要么葬入公墓，禁止装棺土葬。❸

在殡葬管理中，法规规章和制度层面环境保护习惯进行沟通，达成妥协与合作。法规规章在葬法上主要推行火葬，更有利于节约资源和发展山林经济。火葬与土葬相比，最大的优势在于能够少占或不占耕地或林地，节约木材。丽水、恩施和黔东南多为山区丘陵地带，当地人民靠山吃山养山，利用山区的优势，发展山林经济。实行土葬比火葬占用更多的山林。按照民政部的规定，从墓地占地面积来看，埋葬遗体的单人墓，最大为 4 平方米，合葬

---

❶ 陈华文. 殡葬改革：土地、木材和金钱浪费及其讨论 [J]. 民俗研究，2020（1）.
❷ 中华人民共和国民政部. 中国殡葬改革 50 年可圈可点 [J]. 社会福利，2006（6）.
❸ 《浙江省殡葬管理条例》第 11 条、第 13 条、第 21 条，《湖北省殡葬管理办法》第 7 条、第 9 条，《贵州省殡葬管理条例》第 7 条。

墓最大为 6 平方米，埋葬骨灰的，最大为 1 平方米❶，再利用科技手段，可以使骨灰盒变得更小，还可以不保留骨灰，实行海葬，占用的面积更小，甚至不占用土地。加之人们注重风水，为死者挑选一块风水宝地，即向阳的林木茂盛所在地，期望祖先庇佑子孙人丁兴旺。有限的山林资源被占用，对山林经济的发展尤为不利，还占用了后代子孙的资源。丽水市云和县山脚村，山林资源更加有限，人均山林只有一分地，土葬耗费木材，浪费资源，因此，从节约资源，保护山林出发，实行火葬，占用山林面积更小。人们自从认识到火葬的优势之后，将其付诸行动。临近县城交通方便的云和县山脚村 2000 年有一位老人因病去世，老人的四个儿子经协商一致同意实行火葬，火化后的骨灰埋入事先备好的坟墓中。一旦有人带头实行火葬，大家也就逐渐都认可了火葬。

在丧俗方面，制度层面环境保护习惯提供一套操作细则，正好弥补地方法规规章无操作细则的局限。由于火葬比土葬更加节约资源，每年可节省耕地数万亩，木材上百万立方米，丧葬费用数百亿元，极大地减轻了资源不足的压力❷，因此，殡葬法规规章推行一种既科学又文明现代的丧葬方式，但是殡葬法规规章也并非完美。殡葬由"殡"和"葬"组成，殡葬法规规章，主要解决"葬"部分的内容，不涉及"殡"的内容。"殡"是指逝者下葬前的各种悼念仪式及活动❸，它是人生中最重要也是最后的仪式之一，具有文化性，属于传统丧葬习惯的内容，具有地域特色，殡葬法规规章无法制定出一套在全国或省级范围内都适用的规则，特别是五里不同风的浙江、湖北和贵州省，更是难以统一适用，只得留给下位阶的其他规范性文件来规定，而各地的丧葬习惯就为人们提供了一套详细操作方式，因此，在殡葬管理中，法规规章和制度层面环境保护习惯可以进行沟通，达成妥协与合作。在葬法上，推行火葬，在操作方式上，适用传统丧葬习惯，两者可以互相取长补短，实行法规规章和习惯协同方式，否则，即使人们遵守法规规章，也将面临一种无操作方式可遵循的困境，而导致很多人规避法规规章。2001 年，浙江云和县山脚村有 3 人死亡，遗体都送去火化，死者家属捧回了骨灰，仍

---

❶ 《民政部关于贯彻执行〈殡葬管理条例〉中几个具体问题的解释》（1998 年 9 月 16 日民事发〔1998〕10 号）。

❷ 中华人民共和国民政部. 中国殡葬改革 50 年可圈可点 [J]. 社会福利，2006（6）.

❸ 郑晓江，徐春林，陈士良. 中国殡葬文化 [M]. 上海：上海文化出版社，2012：1.

第六章　制度层面环境保护习惯与环境法协同促进生态文明建设路径

然按照当地的传统丧葬习惯操办，历经报丧、买水洗浴、接娘家、做功德、出殡环节之后，再将骨灰送进坟墓安葬。

为节约资源，保护环境，加强生态文明建设，造福当代和子孙后代，开展深化殡葬改革，推动移风易俗，黔东南州政府、恩施州政府和浙江省政府采取了三项有效措施。

（1）推行节地生态葬法。黔东南州政府在 2012 年 10 月出台《关于进一步推进殡葬改革的实施意见》，强调要"大力推行骨灰寄存和其他少占或不占土地的安置方式，倡导和鼓励骨灰抛撒、深埋不留坟头的树葬、草坪葬等文明、节地葬法"❶。民政部于 2016 年出台《关于推行节地生态安葬的指导意见》，"鼓励和引导人们采用树葬、海葬、深埋、格位存放等不占或少占土地、少耗资源、少使用不可降解材料的方式安葬骨灰或遗体"❷。恩施州政府于 2018 年 12 月 31 日专门出台《关于深化殡葬改革的实施意见》，明确要加快节地生态安葬设施建设，大力推行树葬、花葬、草坪葬、骨灰散撒和遗体深埋等生态安葬方式，对进入公益性公墓实行树葬、花葬、草坪葬及骨灰散撒等节地生态安葬的，政府给予奖补❸，其中建始县、咸丰县对自愿火化并实施生态安葬的分别一次性奖励 1 万元、3000 元❹。2021 年，浙江景宁畲族自治县大力倡导绿色生态殡葬，高质量推进全县节地生态安葬点建设，实现省定节地生态安葬点全面覆盖。❺

（2）推进乡镇公益性公墓的建设。为保护绿水青山，有效降低村民私自建坟的成本，减少青山白化治理成本，促进农民生活成本与环境治理成本利益最大化的目的，浙江省各地、恩施州、黔东南州建造公益性公墓。乡村

---

❶ 黔东南州人民政府关于进一步推进殡葬改革的实施意见［EB/OL］.［2024-01-14］. https：//www.pkulaw.com/lar/9e5171072074bd634b4df9badbd92437bdfb.html.

❷ 民政部等 9 部门联合印发《关于推行节地生态安葬的指导意见》［EB/OL］.（2016-02-24）［2024-10-28］. https：//www.gov.cn/xinwen/2016-02/24/content_5045582.htm?eqid=bdd0351200184c0d00000003647d4643.

❸ 恩施州人民政府关于深化殡葬改革的实施意见［EB/OL］.（2018-12-31）［2024-10-28］. http：//www.enshi.gov.cn/zc/zc/zcwj/201812/t20181231_524269.shtml.

❹ 恩施州督查考评办公室. 关于省民政厅与恩施州人民政府合作共建项目推进和《州人民政府关于深化殡葬改革的实施意见》落实情况的通报［EB/OL］.（2021-04-27）［2024-01-14］. http：//www.enshi.gov.cn/zc/xxgkml/qtzdgknr/zwdc/202104/t20210428_1125055.shtml.

❺ 景宁县建立智慧平台深化身后"一件事"集成改革［EB/OL］.（2021-01-31）［2024-07-04］. http：//www.lishui.gov.cn/art/2021/1/31/art_1229218391_57312972.html.

237

公益性墓地的建造，解决了乱埋乱葬的问题。2021年，恩施州民政局出台《恩施州农村公益性公墓建设规范》（恩施州民政发〔2021〕8号），对农村公益性公墓的规划和建设、审批和管理进行规范；指出农村公益性公墓建设和管理充分尊重人类社会发展规律，通过宣传教育，引导广大群众自愿改革传统丧葬旧俗；强调农村公益性公墓的建设应坚持生态原则、节地原则和节俭原则。2021年，浙江景宁畲族自治县高质量推进全县乡镇公益性公墓建设，建成乡镇（街道）节地生态公益性公墓21处，实现乡镇（街道）公益性公墓全覆盖。❶黔东南州在2022年建造公墓6个，并采取措施逐步扩大农村公益性公墓普及率，力争到2025年，农村公益性公墓普及率达到30%以上。❷

（3）推行厚养薄葬，鼓励丧事简办。2018年，恩施州政府明确"弘扬厚养薄葬等优秀传统殡葬文化，引导广大干部群众逐步从注重实地实物祭扫转移到以精神传承为主"❸。2020年10月14日，浙江省民政厅推出厚养薄葬，鼓励丧事简办，出台移风易俗操作细则，包括禁止丧事扰民，倡导集中守灵，提倡文明祭扫等内容。❹2021年，浙江景宁畲族自治县创新建立智慧殡葬2.0平台，探索建立一体化、便捷化、智慧化、协同化的殡葬服务体系。优化办事流程，实现一站式办理；实行治丧"零延时"，办事"零材料"，信息"零壁垒"；加大殡葬改革力度，建立健全殡葬改革管理机制，完善丧葬补助金、抚恤金等发放政策，制定出台《公益性公墓管理暂行办法》《节地生态葬法减免奖补办法》等一系列改革文件，大力推进移风易俗、文明殡葬；大力倡导绿色生态殡葬，营造厚养薄葬氛围；建立网上免费祭祀平台，推出"送鲜花代祭扫"等便民措施，提供线上祭扫服务。❺2021年，黔东南州凯里市进行智能化、公益化、公园化的九寨殡葬一体化项目建

---

❶ 马丽飞. 景宁县建立智慧平台深化身后"一件事"集成改革［EB/OL］.（2021-01-31）［2024-08-04］. http://www.lishui.gov.cn/art/2021/1/31/art_1229218391_57312972.html.

❷ 黔东南州深化殡葬改革提升殡仪服务社会稳定风险评估公示［EB/OL］.（2021-05-21）［2024-10-28］. http://mzj.qdn.gov.cn/zwxx_5825880/tzgg/202105/t20210521_68210579.html.

❸ 恩施州人民政府关于深化殡葬改革的实施意见［EB/OL］.（2018-12-31）［2024-10-28］. http://www.enshi.gov.cn/zc/zc/zcwj/201812/t20181231_524269.shtml.

❹ 浙江省民政厅办公室关于印发《关于推动家宴移风易俗操作细则》的通知［EB/OL］.（2020-10-22）［2024-10-28］. https://mzt.zj.gov.cn/art/2020/10/22/art_1633560_58923478.html.

❺ 马丽飞. 景宁县建立智慧平台深化身后"一件事"集成改革［EB/OL］.（2021-01-31）［2024-08-04］. http://www.lishui.gov.cn/art/2021/1/31/art_1229218391_57312972.html.

设，施秉县加快推进"互联网+殡葬"信息化平台建设，按时开通网上查询、网上预约、网上办理等便捷式殡葬服务窗口，实行24小时"全天候"服务制度。❶

为贯彻落实浙江省、恩施州、黔东南州关于深化殡葬改革，推动移风易俗的政策，巩固节地生态葬法，实行生态公墓，实施厚养薄葬，鼓励丧事简办等有利于强化生态文明建设的举措，需要与制度层面环境保护习惯进行协作，充分发挥村规民约、红白理事会的引导、规范作用。浙江有些村寨的《村规民约》规定公墓制度，如《新丰村村规民约》规定："根据绿色生态公墓建设的要求，村民不得私自违章建坟，去世村民应按规定葬在统一规划的公墓区。公墓的大小按照公墓建设标准实施。"❷ 为解决部分地区农村大操大办丧事问题，应当继续发扬红白理事会章程的规范引导作用。当前一些农村大操大办丧事的情况较为严重，一场丧事经历时间长、丧俗程序繁杂、费用较高，多达6万多元。❸ 为破除传统治丧陋习，减轻群众丧葬负担，应当强化村寨红白理事会群众性自治组织的自我管理、自我规范作用。黔东南州黎平县东郎村和恩施州利川市谋道镇鱼木村的丧事由红白理事会管理，提倡丧事简办，不准大操大办，破除陈规旧俗。黔东南州黎平县岩洞镇《竹坪村村规民约》规定办理丧事，遵守以下规定："逝者上山后一律不准再送礼；崇尚节俭，厉行节约，尽可能打破以前的习惯，一律炒菜上桌。"❹ 丽水市各地村寨、恩施州一些村寨红白理事会制定章程，规定红白理事会的宗旨是教育群众在操办丧事中，反对铺张浪费，破除陋习；倡导丧事简办、厚养薄葬的丧葬习俗❺，并对如何操办丧事作出了具体规定。恩施市芭蕉侗族乡高拱桥村《红白理事会章程》第16条规定：禁止大操大办，烦扰邻里；治丧期间禁止燃放烟火，禁止在午夜、凌晨燃放鞭炮；不提倡进行追丧演艺活动；不得聘请军乐队和盘鼓队等专业乐队；操办白事前不设宴待客，禁止大办丧宴；提倡播放哀乐、鞠躬、默哀、佩白花等文明健康的丧葬礼仪；禁

---

❶ 施秉县"四提"提高殡葬服务质量［EB/OL］.（2021-04-14）［2024-10-28］. http://www.qdnsb.gov.cn/xwzx/zwyw/202104/t20210414_71943604.html.

❷ 2020年8月笔者到浙江桐庐县莪山畲族乡调研时收集的资料。

❸ 2019年7月笔者到恩施州利川市柏杨镇调研时收集的资料。

❹ 陈幸良，邓敏文. 中国侗族生态文化研究［M］. 北京：中国林业出版社，2014：194.

❺ 《景宁畲族自治县双后岗村红白理事会章程》，2020年7月笔者到浙江省景宁畲族自治县鹤溪街道双后岗村调研时收集的资料。

止在主要道路停放遗体、搭设录棚，引起道路堵塞。❶ 红白理事会及其章程为革除农村丧事陋习发挥了重要作用。不仅如此，还必须将当前推行殡葬改革、移风易俗的政策在村规民约中加以贯彻落实，以制度刚性推进生态和文明殡葬。在村规民约中作出如下规定："在丧事中厉行勤俭节约，实行绿色生态葬。逝者按规定葬在公墓区，对自愿采用树葬、草坪葬等生态葬法者，给予一定奖励。提倡丧事简办，守灵天数最多不超过3天，不吹拉弹唱，不鸣炮扰民，不摆流水席，不送人情礼。积极倡导网络祭扫、踏青遥祭等文明低碳祭扫方式。"通过《村规民约》和《红白理事会章程》，厚植节俭理念，推行节地生态安葬与厚养薄葬，保护环境。

（三）在司法上，实行两者的分工合作

1. 环境刑事案件按照《刑法》定罪量刑，习惯作为量刑与刑事和解制度的考量因素发挥作用

新中国成立前，对严重违反制度层面环境保护习惯的行为，特别是偷盗林木、破坏地脉、毁坏森林、破坏田塘等严重危害社会治安、集体利益及人民生命财产的环境刑事案件，由村寨的首领，按照习惯规范实施惩戒，假若案情特别复杂无法判定是非，还可以采用神判方式加以解决。1987年，《村委会组织法（试行）》的出台实施，正式确立村民自治制度。之后，村寨的首领已经被村主任等取代，传统处理刑事纠纷的解决机制受到较大的冲击。特别是1982年《宪法》将刑事司法权授予司法机关，成为公安机关、检察院、法院的专属权力。随着1979年《刑法》的出台与实施，《刑法》知识的推广和普及，刑事案件交由公安机关、检察院、法院依据《刑法》及其司法解释来行使司法权。《刑法》对待习惯，采用授权性条款，《刑法》第90条授权自治区或省人民代表大会可以依据民族自治地方民族的政治、经济及文化（内含习惯）的特点制定变通或补充的规定❷，但是，这一规定尚未在立法实践中得到贯彻实施。❸ 为维持法制统一，凸显司法权威，罪刑

---

❶ 2019年7月笔者到湖北恩施市芭蕉侗族乡高拱桥村调研时收集的资料。

❷ 《刑法》第90条规定："民族自治地方不能全部适用本法规定的，可以由自治区或者省的人民代表大会根据当地民族的政治、经济、文化的特点和本法规定的基本原则，制定变通或者补充的规定，报请全国人民代表大会常务委员会批准施行。"

❸ 田钒平.《刑法》授权省及自治区人大制定变通规定的法律内涵及合宪性辨析［J］.民族研究，2014（1）.

法定原则确立定罪量刑都由《刑法》规定，除《刑法》之外的法律法规都不能确定，更不用说制度层面环境保护习惯，故制度层面环境保护习惯不再享有刑事制裁权，制度层面环境保护习惯涉及生命健康权和人身自由权的刑事制裁措施也面临合法性危机。涉及生命健康权的刑事制裁措施，有"杖笞""打死""沉潭"和活埋等。涉及人身自由权的刑事制裁措施，如对侵占宗族的田地山场，偷盗财物行为，处以不许入祠和逐出族外的惩罚措施。对偷盗粮食和田鱼等重要财物行为，处罚方式是抄家并将偷盗者及其父母赶出村寨。这些刑事制裁措施，不仅违反《刑法》规定，违反《立法法》关于法律保留原则规定，即《立法法》第11—12条规定有关犯罪和刑罚、限制人身自由的强制措施和处罚专属于制定法律的事项，而且超出了村民自治范畴，涉及司法机关的权力，故这些刑事制裁措施因违法而失去法律效力。1996年10月，浙江云和县发生了一件因争夺水源而引发的故意杀人刑事案件。雷某乙、雷某丙同时引用同一条河流给自家的田地灌水，双方都在场的时候，已经安排好水源的分配。雷某乙趁雷某丙离开后违反约定，把水全部引入自家的田地。不久，雷某丙发现了雷某乙的卑劣行为，找正在田地里干活的雷某乙评理。二人发生口角，并引发争斗，在争斗中，雷某丙被雷某乙用锄头当场打死。对雷某乙的违法行为，按照当地制度层面环境保护习惯的规定，可以给予杖笞致死的惩罚，但该刑事制裁措施因违法而失效，交由司法机关给予惩处，故雷某乙主动到公安机关自首。检察院提起公诉，法院开庭审理，雷某乙构成故意杀人罪，被判处死刑，缓期二年执行。❶

村民在从事生产劳动过程中，沿袭传统的刀耕火种、毁林开荒习惯，触犯刑法，构成犯罪，被追究刑事责任。一是因刀耕火种、毁林开荒而引发森林火灾，构成失火罪，如"雷某甲失火案"。2014年10月18日14时20分许，雷某甲未经野外用火审批，在云和县石塘镇黄庄村五担秧"水丘背"山场开垦荒地时，擅自用打火机点燃干草。因天气干燥，在风势影响下，火苗被吹到旁边田里的干草上，火势迅速蔓延并失去控制。黄庄村村民、石塘镇干部及护林员等接到救火求救后，赶来救火，于17时30分许将大火扑灭，此次火灾造成过火有林地面积达52亩。22日，雷某甲被县公安局取保候审。2015年3月26日，被县检察院指控犯失火罪提起公诉。法院审理后认为，被告人雷某甲违反野外用火管理规定，未经审批，擅自野外用火，造

---

❶ 雷伟红．构建浙江畲族地区和谐社会的原则和方法［J］．浙江工商大学学报，2007（2）．

成山林受灾，过火有林地面积达 52 亩，其行为已构成失火罪。❶ 二是因刀耕火种、毁林开荒而非法占用林地，构成非法占用农用地罪，如"龙玉某、王忠某非法占用农用地案"。2012 年 12 月 10 日，黔东南州施秉县烟草产业发展办公室、施秉县烟草专卖局发出《致广大农民朋友的一封信》，出台 11 项优惠政策，鼓励农民种植烤烟。龙玉某、王忠某响应号召，于 2012 年 12 月 19 日经施秉县双井镇把琴村村民集体同意，租用该村山林约 130 亩，用于种植烤烟。之后，二人在未申请审核办理征占用林地手续的情况下，擅自雇请工人将山林毁林开荒，并把所开垦的山林一分为二，各自在所分得的山林上种植烟草。经施秉县林业局专业技术人员鉴定，二人非法占用公益林，林地面积 112.21 亩。针对二被告人非法占用农用地的犯罪行为，二审法院认为龙玉某、王忠某违反土地管理法规，未经批准，擅自将林地改变为耕地，数量较大，二人的行为已构成非法占用农用地罪，依法应当受到刑罚处罚，判处龙玉某、王忠某有期徒刑一年，并处罚金 2 万元。❷

虽然制度层面环境保护习惯不再享有刑事制裁权，但是罪责刑相适应和刑法面前人人平等原则确立制度层面环境保护习惯可以作为刑罚量刑方面的考量因素。罪责刑相适应原则要求刑罚轻重应当与犯罪行为的社会危害性及行为人主观恶性相适应。一些人虽然按照习惯实施了一些行为，触犯刑法，但是他们的动机简单，主观恶性小，社会危害性较小，对其刑事责任的追究要客观，对这类案件要给予区别对待，给予较轻的刑罚。刑法面前人人平等原则追求的是实质平等，承认合理的差别，并给予区别对待。实质平等体现在定罪量刑时，充分考量习惯的特殊性，考虑犯罪原因的特殊性，以达到公正的目的。在"雷某甲失火案"中，雷某甲从事生产劳作，在自家的山场采用传统的刀耕火种方式开垦荒地，在焚烧环节由于风势原因致使火势未能得到有效控制而意外引发大火，火灾的发生是他疏忽大意造成的后果而不是他主观上希望发生的结果。当火灾发生后，他及时采取措施主动消除和减轻危害后果，赶忙叫女儿回家报警并叫人帮忙救火，大火最终得以扑灭。案发后，雷某甲到公安局自首，主动赔偿部分被害人的经济损失，综合被告人的

---

❶ 浙江省云和县人民法院刑事判决书（2015）丽云刑初字第 64 号，【法宝引证码】CLI. C. 4640456。

❷ 贵州省黔东南苗族侗族自治州中级人民法院刑事判决书（2018）黔 26 刑再 2 号，【法宝引证码】CLI. C. 75386451。

犯罪情节、认罪态度和悔罪表现，对雷某甲可以适用缓刑。根据《刑法》等规定，雷某甲犯失火罪，被判处有期徒刑六个月，缓刑一年。❶ 在"龙玉某、王忠某非法占用农用地案"中，虽然龙玉某、王忠某的行为已构成非法占用农用地罪应当受到刑罚处罚，但是二人的本意是响应政府号召，通过垦荒种烟增加收入，勤劳致富，种植的烟草属于发展国家扶持的农业经济。然而终究因为二人自身知识欠缺，缺乏对政策法规的了解，认识不到还需要去办理相关手续，未经批准，实施了毁坏林地的行为，主观恶性不大。该案造成100余亩灌木林被毁坏的后果，但在一定程度上有别于长势葱郁的其他林地，二人变更林地用途仅是用于种植烤烟，对土地的地形地貌、土壤尚未产生根本的破坏，造成的毁林后果具有可修复性。犯罪情节轻微，二人自愿认罪，并主动缴清罚金，具有悔罪表现，依法可免予刑事处罚。❷ 鉴于此，法院经过再审，撤销了二审有期徒刑一年的判决，分别判处龙某、王某犯非法占用农用地罪，免予刑事处罚。❸ 可见，法院在量刑时，将环境保护习惯及犯罪原因的特殊性作为考量要素，注重实质平等，给予被告人从轻处罚。

在倡导多元化纠纷解决机制的今天，由于刑事和解制度具有契合以人为本的核心理念，体现刑法谦抑性和"宽严相济"的刑事司法政策，实现纠纷的实质性化解等功能，体现恢复性司法发展趋势，有助于实现实质性正义，故被作为一种刑事纠纷的解决方式，被现行《刑事诉讼法》第5编第2章第288—290条加以规定。"刑事和解是一种以协商合作形式恢复原有秩序的案件解决方式，它是指在刑事诉讼中，加害人以认罪、赔偿、道歉等形式与被害人达成和解后，国家专门机关对加害人不追究刑事责任、免除处罚或者从轻处罚的一种制度"❹。由于制度层面环境保护习惯强调村寨和谐稳定，注重自我管理和自我协调的思维方式，尊重当事人的意思自治，对村内的矛盾纠纷，首要的处理方式是进行内部和解，通过和解方式，将大事化小、小事化了，从而实质性地化解争议。这种追求实质性化解争议的价值取向与刑

---

❶ 浙江省云和县人民法院刑事判决书（2015）丽云刑初字第64号，【法宝引证码】CLI.C.4640456.
❷ 贵州省黔东南苗族侗族自治州中级人民法院刑事判决书（2018）黔26刑再2号，【法宝引证码】CLI.C.75386451.
❸ 贵州省黔东南苗族侗族自治州中级人民法院刑事判决书（2018）黔26刑再2号，【法宝引证码】CLI.C.75386451.
❹ 陈光中，葛琳.刑事和解初探［J］.中国法学，2006（5）.

事和解制度的价值取向相契合。刑事和解制度注重社会有序与和谐，保障受害人的利益，使受害人因犯罪行为受到损害的利益得以弥补，注重社会关系的和谐，将被犯罪行为破坏的社会关系得以恢复，故对纠纷的处理，首先采取的方式是让案件的受害人和加害人自愿协商解决，通过当事人内部和解的方式，加害人真诚悔罪，向受害人赔偿损失和赔礼道歉，得到受害人的谅解，促成纠纷的实质性解决，实现实质性正义。正因为制度层面环境保护习惯与刑事和解制度在出发点和目的上的异曲同工之处，因此，它能够在刑事和解制度的适用中发挥有效补充作用。[1] 在"雷某甲失火案"中，被告人造成过火有林地面积达52亩，致使他人的林业受到损失。案发后，雷某甲认罪悔过，按照习惯处理纠纷方式，积极与受灾户进行沟通协商，赔偿经济损失，弥补受害人的损失，得到受灾户的谅解，使失火行为引发的失衡社会关系达到平衡，促成纠纷的真正解决，达到了刑事和解制度的目的，故可以酌情从轻处罚。

可见，关于环境刑事案件，环境刑事法律制度已经取代制度层面环境保护习惯，各地的村规民约也规定，涉嫌犯罪的，移交司法机关处理，习惯在量刑与刑事和解制度中发挥作用，只有如此，方能维护正常秩序，达到社会和谐。

2. 构建环境民事纠纷多元解决机制

环境民事纠纷是制度层面环境保护习惯与环境法律共同适用的领域，在双方共同适用的领域内，遵循当事人意思自治原则，毕竟当事人才是自己利益的真正、唯一的享有者与支配者，遵从自己的意愿，从自身利益出发，选择适用对自己最有利的方式。一般而言，由当事人先协商，协商不成，构建由民间和官方组成的大调解制度（见图6）。

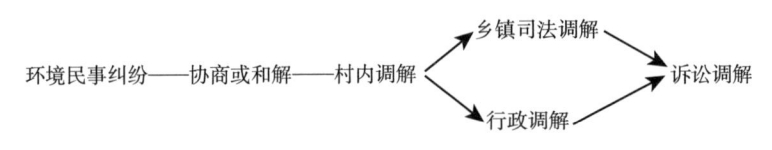

环境民事纠纷——协商或和解——村内调解 → 乡镇司法调解 → 诉讼调解
　　　　　　　　　　　　　　　　　　　→ 行政调解 →

图6　环境民事纠纷解决机制

（1）协商或自行和解解决。

环境民事纠纷，涉及公民、法人或其他组织的人身权和财产权，民事主

---

[1] 魏红. 论民族习惯法在刑事和解中的价值 [J]. 云南大学学报（法学版），2016（6）.

体对民事权利享有处分权。民事主体从便利、快捷的角度出发,在纠纷发生后,优先选择协商或自行和解解决争议。黔东南州黎平县《东郎村村规民约》规定:"邻里民事纠纷,应本着团结友爱的原则平等协商解决。"丽水云和县安溪畲族乡《下武村村规民约》第7条规定:"提倡用协商办法解决各种民事矛盾纠纷,依法理性表达利益诉求。"一些村落以同姓聚居为主,同村同姓的人多数为同宗,即便不是近亲也是远亲的关系,大家长期聚居在一起,在生产生活中,已经形成互助的传统和密不可分的关系。一旦发生矛盾,双方当事人作为利益的主宰者,有能力在不需要协调者或第三人的帮助下,找到对双方都有利的对策,化解纠纷,恢复友好的关系。常见的对策有两种,一种对策是受害人在协商之前,制造出有利于自己的舆论,迫使加害人因舆论压力,而寻求快速解决纠纷。丽水云和县SJ村村民爱狗,喜欢养狗,狗看家护院,但在保障家庭财产安全的同时,也不乏狗咬人的侵扰伤害事件。有一次,蓝某下地干活,经过雷某的家门口,正巧雷某全家外出,无人在家。狗遇见生人,朝着蓝某一顿狂吠,蓝某心里害怕,顺手捡起石头朝狗扔去,狗被激怒,冲过来咬了蓝某一口。蓝某在村里逢人便说自己被雷某家的狗咬了一口,村民们都十分同情蓝某。不久后,雷某也听说了此事,虽然知道蓝某有错在先,但毕竟是因自家养的狗咬了人而理亏。当蓝某找到雷某商量解决纠纷,雷某确认是自家的狗咬了蓝某后,便出钱让蓝某打了狂犬预防针。在村落熟人社区,大家彼此都十分了解,也十分尊重和在意各自在社区中的名声,因此,真实而负面的议论对人们起作用,为维护自己的好名声,加害人尽力寻找办法解决纠纷,消除不利于自己名誉的议论。另一种对策是侵害人主动采取赔礼道歉和补救措施,及时纠正错误,弥补受害人的损失而得到受害人的谅解。村民养牛用于田间耕作。农忙季节,父母忙于插秧,孩子放牛,牛跑进别人家的田地里践踏秧苗。事情发生后,孩子父母赶忙到田地里查看践踏秧苗的情况,取来秧苗,对被践踏的秧苗进行补种。之后,孩子父亲主动到受害者家里赔礼道歉,受害者见到受害的秧苗已经恢复原状,自己的损失已经得到弥补,也就原谅了对方的行为。❶

(2)构建由民间调解和官方调解组成的大调解制度。

大调解制度的构建,既是传统的延续,又是生态文明建设的必然要求。民事纠纷如果协商或和解不成,当事人请求第三方的介入,实行调解制度。

---

❶ 2021年7月笔者到浙江丽水云和县元和街道SJ村调研收集的资料。

对民事纠纷的解决方式，人们向来尊崇内部解决，推崇调解方式，忌讳诉讼。丽水一些地方存在家—房—族的组织，相应地，也就存在家长、房长和族长。他们的制度层面环境保护习惯历来注重家庭、宗族和睦，提倡家族内部同甘共苦，族人生病要慰问，遇到困难给予帮助；不允许内部发生争斗，更不准恃强凌弱；家族内部发生的矛盾争议，倘若诉讼，轻则家庭财产受到损失，重则倾家荡产，甚至还会带来性命之忧，因此，一般不提倡诉诸官府，而是请族长、寨老等调解解决争端。传统调解制度具有调解主体民间化和调解程序多样化的特点。传统调解是民间调解，由民间主体调解民事纠纷。除族长、寨老依据习惯规范裁断解决纠纷，乡绅作为传统社会的精英，在民众中声望高，熟悉民情和当事人，由其出面解决纠纷，效果好。纠纷当事人的乡邻亲友，遇到村民之间发生纠纷，倚赖个人的才干与情谊解决纠纷。传统调解程序具有非正式的特点，形式多样，简便易行。调解的过程没有固定的模式，依据纠纷的大小而采用不同的方式。族长或寨老调解更多的是依据习惯和情理，耐心细致地劝导纠纷双方，说出彼此错误之处，辅以情理，做好双方的思想工作，从而化解矛盾。无论是乡绅调解还是邻里乡亲的调解，大多采用劝导、说教等教化方式，力求复杂变为简单，最终化解矛盾。倘若是一些重大复杂的民事纠纷，事先确定具体的调解日期，地点设在宗族的祠堂。届时，由族长亲自主持调解，房长、家长参与其中，其他的民众在旁聆听。争议的双方分别陈述事实和理由。事实不清，情节复杂的，族长在房长、家长的协助下，甄别事实真相，依据习惯，判断是非，商量调解方案，说服双方，解决纠纷。[1]黔东南州民事纠纷依据形式不同，无论是家庭或村寨内部的纠纷，抑或是村寨之间的纠纷，调解程序也不同。最具特色的调解方式是用民歌调解民事纠纷，村寨里的纠纷只要通过劝世歌就可以解决。[2] 恩施州宣恩县彭家寨实行巫师调解，注重实事求是，以和为贵，劝导当事人宽容忍让，不要太计较得失，以过错者赔礼道歉，赔偿损失来化解争议。

当代的环境民事纠纷，遵照传统，当事人协商不成的，进行调解。2022年1月，黔东南州从江县法院对从江县贯洞村村民开展农村居民法律意识现状的问卷调查，关于"村民解决矛盾纠纷的途径"的问卷调查显示，56%的村民选择调解方式，23%的村民选择诉讼方式，可见，在调解和诉讼两种

---

[1] 雷伟红. 论清代畲族调解制度的特色［J］. 兰台世界，2012（1）.
[2] 吴大华，等. 侗族习惯法研究［M］. 北京：北京大学出版社，2012：193-198.

纠纷解决方式中，协商调解是村民解决纠纷的主要方式。源于村民深受传统的影响，认为诉讼是件丢人且费钱的事，只有万不得已时才选择这种方式。在调解的方式中，村民主要找乡村干部调解，其次找政府部门解决，再次找亲戚朋友调解（见表7）。❶

表7 黔东南州从江县贯洞村村民解决矛盾纠纷的途径

当您的合法权益遭受侵犯时，您会怎么做？		
A. 找亲戚朋友调解	36 份	12%
B. 找乡村干部调解	132 份	44%
C. 找政府部门解决	63 份	21%
D. 找司法部门打官司	69 份	23%
总　　计	300 份	100%

大调解制度的构建还符合当今生态文明建设所倡导的和谐价值。由于调解制度具有简易、快捷、低成本、高效率的优点，调解这种替代的非诉讼解决制度，有利于"案结事了"，调解协议达成后，双方都自愿履行，真正化解矛盾，从此以后，当事人不再为此事再生争端，达到实质性化解争议的目的，有助于新时代生态文明建设最终目标的推进，最终实现人与人和谐及人与社会和谐，因此，无论是从当事人的效益最大化出发，还是从国家生态文明建设的推进出发，都需要构建大调解制度。先实行村内的调解，调解不成的，再向乡镇司法所提出调解或者申请行政调解，还不成功的，最后向法院起诉，实行诉讼调解。正如丽水市利山村所宣传的那样："民间纠纷找调解，有理有据促和谐。"

> 一般实行小事不出队，大事不出村。因为有什么事情，先在小队或小组先调解，调解不了，再由村的调解委员会或乡贤调解。还调解不了的，再去街道或者乡镇。尽量事情在村内解决，不上交，我们多年来一直都是这样做的。
> ——浙江遂昌县妙高街道东峰村村委雷主任（2020年7月访谈）

---

❶ 沈有兰. 农村居民法律意识现状调研报告：以贯洞村村民为例[J/OL]. 黔东南审判, 2022(3)（2023-01-09）[2024-10-08]. http://qdnzy.guizhoucourt.gov.cn/fyxw/254505.jhtml.

①村内的调解。纠纷解决奉行就近便民低成本原则,强调村寨内部的纠纷,尽量在内部解决,提倡用村内调解的方式进行。村内调解主要是请求村委会调解。因村委会组织代替宗族组织,行政村设置人民调解委员会解决村内的民事纠纷,当事人提出申请,由村人民调解委员会受理,受理之后进行调查,开展调解工作。丽水市丽新畲族乡咸宜村在实施生活污水治理项目时,铺设排污管,其中有一段铺在雷某家墙外的水沟旁边,因为这里是村民经常走动的道路,考虑到排水管的寿命,在设计时,在不影响水沟排水的情况下,对水沟一边进行硬化处理,而雷某认为硬化部分侵占自家的水沟,坚决不同意设计方案及其施工,用铁锹铲除尚未硬化的水泥,妨碍排水管的铺设。村民发现他的破坏行为后,向村调解委员会主任蓝某反映情况。蓝某赶去察看情况,看到雷某正在敲刚浇的水泥地。蓝某详细分析雷某行为的严重性和后果的危害性,指出这是设计师根据实际,科学合理设计的排水方案,并未挤占到水沟。已经通过的图审和财审,变更方案要上报乡里和设计单位,雷某不能私自铲掉,并且水沟不是雷某家的私人场地,他的做法损害了全村人的利益。水沟排水并没有受到影响,只是把原来的泥土换成水泥,且该项目是全省统一做的,雷某的行为属于无理取闹。一旦施工单位报警,后果就较为严重,到那时候,雷某要受到行政处罚。经过村调解委员会主任等几个小时的耐心细致劝解后,雷某解开了心结,认识到行为的错误性及其后果,并保证不再破坏水泥地。这场纠纷和平解决。❶

除村委会人民调解委员会的调解,现在有的行政村为了强化调解的效用,还成立乡贤调解工作站。浙江省遂昌县妙高街道东峰村在 2014 年成立"五老评议团",由老干部、老教师、老军人、老职工和老党员组成。与村委会成员相比,他们的优势在于无偏私,平等对待纠纷当事人,特别是与处理的事件无利害关系,办事比较公正,因此,他们在东峰村享有较高的威望。如周老师,先当过校长,后调到教育局人事科工作直至退休,理论水平较高,深得大家的信任。由他与其他老党员在一起,调解村民之间的田界及山界纠纷,由于他善于摆事实,讲道理,由他出面调解,提出的解决方案,大家都乐于接受。东峰村的土地和山林是在 20 世纪 80 年代分配的,当初分配土地和山林比较粗糙,当时的界限也模糊不清。虽然后来村里在原有的基础上,又对田地进行过局部调整,但是因为田地山林的收入较低,一般情况

---

❶ 2020 年 7 月笔者到浙江丽水市丽新畲族乡咸宜村调研时收集的资料。

第六章　制度层面环境保护习惯与环境法协同促进生态文明建设路径

下,只有一些老年人在经营,年轻人都不种地,也不经营山林,大家也不太计较田地山林的边界。随着城市建设或修建高速公路等公共利益的需要,土地山林被征收,获得了较高的补偿款,有了较大的利益之后,界址不清的问题暴露出来,加之村里当时参与分配的老人陆续去世,如果大家斤斤计较的话,容易引发纠纷。2020年,因城市建设征收300亩土地,涉及200多户,东峰村有2户人家因地界不清而发生争议。"五老评议团"的成员,做他们的思想工作,同时在土地边界的划分上,尽量分配得均匀一些,得到了双方的接受和认可,化解了矛盾。由乡贤进行调解,不仅有利于纠纷的解决,还可以分担人少事多的村委会成员的事务,东峰村还早就实行了主任、书记一肩挑,村里的一个村委跟支委都是兼职的,人员就更少,做事的人也就少了。❶

②乡镇司法所的司法调解。乡、镇司法所成立调解委员会,专门受理经村内调解之后,调解不成的环境民事纠纷,或一方反悔不履行调解协议,另一方向乡、镇司法所提出的调解申请。浙江省云和县安溪畲族乡司法所设立"民情茶室"调解制度,处理经村委会调解不成的环境民事纠纷,一方当事人向乡调解委员会提出调解的申请。由于乡里乡亲之间不太有大的矛盾,农村中大多数纠纷也只是涉及一些不大的利益。纠纷发生后,经村里处理不成功,一方当事人申请调解,另一方当事人也愿意调解的情况下,双方当事人到乡里的"民情茶室",在德高望重调解员的主持和协调下,分析双方的利弊,动之以情,晓之以理,拿出当事人都合意的调解方案,得到当事人的接受和认可,成功地解决纠纷。❷

恩施州利川市柏杨坝镇面积达578平方公里,是该州最大的一个乡镇,辖区内共55个村,3个社区居委会,人口9.5万余人,是一个人口众多、社情复杂的大镇,为了及时化解矛盾纠纷,该镇的司法所所长LHB于2003年率先在全州成立首个乡镇一级的人民调解委员会,调解纠纷,取得了较好的效果。随着社会的发展,矛盾纠纷不断,由于司法所人少事多,无力解决居高不下的矛盾纠纷,2015年,LHB又在镇党委政府的重视和支持下,率先在全州组建"乡贤调解室"专业的调解队伍,聘请当地退休的三名法律专家,分别是退休的法庭庭长、法官和司法所所长,专

---

❶ 2020年7月笔者到浙江丽水遂昌县妙高街道东峰村调研时收集的资料。
❷ 2020年7月笔者到浙江丽水云和县安溪畲族乡调研时收集的资料。

门负责当地矛盾纠纷的调解。在调解纠纷的工作中，他们既讲法律，依据法律，又讲情理，法治与德治两手抓，获得了良好的成效。根据司法所的调解卷宗统计，自从"乡贤调解室"组建到2018年底，调解540件纠纷，调解成功率达100%。其中，2015年调解各类纠纷70件，环境纠纷10件。2016年调解各类纠纷146件，环境纠纷33件。2017年调解各类纠纷120件，环境纠纷33件。2018年调解各类纠纷204件，环境纠纷74件。2015—2018年，乡贤调解室在化解540件各类矛盾纠纷中，涉及环境纠纷150件，占比27.78%。

在"乡贤调解室"调解的环境民事纠纷中，涉案数量最多的是土地纠纷，共91件，在环境纠纷中占比60.67%。包括土地使用权纠纷、土地使用权转让（调换）纠纷、土地边界纠纷、土地补偿纠纷、土地登记纠纷等。如土地登记纠纷，谭某周全家长期外出打工，老家承包的金树坪土地在2018年确权时，他有一块土地被登记到弟媳王某友的名下，谭某周要求归还，后者不同意而引发纠纷，请求司法所调解。经调查，双方争议的金树坪土地一共1.83亩，2018年12月重新登记确权时，全部写在弟弟家的权证上，其中1.12亩是谭某周的，应当归还。因弟弟同意将1.12亩划归谭某周，由谭某周凭此调解协议去土地登记机关进行确权登记，弟媳应当予以配合，谭某周其他承包地由其本人申请登记。第二是山林纠纷，共22件，在环境纠纷中占比14.67%。包括山林边界纠纷、山林转让纠纷、占用山林补偿纠纷等。如占用林地补偿纠纷，谭天某与谭仁某同村，谭天某修建入户公路时，占用谭仁某100米、长2米宽的林地，挖掉了7根杉树，说好待路修好后给予补偿，但后来一直未兑现而引发纠纷。2017年4月，双方秉持有利于生产、方便生活的原则出发，经调解达成协议，双方再无其他争议。第三是水利纠纷，共13件，在环境纠纷中占比8.67%，主要是排水、用水纠纷。第四是相邻通行纠纷，共11件，在环境纠纷中占比7.33%。第五是公路纠纷，共7件，在环境纠纷中占比4.66%，包括公路使用权、补偿等。第六是其他纠纷，共6件，在环境纠纷中占比4%，包括鱼塘赔偿、猪圈借用纠纷等。

"乡贤调解室"通过调解化解了大量的疑难纠纷，为基层社会的和谐稳定发挥了重大作用，其作用得到了司法部的认可，2019年该司法所被评为全国模范司法所。"乡贤调解室"之所以能取得这么好的效果，在于"乡贤调解室"三个调解员都是德高望重贤达人士，熟悉法律，精通乡情，热爱家乡，崇尚公益，在群众心中颇具威望。"乡贤调解室"调解成功的关键在于准确把握纠纷的根源，以法为基础，从情理出发，摆事实，讲道理，最重要的是找到令双方都满意的调解方案，成功地化解纠纷。还有一个成功秘诀是乡贤的群众基础好，同样一句话，他们说出来和其他人说出来，分量不同，效果也不同。恩施州和利川市司法部门不仅肯定了"乡贤调解室"在化解土地、山林纠纷方面的重要作用，还将这一做法在全域推广。柏杨坝镇的 57 个村利用退休教师、干部、老党员及知名人士组建乡贤说理室，乡贤不领工资、不拿报酬，义务在全村化解矛盾纠纷，在和谐村落秩序的维护上发挥着重大的作用。❶

③行政调解。行政机关作为居中者，协调处理与其行政管理职能相关的纠纷，判断是非，促进争议双方互谅互让，达成调解协议，从而解决争议。《浙江省行政调解办法》第 4 条规定行政调解的范围，主要是与行政机关职权息息相关的争议。行政争议涉及行政赔偿、补偿等争议，民事争议主要是指与其职权相关的民事主体之间的争议。《浙江省行政程序办法》第 82 条列举了土地（林地）权属争议、环境污染损害赔偿等民事纠纷。《浙江省行政调解办法》第 5 条规定不适用行政调解的 5 种情形，如超越行政复议期限的。为提高行政调解的效率，行政机关针对两类争议，可简化调解程序：一是事实清楚，争议不大的争议；二是所涉赔偿、补偿数额低于 1 万元的争议。❷ 景宁畲族自治县通过行政调解成功地化解百山祖国家公园内 3000 亩山林纠纷。凤垟村、张川村是英川镇凤凰寨村的两个自然村，从 20 世纪 60 年代起长达 50 多年里，两个村就因为苹果场山林权属界址不明、林权证上地名指代不清等历史原因，一直以来就对面积达 3000 余亩的山林存在争议，涉及 1300 多位村民，还发生过冲突。景宁县相关部门也进行过协调，几届乡镇政府都做了多次调解，但都因为双方分歧过大，无法达成协议，调解没有结果。2020 年，丽水市创建百山祖国家公园，两个村的争议山场就在国家公园的范围内。假若山林纠纷得不到解决，将给国家公园创建进程带来一定的影响。作为华东地区和长三角区域中重要生态安全屏障，百山祖国家公园是人与自然和谐共生的经典示范区，国家公园创建成功，凤凰寨村的所有

---

❶ 恩施州利川市柏杨坝镇的调解内容是由笔者于 2019 年 7 月到恩施州利川市柏杨坝镇司法所调研获得的资料整理而成。

❷ 《浙江省行政程序办法》第 82 条、第 83 条。

村民将受益。县百山祖国家公园创建办、英川镇主要负责人秉持创成国家公园，人人受益的理念，多次深入凤凰寨村，实地勘察，了解情况，召集村民小组长会议，达成全力推进国家公园创建的共识。再由 16 个小组长逐一入户，宣讲国家公园创建的重大机遇与发展前景，做村民的思想工作。在县百山祖国家公园创建办、英川镇和村民小组长的合力下，多次召开座谈会，宣讲政策，听取双方意见并积极调解。经过众多人士的不懈努力，在村民们的理解和支持下，两个自然村的村民达成协议：一致同意搁置争议，对有争议的山林所获得的集体林地地役权改革补偿金，以双方认同的历史权属为依据，并根据有关比例进行分成，山林纠纷最终得以解决，百山祖国家公园创建顺利推进。❶

④诉讼调解。作为解决纠纷的最后一道防线，法院始终以化解矛盾为目标，以便民惠民为原则、以探索创新为动力，也为了缓解案多人少的矛盾，充分发挥调解高效解纷的功效，创建多元化调解新格局。龙泉市法院发挥服务和化解矛盾的功能，注重调解的免费、高效优势，建立"永和调解超市"，打造诉前调解多样化、诉前与诉中程序灵活衔接的双重特色，营造和谐的氛围，高效化解纠纷。法院始终坚持解决争议、保障公民的合法权益为原则，从当事人的利益出发，设置诉前调解程序，为当事人提供多样的诉前调解方式。在立案前，法院设置多种调解方式，有人民调解，有行业调解，有特邀调解，有家事调解，还结合多数当事人信任法院调解的心理，发挥法官及法官助理调解专长，特别设置法官调解，一旦调解成功，就减少了进入诉讼程序的案件数量，极大优化了司法资源配置。积极引导当事人自主选择诉前调解方式，待当事人选好后，还引导当事人浏览调解员名录，名录包含调解员（包括法官）工作经历及擅长调解类型，当事人可以根据自身情况和需求自主选择调解员；也可以进入智能化电子预约系统，自助预约法官调解的时间和地点。当事人预约调解员成功后，进入诉前调解程序。调解员根据约定的时间，在既能保护当事人隐私，又能营造良好氛围的调解工作室，对当事人进行调解。调解成功后，当事人要求出具调解书的，法院在案件立案后，出具调解书，同时为当事人办理减免诉讼费手续。诉前调解具有免费、调解方式灵活的特点，极大地降低了调解难度和诉讼成本。如果进入诉前调解程序后 7 个工作日内调解不成的，及时立案，进入诉讼程序。诉前调

---

❶ 胡伟鸿. 景宁化解百山祖国家公园内 3000 亩山林纠纷［N］. 畲乡报，2020-11-26.

解情况同时附入卷宗，为审判工作提供参考，减轻法官的工作量。当事人若在案件审理过程中达成调解，仍然可享受诉讼费减免的优惠政策，以鼓励当事人调解。❶ 景宁县法院还打造具有当地特色的调解。法院设立"雷法官调解工作室"，配备 7 名陪审员，出台《畲乡家事审判人民观察调解团制度》，运用族规、祖训、遗留良俗调解家事纠纷。创设"一乡一域一法官"新型诉讼服务机制，成立"畲乡法律服务小组"，与村寨实行"点对点"运行，开展矛盾纠纷大走访、大排查、大调处活动。2018 年至 2019 年 7 月，进村寨 30 余次，当场化解涉山林土地权属等矛盾纠纷 40 起，致力于创建无诉村（社区）、无诉乡镇（街道）。❷ 2019 年，景宁县成立社会矛盾纠纷调处化解中心，不仅县政府各个部门还有县法院也在调处化解中心设立专柜，努力实现矛盾纠纷"一地调解"和"定分止争"。

黔东南州榕江县法院结合榕江实际，构建多元调解制度，尤其是颇具特色的调解制度，预防和化解民事纠纷。一是建立"民歌法庭"调解制度。法院发扬当地人民"饭养身，歌养心"的文化风俗传统，将民间歌师请进法庭，形成"法官+歌师""坐庭+巡回"的调解方式。法庭在审理民事纠纷时，邀请民间歌师采取"民歌+典故"的调解办法，现场演唱《奉劝街坊邻居们》《邻寨和睦歌》等"法治民歌"，发挥民歌劝世的独特功效化解纠纷。二是建立社会调解制度。法院在纠纷突出村寨组建"社会法庭"，由德高望重的"寨老"担任"社会法官"。"社会法庭"利用来自本土、服务本土的优势化解身边矛盾，确保当事人在家门口解决纠纷。三是建立民俗调解制度。针对原告难以取证、双方难以质证、科学难以印证、法庭难以认证，却为民众极其忌讳和愤慨的"四难"案件，运用民间习俗调解，帮助双方达成和解。❸

浙江丽水两级法院深化司法领域"最多跑一次"改革，创建一站式多元解纷诉讼服务体系，包括浙江移动微法院、在线矛盾纠纷多元化解（ODR）平台、数字法庭、数字工作室等网上诉讼服务。丽水市中级人民法

---

❶ 龙泉法院关于成立"永和调解超市"新闻发布稿［EB/OL］.（2019-11-19）［2024-10-28］. https：//lq. lsfy. gov. cn/xwzx/xwfb/2024-04-01/5857. html.

❷ 景宁法院聚焦民族特色助推审执工作出成效［EB/OL］.（2019-07-01）［2024-10-28］. https：//www. lsfy. gov. cn/lishui/xwzx/zyxx/2021-09-05/2717. html#reloaded.

❸ 廖声艳. 浅谈少数民族地区多元解纷机制：以榕江县法院为例［J/OL］. 黔东南审判，2022（3）（2023-01-09）［2024-10-28］. http：//qdnzy. guizhoucourt. gov. cn/fyxw/254505. jhtml.

院在办公大楼的一楼建立一站式现代化诉讼服务中心,全部业务网上办理、全流程闭环管理、全方位智能服务,办案效率更高,司法水平大幅提升。青田、景宁、庆元等地法院建成"共享法庭",实行跨域庭审,当事人在当地就可以参加庭审。松阳县法院在中国生态茶乡古市设立人民法庭,数字化立案、数字化调解、智能化合议,98%茶事纠纷就地解决。还实行非诉调解优先原则,缙云县法院依靠微信小程序,开发了"云治"矛盾纠纷调处掌上平台,运用"云治"平台,在诉前成功调解了一起土地征收补偿款纠纷。2020年,丽水全市法院新收各类案件67 038件,同比下降15.5%,网上立案45 367件,诉前纠纷化解率58.3%,居全省第一。丽水中院获评"全国法院一站式多元解纷诉讼服务体系建设先进单位"。在2020年最高人民法院发布的评价报告中,丽水中院智慧法院建设综合指数排名居全国中院第六名、浙江中院第一名。❶ 丽水两级法院通过智慧法院的建设,以更便捷的方式化解矛盾,提升了司法保障水平。

村内调解、乡镇司法调解、行政调解和诉讼调解在各自发挥作用的同时,也联动发挥作用,打造既分工又相互配合的大调解制度,构建"大调解、大化解"格局。黔东南州榕江法院建立"无诉讼村寨"机制,积极整合"一庭(法庭)一办(综治办)二所(司法所、派出所)"的作用,发挥村规民约、寨老、族老等传统乡村治理元素的优势,激活调解主体的最大公约数,推动人民调解、行政调解、司法调解的良性互动,强化诉调对接,让群众理性解决争议和理性选择纠纷解决方式,最大限度确保"小事不出门、大事不出村"。❷

3. 健全制度层面环境保护习惯的司法适用

《民法典》第10条规定:"处理民事纠纷,应当依照法律;法律没有规定的,可以适用习惯,但是不得违背公序良俗。"该规定为法院适用民事习惯处理民事纠纷提供了法律依据,但是对如何适用未作出具体规定。丽水、恩施和黔东南人民居住山区地理环境的特殊性致使当地存在着田边地角的关系。人们在长期的生产生活实践中,形成了一套处理田边地角关系的习惯,称为田边地角管理习惯。"'田边'是指作为田土边界线外可供通行的部分

---

❶ 陈东升,王春. 浙江:数字化改革引领丽水法院变道加速 [N]. 法治日报,2021-02-19.
❷ 廖声艳. 浅谈少数民族地区多元解纷机制:以榕江县法院为例 [J/OL]. 黔东南审判,2022(3)(2023-01-09)[2024-10-28]. http://qdnzy.guizhoucourt.gov.cn/fyxw/254505.jhtml.

或者按照习惯延伸的一定范围（一般是1.5丈至3丈），'地角'是指与其他一家或多家相邻土地的角状分界地带"。田边地角管理习惯内容包括田土与山林的管理界限规定、田地与田地之间的管理界限规定以及田地与水沟、道路之间的管理界限规定，这些习惯在村寨中依然发挥着作用。尽管存在田边地角管理习惯，但是在耕地较为稀缺的情况下，村民之间、村寨之间仍然会因田地和山林界限划分不明确在"田边地角"归属上，引发纠纷。这些纠纷必然会涉及习惯的司法适用，笔者以此为切入点，通过对习惯司法适用的实证考察，归纳出习惯司法适用的特点，剖析习惯司法适用中存在的问题，针对问题，提出完善措施，以期为健全习惯司法适用制度提供一些助力。

（1）考察制度层面环境保护习惯司法适用的实践情况。

为考察涉及田边地角管理习惯纠纷的司法适用情况，笔者于2023年2月9日在北大法宝的司法案例库中，以田边地角为关键词进行全文检索，案由为民事、行政案件，剔除不属于丽水、恩施和黔东南地方的民事和行政案件，通过查阅裁判文书，涉及田边地角管理习惯的有效案件为13件，其中12件民事案件、1件行政案件。在民事案件中，7件案件为土地承包经营权侵权纠纷，5件案件为涉案杉树的所有权纠纷。

黔东南州许多村寨耕地面积较小，形状不规则，涉及田界的情况较为复杂，田地权属证书上"四抵"填写较为模糊，只填写田地"边缘"或"边界"，无法辨明田地的界限，极易引发纠纷。一是涉及土地承包经营权侵权纠纷。在"李某根、李某祝等物权保护纠纷案"中，原告李某根认为被告李某祝在自己承包经营的田地范围内种植农作物及果树，占用田埂修建车库，侵犯其土地承包经营权，请求判令被告移除在田埂上的农作物及果树，拆除占用田埂修建的车库。[2] 在"刘某平与刘某伦排除妨害纠纷、恢复原状纠纷案"中，原、被告房屋相邻，原告认为被告因保障自家房屋的安全修建钢筋混凝土结构平台，占用了其管理的土地，并对其房屋通风、采光、排

---

[1] 胡卫东. 论民事习惯的行政司法适用：以黔东南苗族"田边地角"管理习惯为研究视角[J]. 宁夏社会科学，2016（5）.

[2] 贵州省黔东南苗族侗族自治州中级人民法院民事再审判决书（2021）黔26民再108号，【法宝引证码】CLI.C.410943489.

水、安全等构成妨害和威胁,请求判令被告停止侵害、拆除建筑物、恢复原状。❶ 二是涉及田边地角上具有较高的经济价值杉树所有权纠纷。田边地角上的小树历经十多年的成长后,已经变成具有较高经济价值的树木,当事人为此树木引发所有权纠纷。在"原告龙某炳与被告杨某成财产损害赔偿纠纷案"中,原告承包田附近有 8 根杉木,因影响锦屏县供电局架线而遭到砍伐,随后 6 根杉木卖给被告,2 根杉木赠送给被告,原告以被砍伐杉木属于自己田边地角的杉木为由,要求被告返还杉木或赔偿损失 2100 元。❷ 在"原告潘某亮诉与被告潘某森财产损害赔偿纠纷案"中,原告认为自己承包土地旁边的杉树,按照习惯归自己所有,被告砍伐杉树,侵犯原告对杉树的所有权,请求判决杉树归原告所有。❸

涉及山林权属的行政案件为 1 件,雷山县达地乡排老村黄土组、王某兴与同村排老组和王某培因山林权属发生争议,被告雷山县人民政府依申请作出处理决定。处理决定经黔东南州政府行政复议维持后,黄土组、王某兴仍不服向法院起诉,请求撤销被告的处理决定。❹

涉及田边地角管理习惯司法适用具有两个特点。

第一,注重调解解纷的作用。涉及田边地角管理习惯引发的纠纷,主要是田地和山林界限纠纷。这类纠纷的解决,注重当事人协商解决,协商不成的,通过村委会、乡镇调处办调解解决,若仍然不能解决的,当争议属于田地和山林侵权纠纷的,则一方当事人可以提起民事诉讼。在"龙某炳与杨某成财产损害赔偿纠纷案"中,"因被告不同意返还,原告便请求村两委及乡政府进行处理,经陪陇村村委会及河口乡人民政府调解,因陪陇村一组和原告均主张杉木所有权,双方分歧较大,未能达成一致意见。原告遂诉至本院"❺。当争议属于田地山林的所有权和使用权争议的,当事人向乡镇或县

---

❶ 贵州省黔东南苗族侗族自治州中级人民法院二审民事判决书(2016)黔 26 民终 1560 号,【法宝引证码】CLI.C.8755499。

❷ 贵州省锦屏县人民法院一审民事裁定书(2020)黔 2628 民初 976 号,【法宝引证码】CLI.C.120533709。

❸ 贵州省丹寨县人民法院一审民事判决书(2019)黔 2636 民初 449 号,【法宝引证码】CLI.C.94865713。

❹ 贵州省黔东南苗族侗族自治州中级人民法院二审行政判决书(2014)黔东行终字第 38 号,【法宝引证码】CLI.C.2722533。

❺ 贵州省锦屏县人民法院一审民事裁定书(2020)黔 2628 民初 976 号,【法宝引证码】CLI.C.120533709。

政府申请行政确权，政府根据申请对争议进行调解，调解未果，作出处理决定。当事人对确权处理决定不服的应先申请行政复议，对复议决定不服的，再向法院提起行政诉讼。在"雷山县达地乡排老村黄土组等与雷山县人民政府等王某兴山林权属行政确权上诉案"中，第三人王某培2007年在争议山林砍伐树木与原告王某兴发生纠纷，纠纷经达地乡政府调解未果。2009年9月，王某培等再次在争议山林砍伐林木与黄土组、王某兴引发山林权属纠纷，被告雷山县政府依职责进行调处，在协调未果的情况下，于2013年3月22日作出了处理决定。处理决定经行政复议维持后，原告仍不服，遂向法院起诉。❶ 由此，无论是侵权纠纷还是权属争议，都注重调解解纷的作用。

第二，当事人对法院判决服判率低，法院改判率为零。由于争议涉及当事人的物权和所有权，当事人为维护自身重要的民事权利，穷尽法定的救济手段。13件案件中有9件，占比高达69%的纠纷，当事人不服一审判决提起上诉，法院进行二审审理。还有2件案件进行再审，占比15%，这说明当事人对法院判决服判率低。二审法院审理后，都认为上诉人的上诉请求不能成立，不予支持，应予以驳回；一审判决认定事实清楚，适用法律正确，应予以维持，故作出驳回上诉，维持原判的判决。只有2件案件，二审法院纠正了一审法院在事实和案件性质认定方面出现的小错误，在"刘某权与刘某梁侵权责任纠纷上诉案"中，一审定性为物权保护纠纷不当，被二审法院纠正；在"刘某平与刘某伦排除妨害纠纷、恢复原状纠纷案"中，一审认定刘某伦是在自己承包地范围内修建房屋不妥，被二审法院纠正，但是这些小错误对最终的判决结果没有产生太大的影响。在"杨某、王某英排除妨害纠纷案"和"李某根、李某祝等物权保护纠纷案"中，当事人不服终审判决，向贵州省高级人民法院申请再审。贵州省高级人民法院作出民事裁定，指令终审法院进行再审，黔东南州中院依法另行组成合议庭，进一步依职权调取证据，在查明事实的基础上，作出维持终审民事判决。可见，法院纠错率低。

（2）分析制度层面环境保护习惯司法适用的局限。

法院在习惯司法适用中具有两个特色的同时，也存在一些不足之处，具

---

❶ 贵州省黔东南苗族侗族自治州中级人民法院二审行政判决书（2014）黔东行终字第38号，【法宝引证码】CLI. C. 2722533.

体表现在以下四个方面。

其一，对习惯的认定标准不清晰。与法律相比，习惯内容庞杂，稳定性不足，参差不齐在所难免，故而《民法典》第 10 条采用了授权规范，允许法官"可以适用习惯"。由于习惯的模糊性，民众确信性不同，良善不一，增加了识别习惯的难度。法官受制于精力、能力和审理期限，更愿意运用法律裁判，致使法院适用习惯的主动性和积极性不够。在田边地角管理习惯的司法实践中，虽然多数的村规民约内含着田边地角管理习惯，当事人可以提供书面的内容，法院也便于查明习惯的内容，但是，在裁判文书中，多数法官把内含习惯的村规民约，作为众所周知的事实，不证自明，没有明确习惯的认定标准，即使是在事实依据和法律依据都适用习惯的裁判文书也不例外。

其二，习惯适用条件不明确，论证说理不够充分。根据《民法典》第 10 条的规定，适用习惯的前提条件有二。一是法律没有规定，这是《民法典》总则的规定，但在分则的"合同篇"第 480 条等规定中出现交易习惯优先于民事法律规范。关于习惯与民事法律规范优先适用问题，学界有不优先说和优先说两种观点。不优先说指习惯主要功能在于弥补法律漏洞，滞后于民事法律规范，在民事法律规范缺位时适用。制定法制定机关的权威属性决定了制定法在司法适用中的优先地位。优先说又分为部分优先说和完全优先说。部分优先说指习惯优于民事任意法律规范，劣后于民事强制法律规范。完全优先说指习惯优于民事任意法律规范，对民事强制法律规范，在具有充足理由及论证的时候，也可以推翻强制规范优先的设定。[1] 这种学界上的不同争论也反映到司法实践中。在司法实践中，准确认定田边地角管理习惯到底是否属于法律没有规定的情形存在分歧。虽然我们缺乏直接规定山林土地边界的法律，但是《森林法》《农村土地承包法》《土地权属争议处理办法》及《林木林地权属争议处理办法》规定山林土地权属证书是确权的依据，这时，对习惯与权属证书的适用，若完全依据习惯必然会违反法律的规定，若完全依据权属证书必然会排斥习惯，更何况在实践中涉及田边地角的争议，无论是权属争议还是侵权争议极为复杂，致使习惯与权属证书适用中面临的冲突和排斥更为繁杂。在"剑河县南寨乡绕号村杨某与潘某山林

---

[1] 邵彭兵.《民法典》第 10 条中"习惯"的司法适用：识别、顺位与限定要件 [M] //谢晖，陈金钊. 民间法（第二十九卷）. 北京：研究出版社，2022：204-215.

土地权属纠纷案"中，面对被告潘某山林土地权属证书和原告杨某田边地角管理习惯的冲突，剑河县南寨乡政府依据土地承包经营权证书，把争议地权属确定给潘某。复议机关剑河县政府认为，杨某以习惯来主张权属，违反了《农村土地承包法》和《物权法》的规定，认定乡政府处理决定合法，作出了维持的复议决定。法院的观点与被告乡、县政府相左，以被诉行政行为违反法定程序为由而作出了撤销被诉行政行为的判决。❶可见，如何妥善合理解决习惯与法律的冲突和排斥是习惯司法适用面临的一个难题。

适用习惯的第二个条件是不违背公序良俗原则。由于公序良俗原则的抽象性，法院要适用习惯，必须要阐明习惯是否符合公序良俗原则。在田边地角管理习惯的司法裁判文书中，对习惯与公序良俗的关系，很少能找到关于此内容的只言片语，更不用说阐述田边地角管理习惯是否符合公序良俗原则的理由。

适用习惯的第三个条件是2022年出台的《最高人民法院关于适用〈中华人民共和国民法典〉总则编若干问题的解释》第2条新增加的适用条件，即习惯不得违背社会主义核心价值观。由于田边地角管理习惯引发的纠纷，归根结底是物权中的相邻权纠纷，因相邻关系引发的纠纷，必然会破坏邻里和谐、村民之间的友善关系。和谐友善是社会主义核心价值观的主要内容，但是在司法实践中，多数法院在裁判文书中都没有说明要按照有利团结互助的精神处理相邻权纠纷，纠纷的妥善解决有助于邻里和谐关系的恢复等内容。

其三，习惯举证、质证程序不规范。习惯在司法实践中的运用，存在三种情况。一是被当作客观事实进行认定，二是被当作法律规范进行运用，三是被当作案件的证据使用。❷ 习惯被运用的三种不同情况，都会影响到对习惯的举证责任分配，而这些内容，《民事诉讼法》并未作出具体规定。《民事诉讼法》并未明确习惯为证据的种类，存在习惯是否有别于事实证据，在证明责任及证明标准是否需要特殊对待的问题，民事诉讼奉行"谁主张，谁举证"模式，把"习惯"的举证责任确定为提出一方承担，若提出一方不能举证，就直接承担举证不能的后果，还是法官可以依职权查明习惯，在

---

❶ 胡卫东.论民事习惯的行政司法适用：以黔东南苗族"田边地角"管理习惯为研究视角[J].宁夏社会科学，2016（5）.

❷ 周世中，周守俊.藏族习惯法司法适用的方式和程序研究：以四川省甘孜州地区的藏族习惯法为例[J].现代法学，2012（6）.

查明后仍然不能证明的，才承担举证不能的后果？这些内容都有必要在习惯司法适用中加以明确。

其四，法院不完全依据习惯作出裁判。习惯的裁判依据来自《民法总则》第 10 条的规定，自《民法总则》于 2017 年 10 月 1 日开始实施后，法官适用习惯处理民事争议就拥有了正当性基础，法院自然要在裁判文书中援引《民法总则》第 10 条的规定。《民法典》实施后，就援引与《民法总则》第 10 条相同的《民法典》第 10 条的规定。但是从司法实践来看，法院援引法条的情况并不多。在涉及田边地角管理习惯的案件中，有 6 件民事案件是在《民法总则》生效后作出的裁判，并且这 6 件民事案件无论是事实依据还是法律依据，习惯都起着重要作用，但是只有 3 件案件法院在裁判文书中引用《民法总则》第 10 条，并且以其为依据作出裁判。在"原告潘某亮诉与被告潘某森财产损害赔偿纠纷案"中，一审丹寨县法院、二审黔东南中院都凭借原告持有土地承包经营权证，确定原告对田地享有承包经营权，涉案杉树距原告的责任土不到三丈，依据《上寨村村规民约》关于田边地角的有效距离保持在三丈以内的习惯规定，认定涉案杉树归原告所有，故法院支持原告的诉讼请求，两级法院在事实认定方面主要依据《民法总则》第 10 条，但是两级法院在裁判文书中没有援引该规定，更不用说以《民法总则》第 10 条为法律依据作出裁判。❶

（3）健全制度层面环境保护习惯司法适用的措施。

针对习惯司法适用存在的问题，提出以下完善措施。

①明晰习惯的认定标准。2022 年出台的《最高人民法院关于适用〈中华人民共和国民法典〉总则编若干问题的解释》第 2 条对习惯进行了界定，指出习惯为一般人从事民事活动时遵循的民间习俗、惯常做法，习惯具有地域性、长期性和普遍性。法院要据此来认定习惯，并在裁判文书中加以体现。虽然田边地角管理习惯都在村规民约中加以规定，但是也要说明村规民约中的规定是习惯。如村规民约系村民会议共同制定，全体村民共同认可，普遍遵循并受其约束的行为规范。

②明确习惯司法适用条件，并予以充分的论证说明。习惯司法适用的第一个条件是在法律无明文规定的情况下适用习惯。学界关于习惯与民事法律

---

❶ 贵州省丹寨县人民法院一审民事判决书（2019）黔 2636 民初 449 号，【法宝引证码】CLI.C.94865713。

规范优先适用的不优先说和优先说的争论,反映在田边地角管理习惯司法适用案件中,妥善合理解决习惯与权属证书适用中的冲突和排斥,就成为认定田边地角管理习惯到底是否属于法律没有规定情形的关键。习惯在一般情况下不得优先于法律强制性规定,除非具有充足理由及论证,足以推翻强制规范优先的设定。由于权属证书是法律的强制性规范,强制性规范是禁止作变更或违背的法律规范,强制性规范的正当性基础是为维护公共利益和社会秩序而可以排除民众自由约定,故在它与习惯的冲突中,具有优先适用的效力。在"龙某炳与杨某成财产损害赔偿纠纷案"中,法院明确林木所有权只能依据林权证而非依据习惯取得。在该案中,对于争议的8根杉木所有权,在原告、被告对争议林地均未办有林权证的情况下,法院指出原告以杉木属于其承包田的田边地角杉木为由,主张按照河口乡陪陇村村规民约规定的"田管三丈十米"对被砍伐林木享有所有权,不能成立。原因在于涉案杉木距离原告承包田的最近距离超过10米,不符合习惯的规定,更重要的是习惯规定不得与国家法律相抵触,林木所有权的取得,只能依据《森林法》第3条第2款"个人所有的林木和使用的林地,由县级以上地方人民政府登记造册,发放证书,确认所有权或者使用权"的规定,根据权属证书获得,而不能依据村规民约取得,故原告对涉案林木的权属主张不成立,争议林木权属尚处于不确定状态,有待行政确权机关进行确权处理。❶

在实践中,虽然法院根据具体情况作出具体的认定,但是法院解决习惯与权属证书适用中的冲突和排斥的思路还是有章可循的。其思路是准确辨析争议地的情况,明确到底属于权属证书还是习惯抑或两者兼顾。先按照权属证书来判定,按照权属证书可以确定权属的,按照权属证书来作出裁判。不能单独按照权属证书来确定权属的,按照习惯来认定。针对争议点,按照原告的主张情况结合案情,阐释习惯内涵来具体认定原告的诉求是否合理。可见,准确辨析争议地情况的繁杂与否是把握习惯和权属证书适用的前提条件。在"雷山县达地乡排老村黄土组等与雷山县人民政府等王某兴山林权属行政确权案"中,被告雷山县人民政府依照法定职责对争议山进行调处的过程中,组织双方进行现场勘验,对争议山进行准确认定,将争议山划分为两个区域,第一个区域是王某培责任田左侧的一个生产管理地带即"田

---

❶ 贵州省锦屏县人民法院一审民事裁定书(2020)黔2628民初976号,【法宝引证码】CLI.C.120533709。

边地角"，第二个区域是除该生产管理地带的争议山，而后分别适用权属证书加习惯和权属证书作出了处理决定。该处理决定得到了一审、二审法院的肯定和维持。❶

多数司法案件在面对争议地情况不太复杂的情形下，涉及习惯和权属证书的适用，存在两种情况。第一种情况，根据权属证书可以确定权属的，排斥习惯适用。在"杨某英、李某全物权保护纠纷案"中，原告李某拥有自留山使用证，被告杨某英、李某全有土地承包经营权证，李某的自留山与杨某英的责任田系四抵清楚、界线明确的上下相邻关系，李某全所砍伐的19棵杉树位于李某自留山的范围内，根据权属证书可以明确被告砍伐了原告19棵杉树构成侵权事实时，习惯根本没有用武之地，被告根据习惯来主张没有侵权的诉求根本不成立。在该案中，根本不具备习惯适用的前提。❷ 在"张某、李某强财产损害赔偿纠纷"中，法院指出山林树木属不动产，法律对不动产权属有明确规定，按照法律规定，故把涉案林木所有权归拥有林权证的原告所有，而非依习惯主张的被告，权属证书优于习惯。❸ 第二种情况，权属证书无法确定权属，适用习惯，而后习惯加权属证书确定权属。在"吴某华、张某林排除妨害纠纷案"中，该案争议地为吴某华家"花祖坟"田埂外坎张某林栽种树的斜坡，也是被告张某林承包田田埂外的斜坡，由于双方土地承包证都不涉及此地，可以认定其在双方均无土地承包证的情况下，具备了适用习惯的前提条件。对于吴某华所称应按《瑶里村村规民约》第15条"农田管理范围，田角田外坎随坡1.5丈"的规定来确定其"花祖坟"田管理范围的诉求合理性问题，经确定，吴某华土地承包证的四抵范围与随坡的距离超过1.5丈，反而是被告土地承包证的四抵范围与随坡的距离在1.5丈内，且张某林对涉案争议斜坡地已经使用、耕种60余年。锦屏县人民法院据此认定原告的诉讼请求不具有合理性，不予支持。❹

习惯司法适用的第二个条件是明确习惯是否符合公序良俗。习惯的善恶

---

❶ 贵州省黔东南苗族侗族自治州中级人民法院二审行政判决书（2014）黔东行终字第38号，【法宝引证码】CLI.C.2722533。

❷ 贵州省黔东南苗族侗族自治州中级人民法院二审民事判决书（2018）黔26民终2519号，【法宝引证码】CLI.C.71049475。

❸ 贵州省剑河县人民法院一审民事判决书（2021）黔2629民初809号，【法宝引证码】CLI.C.408947796。

❹ 贵州省黔东南苗族侗族自治州中级人民法院二审民事判决书（2019）黔26民终2770号，【法宝引证码】CLI.C.99450725。

良莠之分以及在此基础上进行的教育、风化和引导，主要目的是存善去恶，缔造一种广为人知、人人都乐于接受的公共秩序与善良风俗。这就决定了《民法典》在规定适用习惯的同时，必须规定"不得违背公序良俗"❶。何谓"公序良俗"？"公序良俗"意为公共秩序和善良风俗，是兼及事实和价值的一个概念❷，涉及伦理道德属性。村规民约是习惯的主要载体，在"吴某华、张某林排除妨害纠纷案"的裁判文书中，法院指出村规民约是村民群众依据党的方针政策和国家法律法规，结合本村实际，为维护本村的社会秩序、社会公共道德、村风民俗等方面制定的约束规范村民行为的一种制度。❸ 对习惯进行"公序良俗"审查，更多的是审查习惯是否为善良风俗，法院可以从正向角度来考察习惯是否为善良风俗，在"熊某标与熊某高排除妨害纠纷案"中，黔东南州台江县人民法院"结合本案的实际情况，被告的兄弟已下葬，本着农村长期以来尊重死者，'死者为大，入土为安'的民俗习惯。本案中如果要求被告以停止侵害、排除妨碍的方式（迁坟）承担侵权责任，则有悖于民法规定的公序良俗原则。故本案支持原告的第二个诉讼请求，即被告以赔偿损失的方式承担侵权责任较为合适"❹。也可以从反向角度，用排除法明确何种情形不属于善良风俗，江苏省姜堰市人民法院总结司法实践的审判经验，出台《关于将善良风俗引入民事审判工作的指导意见（试行）》。其中明文列举不得确认为善良风俗的四种情形："（1）危害国家安全和国家利益的；（2）妨害社会公共利益；（3）侵害他人合法权益；（4）不符合社会主义道德规范的"❺。假如习惯不属于明文排除范围的，就不违背公序良俗。

田边地角管理习惯是人们从有利于生产、契合当地地理环境出发而形成的界分田土界限的经验总结，因它维护生产秩序，不违背科学规律而可以被确定为善良风俗。当田土与林地交界的时候，规定田土向林地延伸一丈五距离的地由田土主人所有。因为这一丈五距离的地是用来防止树木遮挡阳光，

---

❶ 谢晖. 论"可以适用习惯""不得违背公序良俗"[J]. 浙江社会科学，2019（7）.

❷ 谢晖. 论"可以适用习惯""不得违背公序良俗"[J]. 浙江社会科学，2019（7）.

❸ 贵州省黔东南苗族侗族自治州中级人民法院二审民事判决书（2019）黔 26 民终 2770 号，【法宝引证码】CLI. C. 99450725。

❹ 贵州省台江县人民法院一审民事判决书（2018）黔 2630 民初 575 号，【法宝引证码】CLI. C. 69061980。

❺ 汤建国，高其才. 习惯在民事审判中的运用：江苏省姜堰市人民法院的实践[M]. 北京：人民法院出版社，2008：8.

预防树木的鼠害及虫害妨碍农作物的生长，为保障庄稼的正常生产而作出的规定，具有科学性。❶ 由于田边地角管理习惯符合人们的生产生活规律而被人们世代遵守，并被认定为行之有效的规矩，理应被行政机关和法院等国家机关尊重。即便田边地角管理习惯是善良风俗的性质十分确定，但作为习惯司法适用的必备要件，法官必须在裁判文书中阐述田边地角管理习惯是善良风俗，符合公序良俗。

习惯司法适用第三个条件是明确习惯不得违背社会主义核心价值观。田边地角管理习惯引发的相邻权纠纷，必然会造成邻里不和谐、村民不友善。虽然法院通过裁判，对民事纠纷有了司法权威性的判定，但是并不一定意味着案结事了，未必真正化解争议，也未必使邻里和谐关系得到恢复，因此，需要法官在庭审过程中，应本着有利生产、方便生活、团结互助、公平合理的精神，正确处理相邻关系，并把这种精神在裁判文书中加以体现。在"李某根、李某祝等物权保护纠纷案"中，因上诉人李某根一家以被上诉人李某祝侵占其田地的田埂种植农作物及果树，修建车库而引发纠纷，再审法院依据再审上诉人的诉讼请求，依职权调查取证，在充分查明案件事实的基础上，有理有据地认定李某根等六人持凯里市人民政府于 2017 年 12 月 28 日颁发的农村土地承包经营权证，去主张李某祝等五人在十多年前修建车库、栽种柿子树等果树、三十多年开垦荒地等行为构成侵权，依据不足，不予采纳。原一审、二审判决认定依据习惯，李某根户管理涉案田垄的范围为上田垄，不支持李某根等六人要求李某祝等五人关于拆除车库、移除果树等农作物、停止侵害、排除妨碍等诉请，并无不当，作出维持黔东南州中级人民法院（2020）黔 26 民终 4195 号民事判决。再审裁判事实清楚，证据充分，裁判合情合理合法，足以让当事人信服。真诚希望当事人做到案结事了，黔东南州中级人民法院在再审裁判文书中写道："上诉人李某根一家与被上诉人李某祝一家本系同村寨邻，自当以和为贵。故本院真诚希望双方能以本案为契机，消除彼此成见、化解相互矛盾，和睦友善相处。"❷ 这充分彰显了和谐友善的社会主义核心价值观。

③规范习惯举证、质证程序。习惯的表现形式多种多样，有的习惯不具

---

❶ 胡卫东. 论民事习惯的行政司法适用：以黔东南苗族"田边地角"管理习惯为研究视角[J]. 宁夏社会科学，2016（5）.
❷ 贵州省黔东南苗族侗族自治州中级人民法院民事再审判决书（2021）黔 26 民再 108 号，【法宝引证码】CLI. C. 410943489。

有表现形式，如一些习惯仅是一种无形的约束和内心确信，当事人就很难举证。有的习惯拥有具体表现形式，如田边地角管理习惯，多数村委会将其规定在村规民约中，并以成文的方式表现出来，对此习惯，当事人都比较容易举证。无论习惯作为客观事实还是作为证据使用，首先证明习惯的存在，而后证明习惯作为证据使用，必备合法性、真实性和关联性。一方当事人认为自己享有的习惯权利被另一方当事人侵犯了，根据《民事诉讼法》举证责任规定，当事人主张适用习惯的，应当提供证据来证明习惯及其具体内容。证明田边地角管理习惯存在及其内容的主要证据是书证：一是村规民约，当事人可以提交该证据，法院也容易查明；二是多数村民对习惯的认可证明，如村民的集体签字证明书；三是村寨《调解协议书》，有些涉及习惯的争议，先由村委会或镇调委调解，调解成功的，当事人签订《调解协议书》，调解未成功的，当事人可以提交证明经镇调委调解过事实的图片。当事人提交的证据充分，足以证明其主张，法院支持其主张，反之，该主张则不被支持，其诉讼请求不成立。原告当事人在法院受理案件的时候承担初步证明责任，原被告在法院审理后作出裁判之前承担说服责任。在"原告潘某亮诉与被告潘某森财产损害赔偿纠纷案"中，原告提交了充足的证据，包括土地承包经营权证证明涉案杉树在其权证规定范围旁边，《上寨村规民约》证明存在"田边地角的有效距离保持在三丈以内"习惯规定，涉案杉树距原告的责任土不到三丈的当事人陈述，证人李某等21人证明涉案杉树归原告所有的证人证言，足以证明原告潘某亮责任田旁边的一棵杉树归其所有的诉讼请求。相反地，被告由于没有证据证明涉案杉树归其所有，故其要求驳回原告诉讼请求的主张，法院不予支持和采纳。❶

由于法官受理案件后，不能拒绝裁判，在法律无规定的情形下，对涉及习惯的争议，要适用习惯来解决民事争议。出于审判案件的需要，在必要的时候，法院可以依职权查明习惯。这里所谓必要的时候，存在两种情况。第一种情况是当事人一方仅提出了习惯，但对习惯难以举证，对方当事人予以否认的时候，需要法官对习惯的存在与否进行查明。第二种情况是双方当事人对习惯理解及其适用条件存在较大争议，需要对其进行准确把握的，法院可以依职权查明习惯的释义及其适用条件，这时可以引入专家辅助人进行查

---

❶ 贵州省丹寨县人民法院一审民事判决书（2019）黔2636民初449号，【法宝引证码】CLI.C.94865713。

证，或者请习惯的制定主体如村民委员会进行解释，从而正确适用习惯，作出合乎社会效果的裁判。在"吴某华、张某林排除妨害纠纷案"中，双方当事人争议地是原告"花祖坟"田外坎至被告菜地之间适宜栽种树木的斜坡的管理使用权，要适用的习惯规定为《瑶里村村规民约》第15条："农田、山林管理范围，田坎随坡3丈，田角田外坎随坡1.5丈，菜地随坡0.5丈。如上下有田的山及山林中有坟墓按乡规土俗管辖，应保持原状。"由于原被告对这一习惯规定的理解不一，原告主张应按照"田角田外坎随坡1.5丈"这部分习惯对争议地进行管理使用，而被告则主张按照"上下有田的按乡规土俗管辖"这部分习惯对争议地进行管理使用，并且这一习惯规定还存在不明确之处，在于陡坡不适宜栽种的地方尚可照此管理；如遇斜坡适宜栽种、平坡等他人已有使用权的地方，再按照此约定进行管理则侵害了他人的合法权益，因此，如何正确适用这一习惯规定，需要法院进行查明。由于这一习惯规定由瑶里村村民委员会制定，瑶里村村民委员会对其正确适用享有最终的解释权。二审法院请瑶里村村民委员会作出解释，明确这一习惯规定的正确适用条件，"田角田外坎随坡1.5丈"这部分习惯适用条件仅指"山中独田"的情形，如果该田紧邻周边还有其他人的田或土地（含自留地）及山林中有坟墓等，即按乡规土俗管辖，应保持原状。本案中，原告"花祖坟"田的紧邻周边还有其他户耕种的土地，包括该田埂外坎还有被告耕种的土地，对争议地的管理使用应当按乡规土俗管辖。因此，瑶里村村民委员会的《调解协议书》认定原告与被告就争议地的管理范围"按乡风土俗规定以田埂为点，镰刀割到哪里就管理到哪里"确定，将涉案争议斜坡地的使用权归属于被告。被告对涉案争议斜坡地进行长期使用的事实，也得到绝大部分村民的认可。所以，法院对原告主张按"田角田外坎随坡1.5丈"的规定来确定其"花祖坟"田的管理范围的请求不予支持。[1]

④法院应当依据习惯作出裁判。在习惯的法源地位没有被法律确立之前，法官只能"暗箱操作"，致使习惯司法适用过程隐晦，法官从习惯的立场出发考察案件，得出结论，再运用司法自由裁量权，将习惯"包装"和"转化"，抑或以法律视角解读习惯，匹配适宜的法律规则，灵活运用该规则，得出裁判结果。习惯也多在事实的认定方面发挥作用，这也是法无明文

---

[1] 贵州省黔东南苗族侗族自治州中级人民法院二审民事判决书（2019）黔26民终2770号，【法宝引证码】CLI.C.99450725。

第六章　制度层面环境保护习惯与环境法协同促进生态文明建设路径

规定情况下的无奈之举。这种无奈之举，应当随着习惯被确定为法源之后有所改观。习惯的裁判依据来自《民法总则》第 10 条及其被废止后《民法典》第 10 条的规定，法官适用习惯处理民事争议，自然而然要在裁判文书中援引《民法总则》第 10 条的规定，《民法总则》被废止后，援引《民法典》第 10 条的规定，也要以此为依据作出判决。在李某根、李某祝等物权保护纠纷民事再审判决书中，再审的黔东南中院不仅援引《民法总则》第 10 条，而且指出"因现行法律中并无相邻田垄纠纷处理的相关规定，李某祝等五人在涉案田坎下方耕种基于历史开荒形成的自留菜地和在通组公路旁边平整土地修建自家私家车车库行为，符合当地就相邻田垄使用的村规民约'习惯'，所作判决并无不当"❶。再审法院肯定了一审、二审判决适用"村民习惯""日常生活经验"作为事实和法律依据来处理民事争议的合法性。在"张某、李某强财产损害赔偿纠纷"中，法院针对涉案林木归谁所有的争议焦点，原告持有涉案林木范围内的林权证来主张林木的所有权，被告以该林木位于自己承包田的田角侧边，依照"承包田以边沿坡 3 丈内林木归田户主享受"的习惯来抗辩。法院援引《民法典》第 10 条的规定，指出处理民事纠纷的裁判依据，首先是法律，在法律无规定的情形下，再适用习惯。在该案中，山林树木属不动产，《物权法》对不动产权属有明确规定，应当依照法律作出裁判，原告持有法定的林权证，被告依据习惯作抗辩，源于法律优于习惯，被告抗辩理由不成立，涉案林木应归原告所有，故法院依据《最高人民法院关于适用〈中华人民共和国民法典〉时间效力的若干规定》第 1 条和第 3 条、《民法典》第 10 条、《物权法》第 9 条第 1 款和第 37 条等规定作出判决。❷ 在"吴某华、张某林排除妨害纠纷案"中，法院从原被告双方土地承包证确定争议地不在此列后，援引《民法总则》第 10 条，指出无法律规定就依据习惯，引出本案的习惯，解读习惯，适用习惯，认定原告对争议地不享有管理权，其合法权益没有受到侵害，依据《民法总则》第 10 条、《物权法》第 9 条和第 127 条以及《民事诉讼法》第 51 条、第 64

---

❶ 贵州省黔东南苗族侗族自治州中级人民法院民事再审判决书（2021）黔 26 民再 108 号，【法宝引证码】CLI. C. 410943489。

❷ 贵州省剑河县人民法院一审民事判决书（2021）黔 2629 民初 809 号，【法宝引证码】CLI. C. 408947796。

条、第134条等规定，判决驳回原告的诉讼请求。❶ 法院依据习惯进行说理，适用习惯作出判决，弥补法律的漏洞，解决民事争议，符合习惯的立法定位，发挥了习惯的司法功能。

（4）强化制度层面环境保护习惯司法适用的保障措施。

习惯司法适用，增加了法的适应性与柔性，使"案结事了"的司法目标得以实现，同时也对法院法官的审判能力提出了更高的要求。

①提高法官适用习惯的意识。习惯适用于司法的导引力是意识理念，意识理念愈强，能动性就愈大，习惯司法适用的成效也就愈佳；反之则成效愈低。❷ 但法官群体较弱的习惯理念直接束缚了习惯的司法适用。其原因在于法治社会突出了法律而削弱了习惯对社会的调控作用，现代法学教育促使法官养成了崇尚法治、淡化习惯的意识，致使法官对习惯的意识不足，习惯司法适用主动性不高。《民法典》已经明确了习惯在民事领域的法源地位，明晰了习惯和法律适用的界限，在立法上为法官适用习惯提供了法定依据。在此情况下，必须采取有效的措施来提高法官适用习惯的自觉能动性。在法学教育中，要培育法科生的习惯意识。在注重法律教育的同时，要强化习惯知识体系的教育，培育习惯情结，使法科生走上法官岗位之后认同习惯的价值作用。在法院系统内，要营造法官适用习惯的氛围。要让法官明了适用习惯的价值，产生有利于习惯司法适用的评判导向，提升法官的自觉意识。

②加强法官适用习惯的能力。法官意识到位后，还需要提高其适用习惯的能力。目前，法官适用法律的能力有所增强，但适用习惯的能力亟待提高，特别是基层法院的法官，对习惯的判断水平较低，年轻法官缺乏习惯知识，这些都阻碍了法官对习惯的内心确信的形成，不利于习惯的司法适用，因此，必须要提高法官适用习惯的本领，以适应审判实践的需要。一是组织学习。组织法官学习习惯知识，并将其作为法官必备知识进行考核，提高法官对习惯的判断能力；聘请研习习惯的专家，给法官定期授课，提高法官专业理论水平。二是组织培训。培训法官如何适用习惯审理案件，请具有丰富的习惯案件审判工作经验的法官传授司法实践经验；还可以采用学术报告、研讨交流、实地观摩等形式，加强法官对习惯的司法适用能力，保障习惯在

---

❶ 贵州省黔东南苗族侗族自治州中级人民法院二审民事判决书（2019）黔26民终2770号，【法宝引证码】CLI. C. 99450725。

❷ 徐清宇，周永军. 民俗习惯在司法中的运行条件及障碍消除［J］. 中国法学，2008（2）.

司法裁判中得到有效运用。三是出台习惯裁判指导意见，规范习惯司法适用机制。伴随着习惯的法源地位被《民法典》确认，习惯司法适用越来越常态化和广泛化，必然要求各级法院规范习惯司法适用机制。法院要将习惯的认定标准、适用条件、举证和质证程序、依据习惯作出裁判进行系统化和规范化，将被法院生效裁判确定的习惯进行整理归纳，出台习惯裁判指导意见，统一习惯司法适用的标准和尺度。出台指导性案例，对今后的习惯司法适用进行指导，对习惯司法适用裁判文书的格式进行标准化，提高法院裁判的自洽性与可接受性。

结　语

本书以多种方法，从历时性到共时性、从宏观到微观相结合方式，以丽水市、恩施州和黔东南州为例，探索环境保护习惯为何对生态文明建设具有价值以及如何实现价值的新问题；叙述环境保护习惯的表现形态和主要内容，阐述环境保护习惯对生态文明建设具有价值的历史逻辑性和现实可行性，阐明环境保护习惯对生态文明建设发生作用的三条实践路径。

本书具有四个特色。一是合理界定环境保护习惯和生态文明建设的内涵和外延，并对其类型化。注重从环境保护习惯和生态文明建设两个关键性的概念入手，对环境保护习惯和生态文明建设多样性的概念进行合理界定。从法学、法社会学、教育学和经济学来界定习惯的概念出发，归纳出习惯的共性是反复实践性和普遍确信性，将环境保护习惯界定为民众在长期的生产生活和交往实践中经过反复实践自然形成或议定产生的保护环境所奉行的行为规范。从社会行为主义和整体主义方法论出发将习惯界定为习俗、惯例，明确环境保护习惯是一种社会行为习惯，具有社会规范性，不包括一些纯粹的私人习惯。它是人们与地理环境的适应与共生中形成的调整人与自然关系的习惯，以及与此密切相关的调整人与人关系的习惯，包括技术性规范和规定性规范。借鉴文化人类学类型化方法，将其类型化为三个构成要素：观念层面环境保护习惯、行为层面环境保护习惯与制度层面环境保护习惯。学界从三个不同视角对生态文明概念的界定具有狭义、广义和最广义之分，存在"单一和谐论""双重和谐论"和"三重和谐论"之别。从马克思、恩格斯主张人、自然、社会是一个有机整体的视角，将生态文明界定为人类在改造和利用自然的过程中，积极调整、改进和优化人与自然的关系，实现人与自然、人与人、人与社会三重和谐所取得的物质和精神成果的总和。其中人与自然和谐是三重和谐的本源和基础。生态文明建设是为实现生态文明而进行的实践活动。从外延上看，生态文明建设是一个具有双重面向的有机统一体。横向面向，生态文明建设与政治、经济、文化、社会四大建设融为一体，发挥着基础性的作用。纵向面向，它是对原始、农业和工业三大文明科学扬弃基础上继承发展而来的一种新型文明形态。生态文明建设为构建生态文明体系，是由以生态价值观为准则的生态文化体系建设、生态经济体系建设、目标责任体系建设、生态文明制度体系建设、生态安全体系建设五大构成要素共同构成的有机体。在对概念进行合理界定中，发现现有概念利弊，找到局限根源，在于研究者学科壁垒以及单一学科弊端使然。现有环境保护习惯和生态文明建设概念混乱，是因为学者从不同学科视野，并且局限于单一视角进行界定形成的，而环境保护习惯和生态文明建设本身内含多学科知识体系，必须采用多学科视角对其研究，才能准确把握其含义。通过对现有概念利弊分析，主要从生态人类学视野出发，结合规范法学、生态哲学（伦理学）、生态经济学等学科知识，对环境保护习惯和生态文明建设内涵和外延进行合理界定。

二是对未知领域的探索，即环境保护习惯为何对生态文明建设具有价值，以及实现价值的实践路径。学界分别对环境保护习惯和生态文明建设进行了多角度研究，形成了许多有价值的成果。在诸多成果中，多数学者研究环境保护习惯对国家环境法治建设的价值，只有极少数学者关注环境保护习惯对生态文明建设的价值，而且侧重法律价值，缺乏环境保护习惯与生态文明建设关系的研究。本书揭示环境保护习惯与生态文明建设之间存在的相互支持促进关系，提炼出环境保护习惯对生态文明建设具有支持促进作用价值，指出这种价值的理论基础在于"本土资源论"和"传统论"。环境保护习惯可以为生态文明建设提供人与自然协调发展生态理念、生态经济和保护环境原生规范，不仅有力论证它对生态文明建设具有不可替代的重要价值，阐明环境保护习惯对生态文明建设具有价值的历史必然性；而且证明它可以弥补当前生态文明建设存在的生态意识不强，生态经济发展规模不大、效益不高和生态法治实效不佳的三大局限，阐明环境保护习惯对生态文明建设具有价值的现实可行性。环境保护习惯在当代存在观念层面环境保护习惯流失、行为层面环境保护习惯变迁和制度层面环境保护习惯发展的特色。在生态文明理论知识引领下，从环境保护习惯和生态文明建设现状出发，提出环境保护习惯促进生态文明建设的三条实践路径及其措施。在制度层面环境保护习惯促进生态文明制度体系建设路径中，结合法律实践，运用第一手资料，采用规范分析法，提出新举措，在制度层面环境保护习惯和环境法要以对方和生态文明理念为镜鉴完善自我的同时，两者进行融通合作，构建高质效二元规范协同的生态环境保护法律体系。

　　三是多学科研究方法交叉融合的新探索。摒弃单一学科研究方法局限性，采用多学科研究方法，针对不同内容，有目的地选取最优研究方法，形成以系统论、田野调查法、文献分析法、比较研究法和规范分析法为主，其余研究方法为辅的交叉融合的方法体系。运用系统论，将环境保护习惯和生态文明建设当作两个系统，彼此之间发生相互联系和相互作用。从结构要素着手，将环境保护习惯和生态文明建设分别类型化为三个要素和五个要素，这些要素之间相互联系，构成统一体。从结构功能分析，创建环境保护习惯对生态文明建设发生作用的三条路径，具体提出观念层面环境保护习惯对生态文化体系中生态价值观的培育建设、行为层面环境保护习惯对生态经济体系建设、制度层面环境保护习惯和环境法的协同对生态文明制度体系建设发生作用的措施。结合环境保护习惯和生态文明建设共性，除规范分析法之外，引入生态学、生态人类学、生态哲学和生态经济学等研究方法，特别是生态人类学为主方法的采用，选取浙江省丽水市、湖北省恩施州和贵州省黔东南州为田野调查点，从田野调查的第一手资料出发，提出富有建设性措施。行为层面环境保护习惯对生态经济体系建设的作用途径就是笔者对多年来田野调查成果的思索而成，促进特色生态产业建设措施来自对景宁惠明茶习惯的调查与研究，发现惠明茶习惯发展引发惠明茶产业的生态、文化和经济危机，提出促进特色生态产业绿色发展建设措施，如养成惠明茶种植管理生态化习惯，提升惠明茶产业生态效益等。结合恩施玉露茶和景宁惠明茶的调查，提出秉持茶叶的精神内涵，在加工制作方式上实行传统手工制作与现代机械化方式双轨运行的建议，并进行有力的论证。在促进生态旅游经济建设举措中，选取黔东南稻鱼鸭共生习惯，结合浙江青田稻鱼共生系统的实践，提出继承和发展稻鱼鸭共生习惯生态、文化和经济价值，促进农业和旅游业融合发展措施。

　　四是多学科知识融合的新探索。将生态学、人类学、法学、生态哲学、伦理学、经济学和管理学等学科知识融合在一起，形成以生态学、人类学、法学为基础，其余学科为辅的多学科理论知识的交叉综合，吸收本来，借鉴外来，实现本土知识与外来知识的融通，使之融合成为一个逻辑清楚、意义清晰的分析和叙事话语体系。除明确环境保护习惯和生态文明建设内涵和外延之外，还使得研究观点、论证和材料选取具有特色。研究环境保护习惯对

结　语

生态文明建设的价值内涵与实践路径，必须要运用生态学及其与之交叉的诸多学科观点，如人、自然与社会有机整体论、人与自然协同进化论、生态文明三重和谐论、生态经济文化协调发展论、经济社会发展符合生态、经济和人自身规律的绿色发展内涵等，使得研究成果具有较为浓郁的生态学特色。结合研究内容，选取最优学科知识，力求论证具有特色和说服力，运用生态伦理学知识，陈述环境保护习惯具有的人与自然和谐共生协调发展理念，契合生态文明建设的核心内涵，为生态文明建设提供生态理念。运用制度经济学和生态学知识，阐述环境保护习惯为生态文明建设提供特色生态产业、有机农业和生态旅游经济。运用生态学、伦理学、法学知识阐明环境保护习惯维护生态平衡和稳定、维护生物多样性及保护生态环境，为生态文明建设提供保护环境的原生规范。运用哲学、历史学知识揭示环境保护习惯对生态文明建设的价值，厘清二者之间的相互支持促进关系。提出的对策富有实践性，运用伦理学知识，提炼出观念层面环境保护习惯蕴含着尊重、顺应和保护自然生态观、人与自然万物是共同体意识，反映人与自然万物的平等合作、共生共荣关系。在生态文明必备生态价值观指导下，提出促进生态文化体系建设中生态价值观的培育措施，是弘扬生产生活生态化意识，促进观念层面环境保护习惯从生态自发性走向生态自觉性，推进科技生态化，牢固树立生态科技意识，特别是从丽水市、恩施州和黔东南州的第一手资料出发，提炼出运用活化、固化和转化的方式，营造人人、事事、时时共同参与氛围，培育崇尚生态文明理念的良好风尚等。

如同硬币具有两面性一样，任何事物同时存在优劣与利弊。由于是对环境保护习惯为何以及如何对生态文明建设具有价值的新问题的积极探索，虽然笔者十年磨一剑，本书倾注笔者多年心血，在具有诸多特点的同时，也不可避免地存在一些不足之处。笔者的学科背景是法学和文化人类学，为研究课题，进入生态学、伦理学和经济学等领域，根据需要，有针对性地运用生态学、伦理学和经济学等学科的理论和知识，故专著展现出以法学和文化人类学理论知识为主，其余学科理论知识为辅的分析和叙事话语体系。对生态学、伦理学和经济学等学科理论知识的运用能力相较于法学和文化人类学而言要薄弱一些。对环境保护习惯和生态文明建设关系的研究，从研究现状出发，以丽水市、恩施州和黔东南州为考察对象，可以弥补现有环境保护习惯在东部和中部区域研究的不足，也可以积极探索开展东部、中部和西部跨区域的环境保护习惯和生态文明建设的比较研究。黔东南州和恩施州的环境立法富有特色，恩施州与湘西州对酉水河保护开展区域协同立法先行实践，丽水市是生态文明理论的先行实践地，有许多经验值得总结和发展，笔者选取这三地最有特色的内容来研究，并进行田野调查，通过这些研究，可以充分挖掘和展现环境保护习惯和生态文明建设之间的深层次关系及其实践路径。随着阅读、思考等研究的深入，越发体会到环境保护习惯与生态文明建设关系的博大精深，本书涉及的内容尚不够全面。学无止境，文中的不足之处，只待日后继续研究，加以完善，如果本书能够给大家带来一些思考，必将令人欣慰。

主要参考文献

一、著作类

[1] 马克思恩格斯全集：第四十二卷 [M]．北京：人民出版社，1979.

[2] 马克思恩格斯文集：第一卷 [M]．北京：人民出版社，2009.

[3] 马克思恩格斯选集：第三卷 [M]．北京：人民出版社，1995.

[4] 中共中央文献研究室．习近平关于社会主义生态文明建设论述摘编 [M]．北京：中央文献出版社，2017.

[5] 中央文献研究室．十八大以来重要文献选编（中）．北京：中央文献出版社，2016.

[6] 蔡守秋．生态文明建设的法律和制度 [M]．北京：中国法制出版社，2017.

[7] 常丽霞．藏族牧区生态习惯法文化的传承与变迁研究：以拉卜楞地区为中心 [M]．北京：民族出版社，2013.

[8] 恩施州志编撰委员会．恩施州志 [M]．武汉：湖北人民出版社，1998.

[9] 高其才．村规民约传承固有习惯法研究：以广西金秀瑶族为对象 [M]．湘潭：湘潭大学出版社，2018.

[10] 公丕祥．民俗习惯司法运用的理论与实践 [M]．北京：法律出版社，2011.

[11] 郭武．环境习惯法现代价值研究：以西部民族地区为主要"场景"的展开 [M]．北京：中国社会科学出版社，2016.

[12] 洪名勇．农地习俗元制度及实施机制研究 [M]．北京：经济科学出版社，2008.

[13] 胡卫东．黔东南苗族山林保护习惯法研究 [M]．成都：西南交通大学出版社，2012.

[14] 黄淑娉,龚佩华.文化人类学理论方法研究[M].广州:广东高等教育出版社,2004.

[15] 姜爱.土家族传统生态知识及其现代传承研究[M].北京:中国社会科学出版社,2017.

[16] 景宁畲族自治县政协科教文卫体和文史资料委员会,茶文化研究会.金奖惠明茶[M].北京:中国文史出版社,2015.

[17] 雷弯山.思维之光:畲族文化研究[M].天津:天津人民出版社,1996.

[18] 雷伟红.畲族习惯法研究:以新农村建设为视野[M].杭州:浙江大学出版社,2016.

[19] 雷伟红,黄艳.畲族生态伦理研究[M].杭州:浙江工商大学出版社,2021.

[20] 李可.习惯法:理论与方法论[M].北京:法律出版社,2017.

[21] 梁治平.清代习惯法:社会和国家[M].北京:中国政法大学出版社,1996.

[22] 刘锋,龙耀宏.侗族:贵州黎平县九龙村调查[M].昆明:云南大学出版社,2004.

[23] 刘湘溶,等.我国生态文明发展战略研究[M].北京:人民出版社,2013.

[24] 刘雁翎.西南少数民族环境习惯法研究[M].北京:民族出版社,2020.

[25] 罗豪才.软法的理论与实践[M].北京:北京大学出版社,2010.

[26] 罗康智,罗康隆.传统文化中的生计策略:以侗族为例案[M].北京:民族出版社,2009.

[27] 苗启明,谢青松,林安云,等.马克思生态哲学思想与社会主义生态文明建设[M].北京:中国社会科学出版社,2016.

[28] 秦书生.中国共产党生态文明思想的历史演进[M].北京:中国社会科学出版社,2019.

[29] 冉春桃,蓝寿荣.土家族习惯法研究[M].北京:民族出版社,2003.

[30] 任骋.中国民间禁忌[M].北京:作家出版社,1991.

[31] 史玉成，郭武．环境法的理念更新与制度重构［M］．北京：高等教育出版社，2010．

[32] 田信桥，等．环境习惯法研究［M］．北京：法律出版社，2016．

[33] 王逍．走向市场：一个浙南畲族村落的经济变迁图像［M］．北京：中国社会科学出版社，2010．

[34] 文传浩，马文斌，左金隆，等．西部民族地区生态文明建设模式研究［M］．北京：科学出版社，2015．

[35] 吴大华，等．侗族习惯法研究［M］．北京：北京大学出版社，2012．

[36] 乌丙安．中国民俗学［M］．沈阳：辽宁大学出版社，1985．

[37] 谢晖，陈金钊，蒋传光．民间法：第二十三卷［M］．厦门：厦门大学出版社，2020．

[38] 徐祥民．环境与资源保护法学［M］．2版．北京：科学出版社，2013．

[39] 徐晓光．清水江流域传统林业规则的生态人类学解读［M］．北京：知识产权出版社，2014．

[40] 严存生．法的"一体"和"多元"［M］．北京：商务印书馆，2008．

[41] 杨庭硕，田红．本土生态知识引论［M］．北京：民族出版社，2010．

[42] 杨通进．当代西方环境伦理学［M］．北京：科学出版社，2017．

[43] 余谋昌，王耀先．环境伦理学［M］．北京：高等教育出版社，2004．

[44] 俞可平．全球化：全球治理［M］．北京：社会科学文献出版社，2003．

[45] 袁翔珠．石缝中的生态法文明：中国西南亚热带岩溶地区少数民族生态保护习惯研究［M］．北京：中国法制出版社，2010．

[46] 张镭．论习惯与法律：两种规则体系及其关系研究［M］．南京：南京师范大学出版社，2008．

[47] 张文显．法理学［M］．2版．北京：高等教育出版社，2003．

[48] 浙江省丽水地区《畲族志》编撰委员会．丽水地区畲族志［M］．北京：电子工业出版社，1992．

［49］郑晓江，徐春林，陈士良．中国殡葬文化［M］．上海：上海文化出版社，2012．

［50］《中国少数民族社会历史调查资料丛刊》福建省编辑组，修订编辑委员会．畲族社会历史调查．北京：民族出版社，2009．

［51］周长发，屈彦福，李宏，吕琳娜，计翔．生态学精要（第二版）［M］．北京：科学出版社，2017．

［52］Asad Bilal, Huma Haque, Patricia Moore. Customary Laws: Governing Natural Resource Management in the Northern Areas［M］. Ferozsons (Pvt) Limited, 2003.

［53］John Finnis. Natural Law and Natural Right［M］. Oxford: Clarendon Press, 1980.

［54］Peter Orebech, Fred Bosselman, Jes Bjanrup, et al. The Role of Customary Law in Sustainable Development［M］. New York: Cambridge University Press, 2005.

二、译著类

［1］E.P.汤普森．共有的习惯：18世纪英国的平民文化［M］．沈汉，王加丰，译．上海：上海人民出版社，2020．

［2］爱德华·希尔斯．论传统［M］．傅铿，吕乐，译．上海：上海人民出版社，2014．

［3］埃克哈特·施里特．习俗与经济［M］．秦海，杨煜东，张晓，译．长春：长春出版社，2005．

［4］哈耶克．法律、立法与自由：第一卷［M］．邓正来，张守东，等译．北京：中国大百科全书出版社，2000．

［5］哈耶克．个人主义与经济秩序［M］．邓正来，译．上海：三联书店，2003．

［6］杰拉尔德·G.马尔腾．人类生态学：可持续发展的基本概念［M］．顾朝林，等译．北京：商务印书馆，2012．

［7］康芒斯．制度经济学（上、下册）［M］．于树生，译．北京：商务印书馆，1987．

［8］科马克·卡利南．地球正义宣言：荒野法［M］．郭武，译．北京：商务印书馆，2017．

[9] 露丝·本尼迪克特. 文化模式 [M]. 王炜, 等译. 北京: 社会科学文献出版社, 2009.

[10] 罗伯特·C. 埃里克森. 无需法律的秩序: 邻人如何解决纠纷 [M]. 苏力, 译. 北京: 中国政法大学出版社, 2003.

[11] 马林诺夫斯基. 原始社会的犯罪与习俗 (修订译本) [M]. 原江, 译. 北京: 法律出版社, 2007.

[12] 欧根·埃利希. 法社会学原理 [M]. 舒国滢, 译. 北京: 中国大百科全书出版社, 2009,

[13] 千叶正士. 法律多元: 从日本法律文化迈向一般理论 [M]. 强世功, 王宇洁, 范愉, 等译. 北京: 中国政法大学出版社, 1997.

[14] 世界环境与发展委员会. 我们共同的未来 [M]. 王之佳, 柯金良, 等译. 长春: 吉林人民出版社, 1997.

三、论文类

[1] 柏贵喜. 南方山地民族传统文化与生态环境保护 [J]. 中南民族学院学报 (哲学社会科学版), 1997 (2).

[2] 布林. 自然环境与少数民族风俗习惯 [J]. 呼伦贝尔学院学报, 2007 (6).

[3] 蔡登谷. 和谐: 生态文明核心价值理念 [J]. 人民论坛·学术前沿, 2010 (5).

[4] 柴荣怡, 罗一航. 西南少数民族自然崇拜折射出的环保习惯法则 [J]. 贵州民族研究, 2014 (11).

[5] 杜殿虎. 按日计罚性质再审视 [J]. 南京工业大学学报 (社会科学版), 2018 (5).

[6] 常丽霞, 田文达. 当代少数民族生态环境习惯法研究述评 [J]. 烟台大学学报 (哲学社会科学版), 2018 (6).

[7] 陈东升, 王春. 浙江: 数字化改革引领丽水法院变道加速 [N]. 法治日报, 2021-02-19.

[8] 陈光中, 葛琳. 刑事和解初探 [J]. 中国法学, 2006 (5).

[9] 陈华文. 殡葬改革: 土地、木材和金钱浪费及其讨论 [J]. 民俗研究, 2020 (1).

[10] 陈俊. 习近平生态文明思想的当代价值、逻辑体系与实践着力点

[J]．深圳大学学报（人文社会科学版），2019（2）．

[11] 陈瑞华．法学研究方法的若干反思［J］．中外法学，2015（1）．

[12] 戴小明，冉艳辉．区域立法合作的有益探索与思考：基于《酉水河保护条例》的实证研究［J］．中共中央党校学报，2017（2）．

[13] 范在峰，李辉凤．论技术理性与当代中国科技立法［J］．政法论坛（中国政法大学学报），2002（6）．

[14] 高其才．当代中国宪法中的习惯［J］．中国政法大学学报，2014（1）．

[15] 龚天平，何为芳．生态—文化人：生态文明的人学基础［J］．郑州大学学报（哲学社会科学版），2013（1）．

[16] 郭武，党惠娟．环境习惯法及其现代价值展开［J］．甘肃社会科学，2013（6）．

[17] 洪破晓．浅谈图腾崇拜及其禁忌［J］．文史杂谈，2018（1）．

[18] 胡建淼．法律规范之间抵触标准研究［J］．中国法学，2016（3）．

[19] 胡卫东．论民事习惯的行政司法适用：以黔东南苗族"田边地角"管理习惯为研究视角［J］．宁夏社会科学，2016（5）．

[20] 黄锴．地方立法"不重复上位法"原则及其限度：以浙江省设区的市市容环卫立法为例［J］．浙江社会科学，2017（12）．

[21] 李可．习惯如何进入国法：对当代中国习惯处置理念之追问［J］．清华法学，2012（2）．

[22] 李玉杰，季芳，李景春．文明史视域人与自然关系演化的三部曲［J］．东北师大学报（哲学社会科学版），2012（6）．

[23] 廖才茂．生态文明的内涵与理论依据［J］．中共浙江省委党校学报，2004（6）．

[24] 廖国强．云南少数民族刀耕火种农业中的生态文化［J］．广西民族研究，2001（2）．

[25] 雷伟红．构建浙江畲族地区和谐社会的原则和方法［J］．浙江工商大学学报，2007（2）．

[26] 雷伟红．论清代畲族调解制度的特色［J］．兰台世界，2012（1）．

[27] 刘道超．试论禁忌习俗［J］．民俗研究，1990（2）．

[28] 刘思华．科学发展观视域中的绿色发展［J］．当代经济研究，2011（5）．

[29] 刘思华. 生态文明"价值中立"的神话应击碎 [J]. 毛泽东邓小平理论研究, 2016 (9).

[30] 刘思华. 社会主义生态文明理论研究的创新与发展:警惕"三个薄弱"与"五化"问题 [J]. 毛泽东邓小平理论研究, 2014 (2).

[31] 刘思华. 对建设社会主义生态文明论的再回忆:兼论中国特色社会主义道路"五位一体"总体目标 [J]. 中国地质大学学报(社会科学版), 2013 (5).

[32] 刘希刚, 韩璞庚. 人学视角下的生态文明趋势及生态反思与生态自觉:关于生态文明理念的哲学思考 [J]. 江汉论坛, 2013 (10).

[33] 刘雁翎. 西南少数民族环境习惯法的生态文明价值 [J]. 贵州民族研究, 2015 (5).

[34] 刘叶深. 论习惯在实践推理中的角色 [J]. 浙江社会科学, 2019 (2).

[35] 卢护锋. 行政执法权重心下移的制度逻辑及其理论展开 [J]. 行政法学研究, 2020 (5).

[36] 罗康隆, 吴合显. 近年来国内关于生态文明的探讨 [J]. 湖北民族学院学报(哲学社会科学版), 2017 (2).

[37] 罗康智. 侗族美丽生存中的稻鱼鸭共生模式:以贵州黎平黄岗侗族为例 [J]. 湖北民族学院学报, 2011 (1).

[38] 吕忠梅. 寻找长江流域立法的新法理:以方法论为视角 [J]. 政法论丛, 2018 (6).

[39] 梅小宝, 何德庭, 林建荣, 等. 景宁县茶叶产业的发展现状及对策 [J]. 现代农业科技, 2009 (18).

[40] 闵庆文, 张丹. 侗族禁忌文化的生态学解读 [J]. 地理研究, 2008 (6).

[41] 秦书生, 晋晓晓. 社会主义生态文明提出的必然性及其本质与特征 [J]. 思想政治教育研究, 2016 (2).

[42] 任建兰, 王亚平, 程钰. 从生态环境保护到生态文明建设:四十年的回顾与展望 [J]. 山东大学学报(哲学社会科学版), 2018 (6).

[43] 邵泽春. 论少数民族习惯法的生态本原 [J]. 贵州民族研究, 2007 (4).

[44] 石敏. 从"稻鱼鸭共生"看侗族的原生饮食:以贵州省从江县稻

鱼鸭共生系统为例［J］.中国农业大学学报（社会科学版），2016（3）.

［45］苏力.当代中国法律中的习惯：一个制定法的透视［J］.法学评论，2001（3）.

［46］苏力.变法、法治建设及其本土资源［J］.中外法学，1995（5）.

［47］孙文菅.生态文明建设在"五位一体"总布局中的地位和作用［J］.山东社会科学，2013（8）.

［48］陶火生，缪开金.绿色科技的善性品质及其实践生成［J］.武汉理工大学学报（社会科学版），2008（4）.

［49］田成有.民族禁忌与中国早期法律［J］.中外法学，1995（3）.

［50］王刚.生态文明：渊源回溯、学理阐释与现实塑造［J］.福州师范大学学报（哲学社会科学版），2017（4）.

［51］王雨辰.论构建中国生态文明理论话语体系的价值立场与基本原则［J］.求是学刊，2019（5）.

［52］王雨辰.论生态文明的本质与价值归宿［J］.东岳论丛，2020（8）.

［53］王佐龙.生态习惯法对西部社会法治的可能贡献［J］.甘肃政法学院学报，2007（2）.

［54］汪信砚.生态文明建设的价值论审思［J］.武汉大学学报（哲学社会科学版），2020（3）.

［55］韦森.习俗的本质与生发机制探源［J］.中国社会科学，2000（5）.

［56］韦信祥.黔东南特色生态农业产业发展现状及对策研究：以雷山、榕江、三穗三县为例［J］.产业与科技论坛，2016（22）.

［57］韦志明，冉瑞燕.论环境习惯法的环保效力［J］.青海民族研究，2013（3）.

［58］魏红.论民族习惯法在刑事和解中的价值［J］.云南大学学报（法学版），2016（6）.

［59］温莲香，张军.生态文明何以可能：基于马克思恩格斯共产主义学说的分析［J］.当代经济研究，2017（3）.

［60］吴启法，陈丽燕，雷海芬，等.关于景宁县无公害茶叶发展对策探讨［J］.绿色科技，2016（7）.

［61］吴贤静.论我国少数民族环境权［J］.云南社会科学，2009（1）.

［62］谢晖.论"可以适用习惯""不得违背公序良俗"［J］.浙江社会

科学, 2019 (7).

[63] 徐清宇, 周永军. 民俗习惯在司法中的运行条件及障碍消除 [J]. 中国法学, 2008 (2).

[64] 徐水华, 陈璇. 习近平生态思想的多维解读 [J]. 求实, 2014 (11).

[65] 徐勇. 学术创新的基点: 概念的解构与建构 [J]. 文史哲, 2019 (1).

[66] 杨经华. 并非生态乌托邦?: 黔东南民族生态文化的价值重估 [J]. 原生态民族文化学刊, 2012 (3).

[67] 杨庭硕. 生态建设之道从宏大到精准 [J]. 原生态民族文化丛刊, 2016 (4).

[68] 杨庭硕, 孙庆忠. 生态人类学与本土生态知识研究: 杨庭硕教授访谈录 [J]. 中国农业大学学报 (社会科学版), 2016 (1).

[69] 曾雄生. 唐宋时期的畲田与畲田民族的历史走向 [J]. 古今农业, 2005 (4).

[70] 张雄. 习俗与市场: 从康芒斯等人对市场习俗的分析谈起 [J]. 中国社会科学, 1996 (5).

[71] 张哲, 张宏扬. 当代中国法律、行政法规中的习惯: 基于"为生活立法"的思考 [J]. 清华法学, 2012 (2).

[72] 周健宇. 环境与资源习惯法对国家法的有益补充及其互动探讨: 以四川省宜宾市周边四个苗族乡的习惯法为例 [J]. 中国农业大学学报 (社会科学版), 2015 (4).

[73] Bruce L Benson. Customary Law with Private Means of Resolving Disputes and Dispensing Justice: A Description of a Modern System of Law and Order without State Coercion [J]. Journal of Libertarian Studies, 1990.

[74] Carig C. Thorburn. Changing Customary Marine Resource Management Practice and Institutions: The Case of Sasi Lola in the Kei Islands, Indonesia [J]. World Development, 2000, 28 (8).

[75] M. A. Altieri, L. C. Merrick, In Situ. Conservation of Crop Genetic Resources through Maintenance of Traditional Farming Systems [J]. Economic Botany, 1987, 41 (1).

后 记

　　正所谓"一分耕耘一分收获",笔者历经十年的辛劳,才得以完成本书。2015 年以来,出于习惯法的研究专长,笔者把研究重心转入环境保护习惯,敏锐地察觉到环境保护习惯或多或少与生态文明建设有关系,但到底是什么关系,它们之间如何发生勾连？这些问题引发了笔者多年的思考,并把环境保护习惯和生态文明建设的关系作为之后研究的主阵地。为研究这些问题,笔者除从规范法学和法人类学研究视角着手外,还增加了生态学、生态人类学、生态经济学等研究视角,并加大了对这些知识的阅读与思考。通过大量的阅读和思考,终于找到了环境保护习惯对生态文明建设的价值内涵及其实现路径,以及要运用的多样研究方法,研究思路和研究大纲逐渐成熟。

　　在写作过程中,基于学界研究的新进展和田野调查获取的材料,对研究大纲进行了深入的扩展。写作虽然是建立在以往研究和思考的基础之上,但是,根据新的材料和认识的深入,每一部分内容都有很大的超越和提升。如环境保护习惯和生态文明建设内涵和外延的解构和建构,就有很大的突破。更加深刻领悟到习惯异于法律的价值,更好运用法律多元主义理论和善治理论来阐述和建构习惯与环境法律协同的方案,双方互为镜鉴,完善自我,在发挥各自作用的同时,双方又进行融通,构建了二元规范协同的生态保护法律体系及其路径。领略环境保护习惯对生态文明建设的独有价值,在生态文化体系建设中生态价值观培育、生态经济体系建设和生态文明制度体系建设三方面,都找到其发挥作用的措施。生态人类学、生态学、生态哲学、生态伦理学及生态经济学等研究方法和知识的引入,为研究思路和研究方案的建构,到专著的完成立下了汗马功劳。

　　本书主要是从人与自然的关系及生态人类学的角度出发,从传统到现代的历史演进的维度,从宏观到微观,在史料考察与田野调查的基础上,对环境保护习惯和生态文明建设关系所作的实证研究。田野调查,集中进行了三

后　记

次较长时间的调研。2019 年 7—8 月，笔者带领研究生到湖北省恩施州调研环境保护习惯和生态文明建设，到州图书馆查阅资料，对许多村寨进行了调研，调研了利川市司法局的司法调解等情况；还到贵州省黔东南州黎平县村寨，调研环境保护习惯，重点考察稻鱼鸭共生习惯的状况。2020 年 7—8 月，带领研究生到"两山"理念实践地的浙江省丽水市进行了环境保护习惯和生态文明建设的调研。对丽水的八个乡镇进行调研，走访了很多村寨，获得了大量的第一手资料。2021 年 2 月到丽水作了补充调研。在调研过程中，得到许多单位和相关人员的支持和帮助，如恩施玉露的国家级传承人杨胜伟，80 多岁高龄，在炎热的夏天，带笔者参观了传承基地，接受笔者的访谈，帮助笔者解决了茶叶传承方面的一些疑惑。像这样的情况很多，难以一一列举，在此，对在调研中给予笔者帮助和支持的单位和人员，和笔者一起参加调研的研究生和同事，表示衷心的感谢。同时，本书是在笔者博士论文和国家社科基金项目"少数民族环境习惯对生态文明建设的价值内涵与实践路径研究"（18BMZ120）结项成果的基础上，经过反复修改完成的成果，在此，对给予宝贵建设性意见的评审专家，表示由衷的感谢。

专著终于完成了，笔者也感到一丝欣慰。按照惯性思维，在专著完成后，笔者会追问，究竟作出了何种贡献？现在可以用一句话来回答：探寻了环境保护习惯为何对生态文明建设具有价值以及实现路径。学无止境，从萌发到完成，将近十年。笔者一直追求尽善尽美，不走寻常路，力求有新意，尽心尽力地做好每一件事情，专著也不例外，相比以往的研究，采用了多学科相结合的新方法，特别是生态人类学的方法，作了一次文理知识融合的尝试，期待专著能为我国生态文明建设、传统文化的复兴和乡村振兴战略提供一些智力支持和实践经验。由于笔者水平有限，专著仍然存在一些不足之处，还望各位专家和学者批评指正。

雷伟红
2024 年 7 月于杭州